中国水论坛 No.20

生态水文与水资源节约集约利用

刘廷玺　段利民　马龙　刘晓民 等　主编

中国水利水电出版社
www.waterpub.com.cn
·北京·

内 容 提 要

本书作为第二十届中国水论坛论文集，全书共分 5 个部分，即水旱灾害与雨洪资源利用、生态水文与环境效应、水环境与水生态、水资源节约集约利用、水资源模拟与调控。全书汇集了 27 篇论文，百余位水资源等领域专家、学者就"生态水文与水资源节约集约利用"进行了探讨和成果展示，为水科学前沿与我国水安全问题的解决提供了具有重要参考和借鉴价值的理论方法、实践措施和对策建议。本书中涉及的理论、方法、措施和对策等在一定程度上反映了国内相关方面的最新研究动态和进展，可以为我国经济社会可持续发展和生态文明建设的水安全保障提供科技支撑，具有一定的学术价值和实践价值。

本书适合从事水文水资源、气候变化与水资源、水生态与水环境、自然地理、水利工程等方面教学与科研的专家、学者及工程技术人员参考。

图书在版编目（CIP）数据

生态水文与水资源节约集约利用 / 刘廷玺等主编
. -- 北京：中国水利水电出版社，2023.12
（中国水论坛；20）
ISBN 978-7-5226-2151-7

Ⅰ. ①生… Ⅱ. ①刘… Ⅲ. ①生态系统－水文学－中国－文集②水资源管理－中国－文集 Ⅳ. ①P33-53
②TV213.4-53

中国国家版本馆CIP数据核字(2024)第025112号

书　名		中国水论坛 No. 20 **生态水文与水资源节约集约利用** SHENGTAI SHUIWEN YU SHUIZIYUAN JIEYUE JIYUE LIYONG
作　者		刘廷玺　段利民　马　龙　刘晓民　等 主编
出版发行		中国水利水电出版社 （北京市海淀区玉渊潭南路 1 号 D 座　100038） 网址：www.waterpub.com.cn E - mail：sales@mwr.gov.cn 电话：(010) 68545888（营销中心）
经　售		北京科水图书销售有限公司 电话：(010) 68545874、63202643 全国各地新华书店和相关出版物销售网点
排　版		中国水利水电出版社微机排版中心
印　刷		北京中献拓方科技发展有限公司
规　格		184mm×260mm　16 开本　14.25 印张　504 千字
版　次		2023 年 12 月第 1 版　2023 年 12 月第 1 次印刷
定　价		**90.00 元**

第二十届中国水论坛论文集

《生态水文与水资源节约集约利用》

编　委　会

　　第二十届中国水论坛及本书的出版得到了国家重点研发计划（2021YFC3201200 和 2022YFC3204400）、国家自然科学基金重点项目（51939006 和 U2242234）、内蒙古自治区科技重大专项（2020ZD0009）、内蒙古自治区科技领军人才团队（2022LJRC0007）、内蒙古农业大学基本科研业务费专项（BR221204 和 BR221012）等资助。

前　言

　　我国是一个"人口-资源-环境"矛盾凸显、水问题和生态环境问题十分突出的发展中国家。随着全球气候变化和高强度大类经济发展，国家水安全面临越来越严峻的水与生态问题的挑战，出现河道断流、湖泊干涸、生态系统退化、荒漠化加剧、土地盐碱化、经济社会-水资源-生态环境不协调、发展质量和可持续发展能力低等问题。建立在传统的水资源供应理论基础之上的水系统已经难负重荷，需要从指导思想、法律政策、基础理论和核心技术等方面做出重大创新，才能满足未来社会的需求。

　　为此，2023年7月28—31日，由内蒙古农业大学承办，内蒙古自治区水利厅、水利部牧区水利科学研究所、内蒙古自治区水利科学研究院、内蒙古大学、内蒙古黄河生态研究院等单位协办的第二十届中国水论坛在呼和浩特市、锡林浩特市、鄂尔多斯市和呼伦贝尔市四地同时召开。来自全国高校、科研机构及相关企事业单位的1000余名专家、学者参加了此次水科学领域的盛会。

　　第二十届中国水论坛以"生态水文与水资源节约集约利用"为主题，围绕流域生态水文、水旱灾害、水环境与水生态、水资源节约集约利用、水资源模拟与调控等多项议题进行交流与讨论。中国水利水电科学研究院王浩院士、河海大学王超院士、武汉大学夏军院士、北京师范大学王桥院士、河海大学王沛芳教授、南京水利科学研究院陈求稳研究员、中国水利水电科学研究院王建华教授级高级工程师、中国水利水电科学研究院严登华教授级高级工程师、郑州大学左其亭教授、内蒙古农业大学刘廷玺教授等10位知名学者作了大会特邀报告，百余位专家、学者在4个分会场报告了各自的最新研究成果，深入研讨了当前水科学领域研究的学科前沿以及我国面临的诸多水安全问题及解决对策建议，为我国经济社会可持续发展和生态文明建设的水安全保障提供了科技支撑。

　　会议共收到参会论文100余篇，通过会议报告与专家组评议，评选出

10 篇优秀青年论文，由中国自然资源学会颁发证书、中国水利水电出版社颁发奖金，并筛选出 27 篇论文由中国水利水电出版社结集出版。在此感谢中国水利水电出版社的编辑为本论文集的出版付出的辛勤劳动！

由于编者水平有限，本书难免存在疏漏之处，敬请广大专家、读者不吝赐教。

编者

2023 年 11 月

目　录

前言

水资源节约集约利用

水 资 源 模 拟 与 调 控

水旱灾害与雨洪资源利用

基于灰绿基础设施融合的城市洪涝灾害调控研究

黄秀仪　黄国如

（华南理工大学土木与交通学院，广州 510640）

摘　要　面对我国城市水安全的严峻挑战，为探讨灰绿基础设施的建设在城市洪涝灾害调控中的作用与应用前景，本文构建广州市增城经济技术开发区的 SWMM 模型，提出灰绿基础设施改造方案，在 9 种设计暴雨情景下模拟分析改造前后的城市水文情势，并利用生命周期成本与 TOPSIS 分析法综合分析各方案的水文与成本效益。模拟结果表明，灰色改造前后可削减 12.39%～21.94% 的节点溢流量，但由于改造后管网输送流量增大，且河道未被整治，导致壅水顶托加剧、超载管道增多；绿色改造前后可削减 14.85%～28.65% 的径流量、21.57%～30.05% 的径流峰值、24.31%～37.77% 的节点溢流量、3.26%～21.95% 的超载管长；而灰绿改造后可削减34.02%～63.28% 的节点溢流量、3.70%～24.90% 的超载管长，灰色与绿色基础设施相辅相成，灰绿融合改造模式具有最高的水文效益。在评价不同设计方案时，若综合考虑水文与成本效益，高额建设成本将会牵制方案的综合效益，影响最优方案的选择。本文还指出，研究区河道壅水效应严重，改造蓝色基础设施将是充分发挥灰绿基础设施作用和未来城市洪涝灾害调控的必然选择。本文有助于理解灰绿基础设施的雨洪调控作用，可为研究区的城市洪涝灾害调控规划提供一定的技术支撑。

关键词　城市暴雨内涝；SWMM；海绵城市；雨水管网；低影响开发

近年来，城市暴雨内涝灾害事件屡见不鲜，其灾害程度之大、受灾人数之多、经济损失之重使得城市内涝灾害已成为严重制约城市社会、经济和生态发展的短板。如《中国水旱灾害防御公报 2021》统计，2021年我国因洪涝共有 5901.01 万人次受灾，590 人死亡失踪，15.20 万间房屋倒塌，直接经济损失 2458.92 亿元[1]。2022 年 4 月 18 日，《住房和城乡建设部办公厅关于进一步明确海绵城市建设工作有关要求的通知》（建办城〔2022〕17 号），指出海绵城市建设是缓解城市内涝的重要举措之一。

从建设基础设施来看，海绵城市要考虑绿、灰、蓝色设施的统筹建设[2]。绿色设施指下沉式绿地等低影响开发设施；灰色设施指管渠、泵站等传统雨水排放设施；蓝色设施指统筹城市河湖水系的其他工程措施[3]。正如吴丹洁等[4] 所述，完全依赖灰色基础设施的"灰色派"和完全否定灰色基础设施的"绿色派"都并非海绵城市建设的核心理念。现代城市的雨水系统应当采取"绿灰结合""多级蓄-排结合"的基础设施建设模式[5]，建立城市与自然协同发展的良好关系。

目前，灰绿融合的城市雨洪调控技术研究正逐渐展开，如李江云等[6] 提出中山市某开发区的灰绿耦合基础设施优化模型，侯精明等[7] 模拟灰绿协同措施对银川市城区溢流负荷的影响。通常来说，基础设施建设工程量越大，则雨洪调控能力的阈值也将越大，依照这个逻辑，灰绿融合改造模式必然优于灰色或绿色改造模式。然而，事实究竟是否如此，必须经模型验证，且不能只看水文效益，还需考虑工程落地条件，如建设成本等。周冠南[8]、徐海顺等[9] 均运用生命周期成本（Life Cycle Cost，LCC）法分析了海绵城市典型绿色设施的成本效益，但在分析时与水文效益完全分隔开来。TOPSIS 法则可以多目标决策分析，充分利用各项评价指标，计算各方案与理想值的贴近度，从而进行方案的优劣排序[10]。

本文以广州市增城经济技术开发区为研究区域，构建其 SWMM 模型，设计灰色设施与绿色设施的改造建设方案，分别模拟分析灰、绿改造前后的城市水文情势，并利用生命周期成本法与 TOPSIS 分析法综合分析水文与成本效益，为城市建成区的洪涝灾害调控提供科学依据。

1　SWMM 模型构建

1.1　研究区域概况

本文研究区为广州市增城经济技术开发区，地势平坦，北部地势相对较高，总面积 25.49km²。研究区

第一作者简介：黄秀仪（2000—　），女，广东阳江人，硕士研究生，研究方向为城市洪涝灾害调控。Email：313303856@qq.com

全域城乡融合交错，重点发展汽车、科技服务和先进制造业，土地开发强度较高。增城经济技术开发区属南亚热带季风湿润气候区，年平均降雨量 1405～1921.6mm，汛期（4—9 月）降雨量超过全年总降雨量的80%。研究区内共 5 条河涌和 3 条排洪渠，其中雅瑶河自西北向东南流经规划区；余家庄排洪渠、山猪峒排洪渠、猪牯窿排洪渠和雅瑶河支流自北向南汇入雅瑶河；官湖河与东埔河同属于永和河支流，沙埔尾涌自西北向东南汇入雅瑶河东支流，但这两处汇流均不发生在研究区内，故不考虑其拓扑关系。研究区内沿道路敷设的市政排水管网总长为 237.52km，以雨污分流制为主，雨水管线总长约 164.83km。雨水主要经雨水管线流入河涌等水体，最终汇入东江。

1.2　研究区域模型构建

1.2.1　排水系统与子汇水区

考虑到雨水口对模型淹水情景模拟的影响远小于井，为提升计算速度，建模时需概化管网，即仅保留主干道上的井和管渠。同时增加研究区西侧外围主干道上的管线，以更准确地模拟研究区内管网的收水情形。概化后模型中管道总长为 128.87km，河道总长22.52km，检查井共 5291 个，出水口共 213 个，河道下游出口共 8 个。以概化后的管网节点为样点，同时考虑研究区北侧山体和西侧邻近主干道管线的服务区域，采用泰森多边形法划分出 5273 个子汇水区（图 1）。

图例
· 雨水井
· 出水口
—— 管渠
—— 河涌
▭ 子汇水区

图 1　SWMM 模型概化图

1.2.2　边界条件与降雨事件

参考当地规划，确定雅瑶河干流采用 50a 一遇设计洪水过程、雅瑶河支流以及 3 条排洪渠采用 20a 一遇设计洪水过程作为模型上游入流边界条件。雅瑶河和官湖河采用 50a 一遇设计洪水位、东埔河和沙埔尾涌采用 20a 一遇设计洪水位作为下游水位边界条件。

在我国城镇内涝防治设施建设过程中，通常以 20～100a 一遇的高重现期降雨为设计依据，其中广州市提出各区域应采用 10～100a 一遇 24h 暴雨事件校核。而雨水管渠是应对短历时强降雨状况下的安全排水设施，且大多建设较早的管渠的设计重现期小于 10a 一遇。因此，综合考虑城镇内涝防治建设与排水设施建设要求，同时为对比在长、短历时降雨下设施的水文效应，本文共模拟 9 种降雨事件，包括 1a、3a、5a、10a 一遇 2h 暴雨和 5a、10a、20a、50a、100a 一遇 24h 暴雨。结合广州市暴雨强度公式和芝加哥雨型可求得 1～10a 一遇 2h 降雨过程线，见图 2（a）。参考广东省水文局 2003 年《广东省暴雨参数等值线图》，根据增城新塘镇的最大 24h 设计雨型表统计可得 5～100a 一遇 24h 降雨过程线，见图 2（b）。

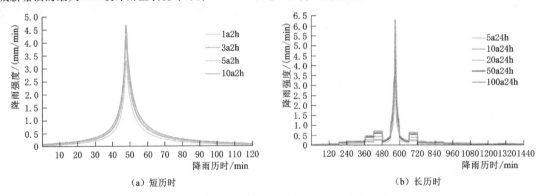

（a）短历时　　　　　　　　　　　　　（b）长历时

图 2　9 种降雨事件的降雨过程线模型参数率定

由于目前仅有 5a2h 暴雨的实测降雨数据，缺乏实测径流数据，因此本文采用综合径流系数法[11-12]进行参数率定。参照《室外排水设计标准》（GB 50014—2021），为区域内各用地类型赋值径流系数，再以用地面积为权重求得综合径流系数为0.633。以实测5a2h降雨事件为校准降雨事件，考虑SWMM模型用户手册中的推荐取值范围以及参考邻近地区的相关研究[12]，最终调参后5a2h降雨下径流峰值时刻的径流系数为0.632，与目标值相差不到0.2％，故认为此时的参数设置可行。参数率定结果见表1。

表1   参 数 率 定 结 果

参数名称	取值	参数名称	取值	参数名称	取值
N－Imperv	0.011	Dstore－Perv	2.54	minRate	2.9
N－Perv	0.05	PctZero	90	decay Constant	7
Dstore－Imperv	1.27	maxRate	71.5	Dry Time	10

2 灰色改造方案设计

2.1 改造设计

对于超大城市的中心城区，《室外排水设计标准》（GB 50014—2021）规定其雨水管渠设计重现期应为3～5a。在SWMM模型中模拟1a、3a、5a、10a一遇2h暴雨情景，得知研究区现状排水管网仅有约12.27％的管道满足当前设计标准，为城市防洪排涝工作增添了极大的负担，见图3和表2。研究区内近九成的管道不达标，除由于气候变化导致径流量增大以外，还因为排水管网建设与城市发展不同步，管道建设年代早，管道设计标准普遍偏低；城市汇水路径及管道服务区域也发生了变化，导致管道承接的现状流量远超建设时期的设计流量。研究区内管网的敷设已较全，其排水能力的提升方式以改造为主。改造的方法主要包括放大管径、调整坡度以及修正错接混接等不合理的衔接状况[13]。然而，由于管道强度有限、地下施工不易、资金需求高等条件的限制，仅靠放大管径和坡度难以将研究区所有管道的排水能力都提升至3～5a一遇的设计标准。因此本文选取10处雨水井溢流量较大的地点进行管网改造，即改造图3中方框所示出的管段，以期提升局部管道的排水能力，改造管道总长为6826.83m，占全域雨水管线总长的6.17％。

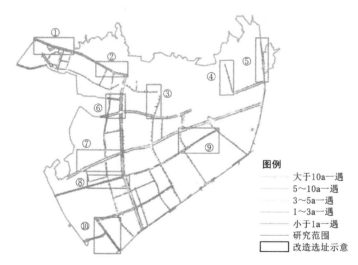

图3　研究区现状管道排水能力分布图

图例
——　大于10a一遇
——　5～10a一遇
——　3～5a一遇
——　1～3a一遇
——　小于1a一遇
——　研究范围
□　改造选址示意

表2   研究区现状管道排水能力统计表

雨水管道排水能力	小于1a一遇	1～3a一遇	3～5a一遇	5～10a一遇	大于10a一遇
管道长度/km	91.98	4.97	1.86	1.50	10.19
管道占比/％	83.23	4.50	1.69	1.36	9.22

2.2 效果评估

经模型模拟，灰色改造后9种降雨事件下节点溢流量明显减少，其削减率随着降雨量的增大而减小，可达 12.39%～21.94%，见图 4（a）。然而超载管道总长增加了 0.12%～1.05%，管道排水能力不增反减，见图 4（b）。又以管道自由出流为下游边界条件，重复模拟了各降雨事件并统计分析。对比两种下游边界条件的情况可知，河道水位顶托对本研究区雨水排放有很大的影响。如图 5（a）和图 5（b），在管道自由出流的情况下，灰色改造方案的节点溢流量削减率均能保持在 30% 以上，降雨重现期小于 50a 时的超载管道总长削减 0.17%～1.99%，管道排水能力的确有所提升，这与下游边界有河道时的模拟结果相悖。

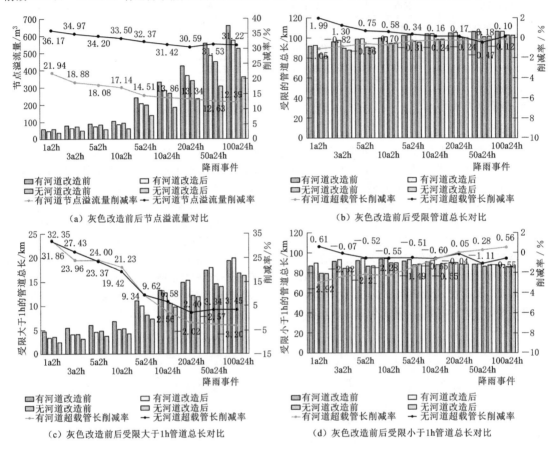

（a）灰色改造前后节点溢流量对比　　　　　　　　（b）灰色改造前后受限管道总长对比

（c）灰色改造前后受限大于1h管道总长对比　　　　（d）灰色改造前后受限小于1h管道总长对比

图 4　灰色改造前后节点溢流量及超载管道的对比

以受限时长是否大于 1h 为准绳，将管道划分为超载较重和超载较轻两类，从而进一步分析管道超载情况，见图 4（c）和图 4（d）。当重现期小于等于 10a 时，灰色改造方案通过扩大管道的过流能力和蓄水空间[14]，有效减少了超载较重的管道总长，但方案并未根除大部分被改造管道的超载现象，仅仅是缩短了被改造管道的受限时长，因而出现受限时长大于 1h 的管道总长减少，而受限时长小于 1h 的管道总长反而增加的现象。又由于河道的受纳容积有限，管网末端的雨水不能及时排空，导致大量管道排水不畅，因此相比管道自由出流的情况，在受河道水位约束时受限小于 1h 的管道总长增幅更大。而当发生重现期超 10a 的长历时暴雨时，汇入管网的流量已过大，又由于河道水位顶托，改造后将有更多雨水无法顺畅排入河道而积聚在管网内，因此改造后受限大于 1h 的管道总长反而增加，部分管道超载情况加重。

综上，解决研究区内涝问题不能仅依靠改造排水管网。在排水层面，还要采取内河整治、设置行泄通道、增设泵站等其他措施；除此之外还可结合多种渗水、滞水、蓄水工程方案，从源头削减雨水径流量，减轻管网负担。

3　绿色改造方案设计

3.1　方案设计

参考当地规划，设计降雨量为 32.80mm，综合雨量系数取 0.526，年径流总量控制率 ϕ 取 73.8%，计算可得研究区所需的总调蓄容积为302177.89m³。当地可增设的渗滞设施及其布设比例为：绿色屋顶40%，透水铺装40%，下沉式绿地50%。其中绿色屋顶仅在建筑屋顶设置，透水铺装仅在非机动车道铺设，下沉式绿地的改造则充分利用现有公园绿地及防护绿地。以上渗滞设施的参数选取主要参考邻近地区的相关研究[15]，为对比分析各项设施的径流控制效果，设置7种渗滞设施组合布设方案，见表3。

表3 渗滞设施组合布设方案

方案名称	具 体 内 容	方案名称	具 体 内 容
S1	绿色屋顶40%	S5	绿色屋顶40%＋下沉式绿地50%
S2	透水铺装40%	S6	透水铺装40%＋下沉式绿地50%
S3	下沉式绿地50%	S7	绿色屋顶40%＋透水铺装40%＋下沉式绿地50%
S4	绿色屋顶40%＋透水铺装40%		

单从水文效益来看，各方案的径流削减效果见图5。对比长历时与短历时暴雨情形，各方案都在短历时暴雨下表现较好，在长历时暴雨时径流削减效果随着降雨量的增大而减小。设置单项设施时径流削减效果的优劣顺序为：S3＞S1＞S2；单位面积渗滞设施的径流控制效果的优劣顺序为：下沉式绿地＞绿色屋顶＞透水铺装。此外，由S1～S3可知，当发生长历时暴雨时，随着降雨量的增大，下沉式绿地的径流控制效果下降明显，绿色屋顶次之，透水铺装则较为稳定，这与设施的结构有关。当雨量足够大、降雨历时足够长时，土壤含水率不断增加，下渗容量显著减小，则下沉式绿地和绿色屋顶的径流控制效果明显受制于其土壤层的下渗容量。两两组合的渗滞设施布设方案中，径流控制效果的优劣顺序为：S5＞S6＞S4。而S7的径流控制效果则始终领先于其他方案。

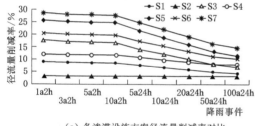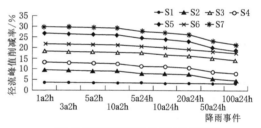

（a）各渗滞设施方案径流量削减率对比　　　（b）各渗滞设施方案径流峰值削减率对比

图5 绿色改造前后径流处理效果的对比

综合水文与成本效益，以径流量削减率、径流峰值削减率和LCC为指标，利用TOPSIS法分析以上方案。考虑到工程建设中对成本与雨洪调控成效有不同的侧重，TOPSIS分析时使用变权重方式，即使LCC权重在0～1变化，其他指标平分余下权重。经计算，在不同降雨事件下各方案的贴近度仅有微小的差异，不影响最优方案的抉择。图6展示了1a2h、10a2h、100a24h的结果。

整体来看，单一设施方案（S1～S3）的贴近度随着成本权重的增大而增大，两两组合方案中S4的贴近度随成本权重的增大而增大，而S5、S6的贴近度随成本权重的增大而减小，三种设施共同布设时（S7）贴近度与成本权重呈现负的、近似线性相关的关系。

总的来说：①当资金紧张时，布设单种设施比多种设施更为理想，下沉式绿地或绿色屋顶都是不错的选择。②当需要兼顾水文效益与成本效益时，S3最理想。③当资金充裕时，S7、S5、S6、S3都较好，它们都建设了下沉式绿地，说明下沉式绿地对于研究区海绵城市建设的意义重大。其中同时布设了三种渗滞设施的方案（S7）效果最佳，这也正符合我们的认知。

以资金充裕为条件，选择S7为最优渗滞设施布设方案，其总调蓄容积为223739.43m³，距总规模差78438.47m³，因此增设集蓄设施。设计将11座非农用的风水塘改造出1m深度的蓄水空间；在10处有雨水回用需求的建筑与小区、绿地与广场上修建容积为2000m³的人工蓄水池。由于集蓄设施的作用是促进雨水资源化利用，其添加对径流量的产生没有影响，故不再重复改造前后径流量及径流峰值的对比。将以上渗滞、集蓄设施的设计整合为绿色改造方案。

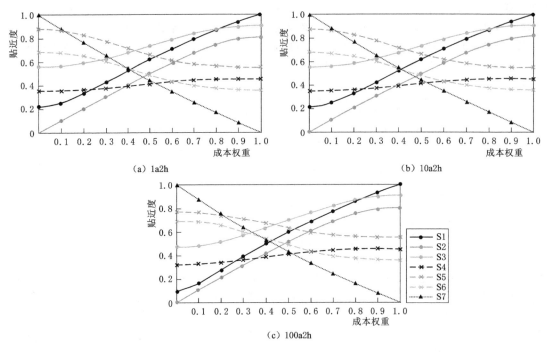

（a）1a2h　　　　　　　　（b）10a2h

（c）100a2h

图 6　变成本权重时各方案贴近度比较

3.2　效果评估

绿色基础设施利用土壤、植物等元素复原自然地表对雨水的集蓄、渗透作用，降低了城市区的不透水面积，可有效缓解研究区的内涝现状[16-17]。短历时暴雨时节点溢流量削减率均超过 50%，在重现期为 1a 时效果最好；长历时暴雨时节点溢流量削减率随着重现期的增大而减小，可达 24.31%～37.77%［图 7（a）］。超载管道总长的削减率随着降雨量的增大而减小，在短历时暴雨下可达 15.06%～21.95%，在长历时暴雨下可达 3.26%～8.72%［图 7（b）］。

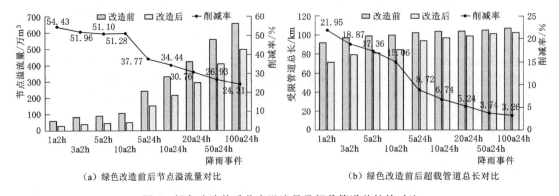

（a）绿色改造前后节点溢流量对比　　　　　　（b）绿色改造前后超载管道总长对比

图 7　绿色改造前后节点溢流量及超载管道总长的对比

4　灰绿改造方案效果评估

将以上灰色、绿色改造方案整合为灰绿改造方案，模型模拟分析结果见图 8 和图 9。灰绿改造后，节点溢流量削减率在短历时暴雨下均超 50%，长历时暴雨下可达 34.02%～46.01%，随着降雨量的增大而减小［图 8（a）］。超载管道总长的削减效果在短历时暴雨下较明显，可达 15.93%～24.90%；在长历时暴雨下可达 3.70%～9.05%，略优于绿色改造方案［图 8（b）］。在超载管道总长削减上，灰绿改造方案的效果比单独执行绿色改造方案时更佳，说明在绿色改造方案的加持下，灰色改造方案重新发挥了正面的作用，灰色设施和绿色设施相辅相成。由此可见，灰、绿结合的城市基础设施建设模式有利于本研究区的内涝防治工作。整体上，灰绿改造方案综合灰色设施和绿色设施的优点，既从源头上削减了径流量，提高了城市原地消纳雨水的能力，又提高了城市雨水管网的输水能力，可有效缓解研究区的内涝现状。但由于河道水位顶托作用，雨水不能顺利排入河道而聚集在管网下游部分，表现为图9上部分积水现象沿着管道流向转移到下游的节点上，管网下游部分的节点的溢流状况未得到缓解，下游的内涝风险增加。

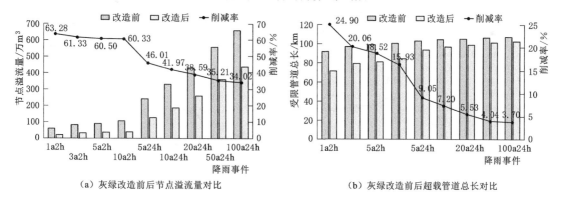

（a）灰绿改造前后节点溢流量对比　　　　　（b）灰绿改造前后超载管道总长对比

图 8　灰绿改造前后节点溢流量及超载管道总长的对比

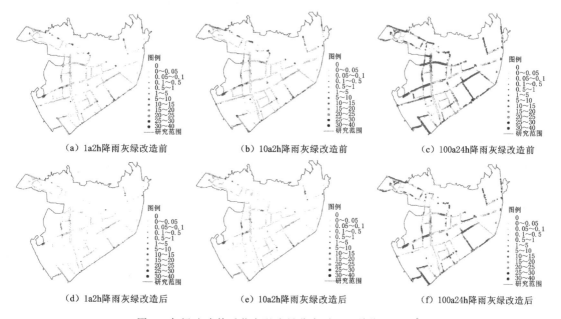

（a）1a2h降雨灰绿改造前　　　　（b）10a2h降雨灰绿改造前　　　　（c）100a24h降雨灰绿改造前

（d）1a2h降雨灰绿改造后　　　　（e）10a2h降雨灰绿改造后　　　　（f）100a24h降雨灰绿改造后

图 9　灰绿改造前后节点溢流量分布对比（单位：万 m³）

　　综合考虑水文与成本效益，以节点溢流量削减率、超载管道总长削减率和LCC为指标，利用TOPSIS法分析灰、绿、灰绿改造模式。在除了100a24h以外其他8种降雨事件下，3种改造模式计算结果仅有微小的差异，图10展示其中1a2h、10a2h和100a24h的结果。

　　倘若应对100a24h的高重现期长历时暴雨，当成本权重小于0.6时，绿色改造模式能同时兼顾水文效益和成本效益。若应对其他降雨情形，当资金充裕时，灰绿融合改造模式最接近理想解。在成本权重为0.1～0.6时，绿色改造模式最接近理想解。但是当成本权重大于0.6时，不论对应哪种降雨情形，灰色改造模式都更接近理想解。但需要注意，这并不表示此时的灰色改造方案一定合适。正如图4所示，灰色改造后节点溢流量有减少，超载管道总长反而增加，从水文过程来看，灰色改造模式并不能被选为最优改造模式。而TOPSIS分析结果却显示，当成本权重超过0.6时，灰色改造方案最接近理想解，其实这是由于难以全面改造提升雨水管网，从而导致灰色改造方案的工程量较少、总成本较少的缘故。然而灰绿融合改造时，尽管有

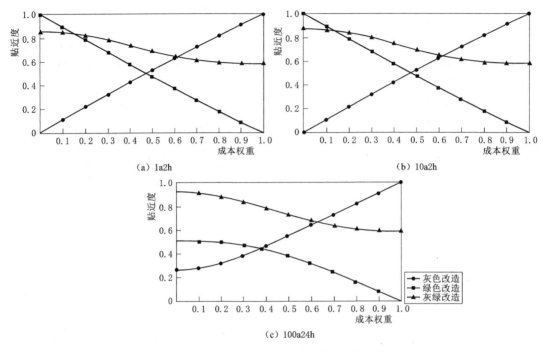

图 10　变成本权重时各改造模式贴近度比较

绿色设施从根源减少管网入流量,河道水位顶托造成的负面影响仍未消除,正如图 9 所示。因此,在河道水位顶托严重且改建资金紧张的本底条件下,即使灰绿融合的改造模式拥有最出色的水文效益,其综合效益仍会被高额建设成本所牵制。

5　结语

本文构建广州市增城经济技术开发区的 SWMM 模型,设计灰色与绿色基础设施的改造建设方案,主要从节点溢流量、超载管道总长、径流量及建设成本多方面综合分析了灰色、绿色以及灰绿融合改造的城市雨洪调控效果:

(1) 研究区内 87.73％管道未达室外排水设计标准。灰色改造后节点溢流量削减效果良好,然而由于河道未被治理,管道输送流量增大后将加剧管道出水口的壅水现象,研究区管网整体排水能力未能如愿提升。

(2) 在单项渗滞设施中,下沉式绿地的径流控制效果最好。但是在长历时暴雨中,由于土壤下渗容量的减小,下沉式绿地和绿色屋顶的径流控制效果都会大打折扣,而透水铺装的径流控制效果则较为稳定。单从水文效益来看,绿色屋顶、透水铺装与下沉式绿地的组合式布设效果最佳。而结合水文与成本效益,资金充裕时可以同时布设这三种设施,资金紧张时单独布设下沉式绿地或绿色屋顶最佳,若想同时兼顾水文与成本效益则布设下沉式绿地即可。依照当地建设规划指南添加池塘和人工蓄水池后,绿色改造方案的径流量削减、节点溢流量削减和超载管道总长削减能力都很好。

(3) 整合灰绿措施改造方案后,绿色设施与灰色设施相辅相成,节点溢流量削减率最大可达 63.28％,超载管道总长削减率最大可达 24.90％,可缓解研究区内涝现状。综合考虑水文与成本效益,若应对除 100a24h 以外的其他 8 种降雨情形,资金充裕时灰绿融合改造模式最优,而若需要兼顾水文与成本效益则绿色改造方案最优。若应对 100a24h 降雨事件,成本权重低于 0.6 时,绿色改造方案最优。而当成本权重超 0.6 时,9 种降雨情形下都显示灰色改造模式的综合效益最高,但结合水文情势变化来看,由于河道壅水严重,灰色改造模式并不适用。种种结果强调,研究区应采取增加河湖面积、河道疏浚等蓝色基础工程措施。

根据以上结果,本文指出,城市洪涝灾害调控离不开灰色和绿色基础设施的协同运行,工程资金是否充裕也将影响最优改造方案的抉择,而构建“蓝、绿、灰”一体的海绵城市将是未来实现有效雨洪调控的必经之路。

参 考 文 献

［1］《中国水旱灾害防御公报》编写组. 《中国水旱灾害防御公报2021》概要［J］. 中国防汛抗旱，2022，32（9）：38-45.

［2］黄国如. 城市暴雨内涝防控与海绵城市建设辨析［J］. 中国防汛抗旱，2018，28（2）：8-14.

［3］QI Y F, CHAN F K S, THORNE C, et al. Addressing Challenges of Urban Water Management in Chinese Sponge Cities via Nature-Based Solutions［J］. Water, 2020, 12 (10): 2788.

［4］吴丹洁，詹圣泽，李友华，等. 中国特色海绵城市的新兴趋势与实践研究［J］. 中国软科学，2016（1）：79-97.

［5］车伍，赵杨，李俊奇. 海绵城市建设热潮下的冷思考［J］. 南方建筑，2015（4）：104-107.

［6］李江云，李瑶，胡子欣. 灰绿耦合雨洪系统多目标优化建模与应用［J］. 水资源保护，2022，38（6）：49-55，80.

［7］侯精明，栾广学，王添，等. "灰绿"协同措施对银川市合流制溢流污染的影响［J］. 水资源保护，2022，38（3）：43-49，86.

［8］周冠南，梅超，刘家宏，等. 萍乡市西门片区海绵城市建设水文响应与成本效益分析［J］. 水利水电技术，2019，50（9）：10-17.

［9］徐海顺，高景. 基于全生命周期的海绵设施雨洪管理成本与效益模拟研究［J］. 水资源与水工程学报，2022，33（3）：12-19.

［10］GAO J, LI J, LI Y, et al. A Distribution Optimization Method of Typical LID Facilities for Sponge City Construction ［J］. Ecohydrology & Hydrobiology, 2021, 21, 13-22.

［11］刘兴坡. 基于径流系数的城市降雨径流模型参数校准方法［J］. 给水排水，2009，45（11）：213-217.

［12］曾家俊，麦叶鹏，李志威，等. 广州天河智慧城SWMM参数敏感性分析［J］. 水资源保护，2020，36（3）：15-21.

［13］李彦伟，尤学一，季民，等. 基于SWMM模型的雨水管网优化［J］. 中国给水排水，2010，26（23）：40-43.

［14］MEIERDIERCKS K L, SMITH J A, BAECK M L, et al. Analyses of Urban Drainage Network Structure and Its Impact on Hydrologic Response ［J］. Journal of the American Water Resources Association, 2010, 46: 932-943.

［15］黄国如，麦叶鹏，李碧琦，等. 基于PCSWMM模型的广州典型社区海绵化改造水文效应研究［J］. 南方建筑，2017（3）：38-45.

［16］PALMER M A, LIU J, MATTHEWS J H, et al. Manage Water in a Green Way ［J］. Science, 2015, 349, 584-585.

［17］刘文，陈卫平，彭驰. 城市雨洪管理低影响开发技术研究与利用进展［J］. 应用生态学报，2015，26（6）：1901-1912.

考虑建筑物动态破坏的溃坝洪水风险分析 *

宋天旭　刘家宏　梅　超　张萌雪

（中国水利水电科学研究院流域水循环模拟与调控国家重点实验室，北京 100038）

摘　要　地震和超标准洪水会破坏大坝的稳定性，并可能造成梯级水库的连溃形成溃坝洪水，对梯级水库群和下游城市的安全造成严重威胁。流速快、水头高的溃坝洪水能够破坏建筑物，并对后续洪水演进过程和洪水流场产生影响，这一耦合效应给洪水预测带来了不确定性。本文提出考虑建筑物动态破坏的溃坝洪水模拟方法，以雅砻江下游盐边县为例，采用建筑物动态破坏与永久存在两种建筑物处理方法，对二滩水库满库容和正常蓄水位两种情境下，遭遇极端灾害后与下游桐子林水库连续溃决可能形成的溃坝洪水进行了模拟，得出了以下结论：①二滩水库满库容工况下，洪水特征指标均大于正常蓄水位，其中洪水淹没面积增加了 72.57%；②传统的建筑物处理方法会低估溃坝洪水的流速，考虑建筑物动态破坏能够提供更加契合实际的淹没过程与流场分布；③绘制了盐边县溃坝洪水风险分布图与建筑物风险分布图。上述结果可以提供更加可靠的洪水淹没结果，为极端灾害下的溃坝洪水管理与制定减灾措施提供了理论支撑。

关键词　建筑物动态破坏；梯级水库连溃；洪水风险分析；建筑物风险分析

溃坝洪水会对下游地区造成严重的经济损失、人员伤亡、环境破坏等，特别是梯级水库群的两级或多级连溃破坏，可能引起叠加放大反应，对下游造成毁灭性灾难。例如 2023 年 6 月第聂伯河上的卡霍夫卡大坝发生爆炸而坍塌，对下游造成巨大灾难；1889 年 5 月美国的南福克（South Fork）大坝溃坝，造成了 2209 人死亡；1979 年印度的马丘（Machu）大坝溃坝，造成了 5000～10000 人死亡[1]。然而，为了开发水电资源，加强区域防洪能力，越来越多的水库大坝被建成并投入运行，大坝数量的增加也增加了溃坝的风险。叠加全球气候变化引起的极端气候事件频发，大坝的安全越来越受到挑战[2]。因此，对梯级水库溃坝风险分析的研究越来越紧迫。

梯级水库连溃洪水相较于一般洪水具有流速快、水头高、冲击力强等特点[3]，对下游地区的破坏更严重，对建筑物密集的城市地区影响更大。溃坝洪水可能会淹没或摧毁建筑物，从而能够在原本无法通过的建筑物区域开辟出行洪通道，并影响整个洪水流场；由此产生的洪水演进过程的变化反过来又会影响建筑物的安全风险评估。二者之间相互影响，相互反馈，是洪水风险分析中的重要影响因素。然而，在大多数研究中，建筑物的安全风险分析都是基于洪水事件或洪水模拟的结果[4-5]，对洪水与建筑物之间的耦合作用考虑较少，这给洪水风险分析带来了不确定性。

在以往的洪水模拟中，建筑物区域的处理方法主要有：固闭边界法[6]、增大糙率法[7]、提升高程法[8]。这些方法可以将洪水在建筑物区域完全排除或部分排除，以模拟建筑物对洪水的阻碍或阻挡作用。但在巨灾条件下，溃坝洪水的冲击力能够破坏已有的建筑物，开辟出新的行洪通道，因此在巨灾条件下，梯级水库连溃洪水的模拟需要考虑建筑物与洪水之间的耦合作用，动态改变建筑物区域的处理方法，实现建筑物动态倒塌的模拟，得到更加契合实际的洪水演进过程与洪水要素。

本文提出了建筑物倒塌的动态模拟方法，模拟了不同工况下攀枝花市盐边县可能面临的洪水风险。分析了洪水淹没、流速、风险等洪水要素对建筑物动态倒塌的响应规律，绘制了盐边县城区洪水风险分布图和建筑物风险分布图，并提出了可能的减灾策略与方法。

---

　　* 基金项目：国家自然科学基金重大项目（52192671）资助。

　　第一作者简介：宋天旭（1995—　），男，河南安阳人，博士研究生在读，主要从事水动力模拟和溃坝洪水风险分析研究工作。Email：stxiwhr@163.com

　　通讯作者：刘家宏（1977—　），男，湖北钟祥人，教授级高级工程师，博士，主要从事水文学及水资源研究工作。Email：liujh@iwhr.com

1　研究区与数据

盐边县位于雅砻江与金沙江汇流地区，隶属于四川省攀枝花市。该地区水电资源丰富，为了开发水电资源，在雅砻江上建立了一系列梯级水库，二滩和桐子林是其中的最后两级。但是，盐边县属于亚热带季风性湿润气候，气候干燥，降雨量集中，年均降雨量为 800～1000mm，主要集中在 6—10 月，容易产生季节性洪水[9]。并且，这里属于地震多发区，在过去的几十年中，该地区发生 6.8 级以上地震将近 30 次。洪水和地震增加了溃坝风险，威胁着下游地区的安全。因此，在该地区进行溃坝洪水研究具有重要意义。

二滩水库为混凝土拱坝，坝高240m，死水位1155m，正常蓄水位1200m，库容58亿 m³，装机容量330万 kW，千年一遇设计，5000 年一遇校核。桐子林在二滩水库下游18km 处，是雅砻江上最末级水库，为混凝土重力坝，坝高71.3m，死水位1012m，正常蓄水位1015m，库容0.912亿 m³，装机容量60万 kW[10]。

2　研究方法

2.1　水动力耦合模型

一维水动力模型通常用来模拟水流在管道和河道中的传播，本文用来模拟溃坝洪水在河道中的传播，包括水库之间的洪水传播与末级水库溃坝后在下游河道中的传播。一维水动力模型的控制方程为圣维南方程组，本文采用理论上更精确并且适用范围广的动力波法进行求解。二维水动力模型在本文用来模拟洪水溢出河道后在地面的演进过程。二维水动力模型的控制方程为浅水方程，包括连续方程和动量方程。有限体积法在求解浅水方程时，可以很好地保持质量、动量、能量守恒，因此在本文中被采用。

侧向耦合可以将二维模型中，靠近一维模型的网格边界与一维模型中的节点或插值点建立连接，并通过堰流公式计算一维、二维模型之间的交换水量，可以实现溃坝洪水漫溢出河道，或流回河道的模拟，因此被用来模拟溃坝洪水。堰流公式如下：

$$Q=\begin{cases} 0.35bh_{\min}\sqrt{2gh_{\max}} & \left(\dfrac{h_{\min}}{h_{\max}}\leqslant\dfrac{2}{3}\right) \\ 0.91bh_{\min}\sqrt{2g(h_{\max}-h_{\min})} & \left(\dfrac{2}{3}<\dfrac{h_{\min}}{h_{\max}}\leqslant 1\right) \end{cases} \tag{1}$$

$$h_{\max}=\max(H_r,H_s)-Z \tag{2}$$

$$h_{\min}=\min(H_r,H_s)-Z \tag{3}$$

式中：b 为堤防宽度，m；H_r 和 H_s 分别为河流和地表的水位，m；Z 为堤防顶部高程，m；$h_{\min}$ 和 $h_{\max}$ 分别为河流和地表之间较低和较高者高出堤顶的水深，m[11]。

2.2　建筑物动态倒塌

水深、流速是影响建筑物倒塌风险的重要指标。为了评估建筑物风险，引入 DV 值（$DV=VH$。V 为流速，m/s；H 为水深，m）来进行评价。在洪水来临时，建筑物可以作为临时躲避洪水的选择，但溃坝洪水可能对建筑物产生破坏，使得建筑物无法提供安全的避难空间。并且，建筑物的倒塌会影响洪水的演进过程；相反，洪水的演进过程发生改变后，又会影响其他建筑物的风险评估。在以往的研究中，当 DV 值小于4.6 时，认为建筑物是安全的，DV 值为 4.6～12 时，认为建筑物有破坏的可能性，而大于 12 时认为建筑物有较大可能被破坏[12]。因此，本文采用 DV 值来评估建筑物的安全性，当建筑物周围的 DV 值达到 12 时认为该建筑物倒塌。

建筑物区域采用提升高程的方法，以防止洪水的侵入。并且在建筑物风险达到高风险时，将高程实时恢复至该区域的初始值，以便于洪水通过建筑物区域实现洪水与建筑物之间的动态模拟。建筑物倒塌后，残留的建筑物基墩以及碎石等会对后续洪水产生阻碍作用，但这一阻碍过程过于复杂，本研究采用增大曼宁系数的方法概化这一过程。因此，倒塌后的建筑物区域曼宁系数被设置为0.1。

3　模型建立

3.1　河道一维模型

河道的空间位置信息通过水文分析从地形数据中进行提取，并通过遥感影像与土地利用数据进行修正，本文模拟的河道长度为7.41km。图1中给出了其具体信息。河道断面数据通过水文年鉴获取，并通过线性

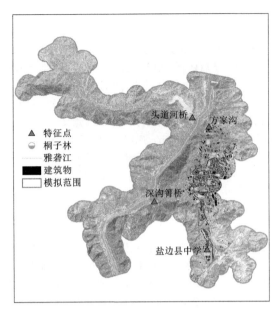

图 1　研究区特征点分布图

插值对断面数据进行加密。河道糙率是影响洪水演进的重要参数，通常需要进行参数验证或洪水重建以获取可靠的河道糙率[10]。但溃坝洪水的预测没有实测数据，因此本文采用雅砻江流域以往的大规模洪水验证出的河道糙率，尽可能减少该参数对模型结果带来的不确定性。河道上游边界设置为溃坝洪水过程，下游距离研究区域较远地区设置为开边界。在模型运行初始阶段，河道内存水较少，在模型简化时忽略不计。

3.2　地表二维模型

二维模型的模拟区域如图 1 所示，面积为 24.72km²，通过预模拟初步获取可能的最大淹没范围，并据此应用 GIS 工具中的缓冲分析功能，得到最终的研究区域。在这一范围内，建立精度为 3m 的非结构化三角网格，网格数量为 5172095 个，并依据下垫面数据为网格赋值。下垫面初始数据有地形数据和土地利用数据，地形数据可以在地理空间数据云免费下载，土地利用数据可以在 GlobeLand30 免费下载。在建筑物密集地区，洪水演进会受到建筑物很强的阻碍效应，并且，建筑物安全性分析在溃坝洪水风险分析中至关重要。因此，建筑物数据的获取是十分必要的，本文的建筑物数据由资源环境科学与数据中心提供。

曼宁系数是重要的二维模型参数，本文的曼宁系数选取参考土地利用数据和类似研究，将耕地、林业、草地、灌木林、水面和城市地区的曼宁系数设定为 0.035、0.15、0.03、0.075、0.027 和 0.04。

在耦合模型中，二维模型中的洪水都来自与一维的水量交换，在二维模型的边界处，没有洪水的流入与流出。因此，二维模型的边界均设置为闭边界，且模型初始运行时，二维模型中没有积水。

3.3　工况设计

造成溃坝的原因有很多，常见的有超标准洪水、大地震等，此外还有战争等人为因素。在极端情况下，还会发生多种因素综合作用导致的溃坝。二滩水库坝高 240m，其库容达到了 58 亿 m³，在地震与超标准洪水等多重极端条件的作用下，可能发生溃坝事件。其溃决造成的洪水给下游仅 18km 远的桐子林水库带来毁灭性的灾难。因此，本文考虑二滩与桐子林水库均为满库容条件下，两座水库连续瞬间全溃作为第一种洪水情景。而在二滩水库正常蓄水位下，强震也可能会对坝体造成破坏，拱坝的力学平衡一旦被破坏，也可能会造成溃坝。而桐子林水库为日调节水库，在二滩发生可能的溃坝时，最糟糕的情况是桐子林水库为满库容。因此，在二滩水库为正常蓄水位，桐子林水库为满库容条件下，两座水库接连瞬间全溃作为第二种洪水情景。考虑以上两种洪水情景，将建筑物的两种处理方法（提升高程法与动态倒塌法）与之进行组合，形成本文所设计的四种工况，具体见表 1。

表 1　　　　　　　　　　　　　　不同设计工况的具体描述

设计工况	二　　滩		建筑物处理方法
	水位/m	库容/亿 m³	
工况 1	坝顶高程（1205）	58	提升高程法
工况 2	正常蓄水位（1200）	22.87	提升高程法
工况 3	坝顶高程（1205）	58	动态倒塌法
工况 4	正常蓄水位（1200）	22.87	动态倒塌法

3.4　溃坝洪水过程

在两种设计工况条件下，通过一维水动力模型计算溃坝洪水的流量过程与水库之间的洪水演进，桐子林水库下游断面形成的溃坝流量过程如图2所示。最初的10min内,洪水在二滩与桐子林水库之间的河道中演进,因此桐子林水库下游断面没有观察到洪水。在两种工况下,洪水流量均在30min左右达到峰值,后续时间逐渐平缓。在工况2条件下,7h左右洪水基本消退,而在工况1条件下,10h左右洪水才逐渐消退。累计水量过程线给出了洪水过程中累计下泄的水量,可以用来对流量过程进行验证。可以看到洪水的下泄主要集中在最初的5~6h内,后续逐渐平缓,最终的下泄水量与两座水库的总库容基本一致。

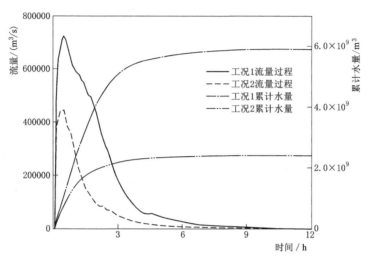

图2　溃坝流量过程线和累计水量过程线

4　结果与讨论

4.1　洪水特征分析

图3展示了四种工况下的洪水淹没过程,从图中可以看出,在工况1条件下,洪水演进速度更快,在15min左右就已经到达桐子林下游,并且溢出河道,开始在地面演进。而在工况2条件下,在15min时,洪水的淹没面积明显小于工况1。在河流右岸,洪水在头道河桥处溢出河道,并沿山谷向上游开始演进,这一方向上的建筑物较少,并不是盐边县主要建成区。在河流左岸为盐边县城,在左岸淹没盐边县城的洪水主要来自两个方向:一个方向是洪水在方家沟处溢出河道,并向县城方向演进。另一个方向是洪水在深沟箐桥处溢出河道,通过山谷向县城下半部分演进。虽然在工况1条件下两部分洪水会在县城部分有交汇,但总体来看交换水量并不多。在工况1条件下,在1h20min时洪水淹没面积最大;而在工况2条件下,在1h时,洪水淹没面积就达到了最大。工况1的最大淹没面积比工况2增加了72.57%。

由此,盐边县城可制定相应的减灾策略,在不同地区新建房屋时,考虑洪水带来的冲击力,面对洪水冲击的一侧采取更多灵活的措施,减轻对建筑物可能造成的破坏,增强建筑物抵御洪水的能力。在保证建筑物内财产安全的同时,也可以扩大洪水来临时的避险空间,减少生命损失。

相比之下,建筑物对洪水演进的影响似乎并不明显,仅在25min时,建筑物密集区域能够观察到工况1和工况3之间的较小差别,其他时间与工况之间的差别并不明显。这主要是因为溃坝洪水量级较大,少数建筑物对整个洪水的演进过程影响有限,只有当建筑物数量较多且较为密集时,才会对洪水演进过程产生影响。本研究中,工况2和工况4中的溃坝洪水淹没的建筑物数量相较于工况1、工况3较少,因此洪水演进过程的差别并不明显。

流速是洪水的重要特征参数之一,它直接关系洪水的冲击力,与洪水的破坏性相关。由图4可以看出,较大的流速出现在靠近河道附近,并且在山谷地区也有分布。随着洪水向周围的扩散,流速也逐渐减小。在河流右岸,工况1条件下的洪水蔓延的距离更远,在山谷地区的流速也明显高于工况2。在河流左岸,工况1条件下盐边县城中心位置有少部分地区被洪水淹没,但流速较小。并且洪水明显分为上下两部分:一部分以方家沟位置为中心,流速最大,向县城演进过程中,流速逐渐变小。另一部分以深沟箐桥为中心,流速最大,沿山谷向下蔓延,流速在山谷下最大,并在蔓延过程中逐渐减小。在工况2条件下,洪水流速的分布规

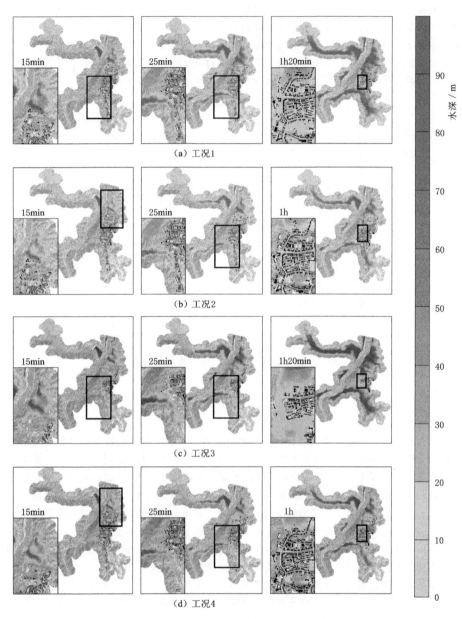

图 3 洪水淹没区域分布

律与工况 1 类似，但在各部分的流速均明显小于工况 1。

在考虑建筑物动态倒塌的工况中，流速均明显大于建筑物永久存在的工况。观察图 4 可以发现，在河流左岸的盐边县城区附近，工况 3 在大部分地区的洪水流速均大于工况 1，且工况 4 中的洪水流速也明显大于工况 2。然而，在建筑物较少的右岸地区，流速呈现出了相反的差别。这是因为建筑物与洪水之间的耦合作用影响的是溃坝洪水的整个流场，并不是单一的增大或减小流速。在建筑物密集地区，建筑物倒塌后会使洪水演进过程的阻碍变小，从而在部分地区的流速增加。由于左岸的洪水流速增加，对整个洪水流场都产生影响，使得右岸洪水在部分地区的流速有所降低。

4.2 洪水风险分析

基于 DV 值的洪水风险等级划分是较为传统的风险划分方式，虽然没有考虑过多的风险因素，但其数据获取较为简单，且有以往研究经验制定的划分标准。图 5 中展示了风险划分结果，可以看出，高风险区域占

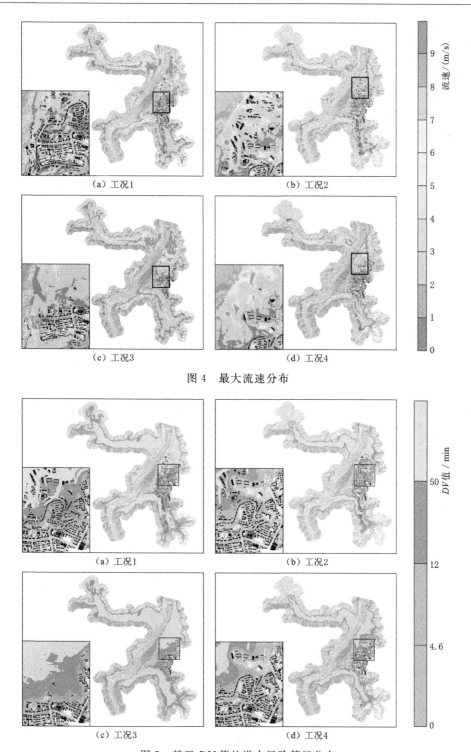

图 4　最大流速分布

图 5　基于 DV 值的洪水风险等级分布

据了大部分地区，这是因为洪水量级较大，大部分地区的洪水淹没较深，且流速较大，高风险区域主要分布在山谷地区和河流附近。而随着洪水的扩散，在洪水边缘地区的风险等级有所降低。工况 3 和工况 4 相较于工况 1 和工况 2，大部分地区的洪水风险均有所增加，这是因为 DV 值与洪水水深和流速直接相关，因此，DV 值的分布与最大流速分布和水深分布较为相似。在建筑物倒塌后，建筑物密集地区的洪水流速增加，使得这部分地区的洪水风险也有所扩大。而对于建筑物较少的地区,风险区域的变化较小。这也体现出了考虑建筑物与洪水之间的耦合作用对洪水风险的影响。

4.3 建筑物风险分析

建筑物的风险分布是基于 DV 值进行划分的,因此其与 DV 值分布直接相关,但建筑物风险划分可以更直观地展示出建筑物的安全性。由图6可以看出,在盐边县城中间部分的建筑物大都处于安全区域,这些建筑物没有受到洪水影响,或受到的影响较小。而县城上部或下部的一些建筑物处于高危险区域,这些区域是洪水演进过程中的核心区域,流速较快,水深较高,对建筑物的安全性具有较大威胁。在两区域之间,和洪水边缘地区,有小部分中风险建筑物,这些建筑物受到不同程度的洪水冲击,但其安全性还与自身建造标准相关。考虑建筑物动态倒塌的工况,高风险建筑物明显增加,说明了建筑物动态倒塌能够给出更合理的建筑物风险评估结果。以往的模拟后评估会低估建筑物的安全风险,给风险管理带来不确定性。

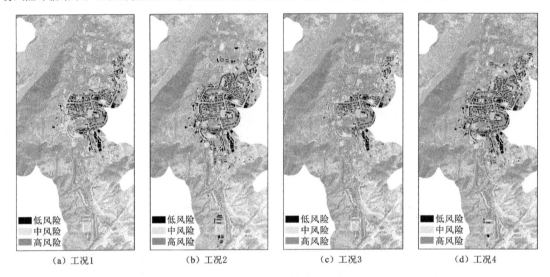

| (a) 工况1 | (b) 工况2 | (c) 工况3 | (d) 工况4 |

图6　基于 DV 值的建筑物风险划分

建筑物的风险划分结果有助于对溃坝洪水的管理,制定具体减灾措施以减少生命损失。具体的,可以在风险区域建造具有一定防洪标准的标志性建筑物,在洪水来临时,可以为周围人群提供临时避难场所。还可以提高风险区域建筑物的防洪标准,规划合理的建筑物布局,以减少洪水对建筑物的冲击等。这样不仅可以减少洪水带来的经济损失,还可以提供临时避难场所,减少生命损失,减轻洪水灾害的影响。

5　结论

本文考虑了建筑物动态破坏,以雅砻江下游地区为例,对极端情境下的梯级连溃洪水进行了模拟,并对主要洪水特征分布进行了分析。依据 DV 值对洪水风险进行划分,并通过 DV 值对建筑物风险进行分级,主要得出了如下结论:

(1) 对二滩水库满库容和正常蓄水位两种工况下的溃坝洪水模拟的分析表明,满库容溃坝工况下,盐边县的淹没面积、水深、流速、风险等洪水特征指标均大于正常蓄水位工况,其中洪水淹没面积增加了72.57%。

(2) 传统的建筑物处理方法会低估溃坝洪水的流速,从而低估溃坝洪水风险,并由此给建筑物风险评估带来风险。而考虑建筑物动态破坏能够提供更加符合实际的淹没过程与流场分布,提升溃坝洪水风险评估的精度。

(3) 研究提出了盐边县城区洪水风险等级分布图与建筑物风险等级分布图,摸清了风险底数,为城区的巨灾风险管理与减灾策略的制定提供了基础依据。

参 考 文 献

[1]　LEMPÉRIÈRE F. Dams and Floods [J]. Engineering, 2017, 3: 144-149.

［2］ 祖强，陈祖煜，于沭，等. 极端降雨条件下小流域淤地坝系连溃风险分析 ［J］. 水土保持学报，2022，36（1）：30－37.

［3］ 刘家宏，周晋军，王浩. 梯级水电枢纽群巨灾风险分析与防控研究综述 ［J］. 水利学报，2023，54（1）：34－44.

［4］ 孟颖，唐玲玲. 考虑致灾后果的溃坝洪水风险评估与等级划分 ［J］. 长江科学院院报，2022，39（10）：61－65，96.

［5］ WÜTHRICH D，PFISTER M，SCHLEISS A J. Forces on buildings with openings and orientation in a steady post－tsunami free－surface flow ［J］. Coastal Engineering，2020，161：103753.

［6］ 都利亚，王兆礼，祁旭阳，等. 基于 TELEMAC－2D 模型的城区水库溃坝洪水数值模拟——以广州市龙洞水库为例 ［J］. 地球科学与环境学报，2022，44（5）：850－859.

［7］ 梅超. 城市水文水动力耦合模型及其应用研究 ［D］. 北京：中国水利水电科学研究院，2019.

［8］ 雷向东，王兆礼，曾照洋，等. 基于 ANUGA 和 SWMM 耦合模型的车陂涌流域内涝模拟分析 ［J］. 水资源保护，2023，39（3）：82－90.

［9］ QIN B，YANG J. City Profile：Panzhihua，China ［J］. Environment and Urbanization Asia，2019，10：359－373.

［10］ 柳滔. 雅砻江流域梯级水库群溃决洪水模拟研究 ［D］. 武汉：三峡大学，2019.

［11］ 陈文杰. 城市洪涝水文水动力模型构建与洪涝管理关键问题研究 ［D］. 广州：华南理工大学，2019.

［12］ HUANG D，YU Z，LI Y，et al. Calculation method and application of loss of life caused by dam break in China ［J］. Natural Hazards，2017，85：39－57.

溃口发展历时对溃坝洪水的影响研究 *

钱竹胜[1,2]　李昌文[1,2]　彭 辉[1,2]

（1. 三峡大学 水利与环境学院，湖北 宜昌 443002；

2. 三峡大学 水电工程施工与管理湖北省重点实验室，湖北 宜昌 443002）

摘 要 溃口发展过程是溃坝洪水的重要研究方面，目前国内外学者针对溃口形态及演变开展了大量研究，但在溃决历时对溃坝洪水特性的影响研究方面还比较缺乏。本文针对某水库建立了 1min 至 12h 内 19 种不同溃口发展历时下的漫顶溃坝模型，采用趋势斜率法定量分析了溃决历时对溃坝洪水特性的影响阈值。结果表明：①随溃口发展历时的增大，坝址洪水过程线由"尖瘦"逐渐变为"矮胖"，且洪峰流量呈先"剧烈下降"后"逐渐平缓"的趋势，即溃口发展历时对溃口洪峰的影响程度存在阈值；②趋势斜率法能够克服传统目视解译的主观性，精确计算溃口发展历时对坝址处洪峰流量的影响阈值，该水库阈值为 136min；③随溃口发展历时的增大，下游最高洪水位明显降低，且溃口洪峰流量是影响下游最高水位的根本原因；④延长溃口发展历时可有效推迟下游沿程峰现时间，且溃口峰现时间是影响下游峰现时间的根本原因。研究成果可为认识溃决历时对溃坝洪水的影响提供科学依据，亦为溃坝洪水应急抢险提供理论指导。

关键词 溃决历时；溃坝洪水特性；趋势斜率法；影响阈值

1 引言

在全球气候变化背景下，因极端天气频发导致的溃坝事件时有发生[1]。据不完全统计，2010—2018 年我国共发生了 84 起溃坝事件，其中超标准洪水漫顶为水库溃决的主要因素[2]。为减轻溃坝洪水的破坏性，降低洪水风险，国内外学者针对溃坝问题开展了大量研究；溃坝物理试验、溃坝机理及溃坝洪水在下游的演进研究成果不断丰富[3]；并伴随着数值计算的迅速发展，涌现出了一批有代表性的溃坝仿真模型，例如 HEC - RAS[4]、BREACH[5]、MIKE[6] 等。

在溃坝物理试验方面，张大伟等[7] 分别采用粗、细两种粒径的砂样模拟了堰塞坝垭口漫顶溃决的过程，实验表明细颗粒坝体破坏以下切侵蚀为主，而粗颗粒坝体破坏则以溯源冲刷为主；蔡耀军等[8] 以白格堰塞湖为原型，分别建立了室内 1∶80 和野外 1∶20 的堰塞湖溃决模型，揭示了堰塞体溃口发展的自我演化机制和溃口坍塌发展的主要动力机制；黄卫等[9] 采用 380m³ 库容的大尺度堰塞湖溃决试验系统，以无黏性、宽级配砂砾料堰塞坝为对象，开展多组室内大尺度溃决试验，揭示了堰塞坝溃决机理，阐明了不同背水面坝坡坡度对溃决过程的影响。在溃口经验公式方面，Froehlich[10] 以 111 座土石坝溃决案例，基于统计学方法分别推导出了溃口边坡、溃口发展历时、溃口底宽计算公式；在国内，也有著名的黄河水利委员会经验公式[11]、铁道科学实验院经验公式[11-12]、谢任之经验公式[13-14] 等；此外，方崇惠等[15] 根据波的运动规律和水量平衡原理，推导出了大坝全溃、横垂向局部溃坝的瞬时最大流量通式；梅胜尧等[16] 提出了雷诺平均 Navier - Stokes 方程和湍流重正化群 $k-\varepsilon$ 模型相结合的数值模拟技术，并成功反演了白格堰塞体溃洪过程。在溃坝洪水特征值影响因子方面，黄子奇等[17]、李尚超等[18]、罗利环等[19] 分析了起溃库容、入库流量、水头差、筑坝材料、溃口宽度、坝后坡度等因素对溃坝洪水特性的影响。在溃坝洪水演进方面，周兴波等[20] 基于断波坐标法和微元法提出了基于断波的溃坝洪水演进模型，并成功反演了白格堰塞湖溃决洪水演进过程；马利平等[21] 基于源项法耦合了溃口演变模型 DB - IWHR 与基于 GPU 加速技术的二维洪水演进数

──────────

* 基金项目：流域水安全保障湖北省重点实验室重点项目（CX2023K13）；国家自然科学基金项目（52009079）；水利部重大科技项目（SKS - 2022003）。

第一作者简介：钱竹胜（1997— ），男，硕士研究生，主要从事溃坝洪水研究工作。Email：212187671@qq.com

通讯作者：李昌文（1986— ），男，博士，校聘教授，主要从事数字孪生流域与洪涝安全智慧调控研究工作。Email：lichangwen@alumni.hust.edu.cn

值模型，实现了土石坝、堰塞坝溃坝事故的合理高效预测。在溃坝洪水影响敏感性方面，Li 等[22] 以巴基斯坦 Karot 水电站为研究对象，基于 MIKE11 分析了不同溃决历时对土石坝溃坝洪水的敏感性。而在溃口发展历时方面，特别是溃口发展历时对溃坝洪水特性的影响机理尚不清晰。

由于土石坝、重力坝等不同类型水库溃口形态及溃决历时差异显著，通过工程和非工程措施亦可控制溃决历时。由此，本文以某水库设计及实测地形资料为基础，利用 MIKE HYDRO RIVER 建立了不同溃口发展历时下的超标准洪水漫顶溃坝模型，定量分析溃口发展历时对溃坝洪水特性的影响，以期为水库控溃提供研究基础。

2 研究资料与方法

2.1 研究区域概况

某水库是一座以灌溉、供水、防洪为主，兼顾发电的大（2）型综合利用水利工程，集水面积 167.4km²，多年平均流量 4.47m³/s，总库容 1.07 亿 m³。坝顶高程 522m，最大坝高 105m，坝顶总长 340m。坝顶高程 522m 的库容为 1.18 亿 m³；设计洪水位（$P=1\%$）517m，校核洪水位（$P=0.1\%$）517.67m；设计、校核洪峰流量分别为 1360m³/s 和 2010m³/s。

2.2 溃坝模型

为模拟不同历时下的溃口发展过程，本文采用 MIKE DAMBRK 构建溃坝模型，该模型采用随时间线性变化的溃口底部高程、底宽和坡度序列描述溃口形态及其发展过程，见图 1。

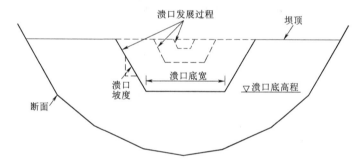

图 1 溃口发展过程图

2.3 洪水演进模型

采用 MIKE HYDRO RIVER 构建溃坝洪水一维水动力演进模型。该模型由河网模块、断面模块、参数模块、初始条件和边界模块五部分组成，通过求解圣维南方程组进行河道洪水演算，即

$$\frac{\partial Q}{\partial x}+\frac{\partial A}{\partial t}-q=0 \tag{1}$$

$$\frac{\partial Q}{\partial t}+\frac{\partial}{\partial x}\left(\frac{Q^2}{A}\right)+gA\frac{\partial Z}{\partial x}+\frac{n^2 Q|Q|}{AR^{\frac{4}{3}}}=0 \tag{2}$$

式中：x 为水流纵向距离，m；Q 为断面流量，m³/s；Z 为水位，m；g 为重力加速度，m/s²；R 为水力（或阻力）半径，m；t 为时间，s；A 为过水断面面积，m²；n 为河道糙率系数；q 为源汇项，若无支流汇入或流出，$q=0$。

2.3.1 河网与断面

模拟范围内河道总长 257.64km，区间共计 583 个断面，平均断面间距 0.44km。基于库区 1：2000 实测地形求得该水库水位-库容-面积曲线，见图 2。通过在大坝上游断面添加额外蓄水面积对库容进行概化[22]。

2.3.2 边界条件与初始条件

模型上边界取坝址处 2000 年一遇设计洪水，下边界取出口处某水文站水位-流量关系，见图 3。旁侧入流边界取区间支流的 10 年一遇洪水，水库初始水位设置为正常蓄水位。

2.3.3 参数率定

结合现场踏勘情况并参照《水文调查规范》（SL 196—2015）"天然糙率表"，加之考虑溃坝洪水的漫滩

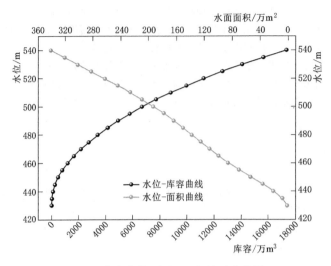

图 2　水库水位-容积-面积关系曲线图

影响，沿程河道糙率系数 n 取 0.035～0.042。利用下游主河道上两处实测断面资料与历史大洪水对上述糙率系数进行验证，结果表明：将实测洪峰流量及水位点绘至断面水位-流量关系图中，见图 4，可以看出点线基本吻合，故说明所取糙率系数是合适的。

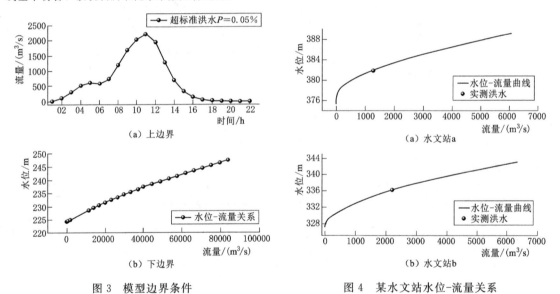

（a）上边界　　　　　　　　　　　　　（a）水文站a

（b）下边界　　　　　　　　　　　　　（b）水文站b

图 3　模型边界条件　　　　　　　图 4　某水文站水位-流量关系

2.3.4　计算工况

为计算不同溃口发展历时所对应的溃坝洪水特征值，本文不考虑坝型和筑坝材料等因素的影响，采用 Froehlich 方程加之坝址断面实际地形，确定最终溃口形态，并保持溃口参数一致，拟定了 19 种不同溃口发展历时下的漫顶溃决工况，见表 1。

表 1　　　　　　　　　　　　　　溃坝工况表

工况	溃坝水位 /m	溃口底高 /m	溃口底宽 /m	溃口坡度	溃口发展历时 /min	溃口形状
1	522	427	66	1:1	1	梯形
2	522	427	66	1:1	5	梯形

续表

工况	溃坝水位/m	溃口底高/m	溃口底宽/m	溃口坡度	溃口发展历时/min	溃口形状
3	522	427	66	1:1	10	梯形
4	522	427	66	1:1	20	梯形
5	522	427	66	1:1	30	梯形
6	522	427	66	1:1	40	梯形
7	522	427	66	1:1	50	梯形
8	522	427	66	1:1	60	梯形
9	522	427	66	1:1	120	梯形
10	522	427	66	1:1	180	梯形
11	522	427	66	1:1	240	梯形
12	522	427	66	1:1	300	梯形
13	522	427	66	1:1	360	梯形
14	522	427	66	1:1	420	梯形
15	522	427	66	1:1	480	梯形
16	522	427	66	1:1	540	梯形
17	522	427	66	1:1	600	梯形
18	522	427	66	1:1	660	梯形
19	522	427	66	1:1	720	梯形

2.4 研究方法

2.4.1 趋势斜率法

研究表明，溃口发展历时与坝址处洪峰流量存在明显的非线性关系[23]，且溃口发展历时对坝址处洪峰流量的影响程度存在阈值[22]。但该阈值大多数通过目视解译得出，具有一定的主观性。本文提出趋势斜率法，克服了阈值确定的主观性。趋势斜率法基于溃口发展历时与坝址处洪峰流量的非线性曲线 $f(x)$，通过计算已知点据的变化趋势线 $g(x)$，以趋势线斜率 k 为依据做拟合曲线 $f(x)$ 的切线，求得切点横坐标 x_0，即为溃口发展历时对坝址处洪峰流量影响程度由剧烈变为平缓的阈值。

$$g(x) = kx + b \tag{3}$$

$$k = f'(x_0) \tag{4}$$

式中：$g(x)$ 为变化趋势线；k 为趋势线斜率；$f'(x_0)$ 为拟合曲线切线斜率。

2.4.2 峰型系数

采用峰型系数[24]定量分析不同溃口发展历时所对应的洪水过程线特征。峰型系数是指峰前平均流量与洪峰流量的比值，反映了洪水洪峰前的形状，数值越接近于 0 表明峰前洪水过程越"尖瘦"，数值越接近于 1 表明峰前洪水过程越"矮胖"。其计算公式如下：

$$\overline{Q_{t_p}} = \frac{1}{t_p} \int_0^{t_p} Q_t dt \tag{5}$$

$$c = \frac{\overline{Q_{t_p}}}{Q_{t_p}} \tag{6}$$

式中：c 为峰型系数；t_p 为洪峰对应的时刻，s；Q_t 为时刻 t 的瞬时流量值，m^3/s；$\overline{Q_{t_p}}$ 为峰前平均流量，m^3/s；Q_{t_p} 为洪峰流量，m^3/s。

3　研究结果

本文分别计算了1min至12h内19种不同溃口发展历时下的溃坝洪水过程，选取坝址及水库下游60km范围内的洪峰流量、洪水过程线、最高洪水位和洪水到达时间等洪水要素做具体分析。

3.1　坝址洪峰流量

由图5可知，溃口发展历时与洪峰流量存在明显的非线性关系，这种相关关系实际是坝体由瞬时溃决向逐渐溃决的转变过程。随溃口发展历时的增大，洪峰流量由162189m³/s显著下降至6617m³/s，平均下降率为173m³/(s·min)。结合不同溃决历时区段内洪峰流量变化速率（表2）可以得知，当溃决历时小于120min时，随溃决历时的增大，坝址洪峰流量下降剧烈，各区段下降速率达493~2897m³/(s·min)；当溃决历时大于180min后，洪峰流量下降趋势逐渐平缓并趋于稳定，各区段下降速率仅为9~71m³/(s·min)。因此，可以认为溃口发展历时对坝址处洪峰流量的影响存在阈值，且在120~180min内。

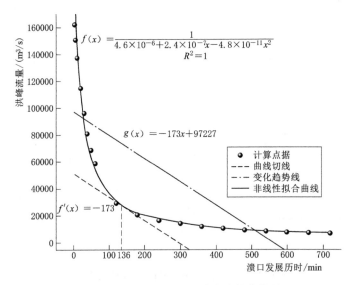

图5　不同工况下坝址处洪峰流量变化图

表2　　　　　　　　　　　　不同溃决时段内坝址处洪峰流量平均变化率

时段/min	变化率/[m³/(s·min)]	时段/min	变化率/[m³/(s·min)]
1~5	2897	180~240	71
5~10	2643	240~300	44
10~20	2268	300~360	31
20~30	1842	360~420	23
30~40	1522	420~480	18
40~50	1233	480~540	15
50~60	999	540~600	13
60~120	493	600~660	11
120~180	141	660~720	9

进一步利用趋势斜率法定量分析影响阈值，其计算结果为136min，正好处于120~180min范围内，见图5。这说明趋势斜率法用于确定溃口发展历时对坝址处洪峰流量影响程度阈值是合理的。

3.2　坝址洪水过程线

由图6、图7可知，随溃口发展历时的增大，峰型系数由0.26增至0.53，坝址处洪水过程线表现为

"尖瘦"至"矮胖"的变化过程；且溃口发展历时小于120min时，峰型系数增长较明显。峰前洪量以60min为分界，呈"先增后减"的趋势。图8进一步给出了峰现时间随溃口发展历时的变化过程。由图可知，坝址处峰现时间均出现在形成最终溃口之时或之前，这与谢任之[13]经大量实际溃坝资料分析所得结论一致，说明所构建的溃坝模型是合理的；并且，当溃口发展历时小于1h，溃口发展历时始终与峰现时间一致，故在溃口发展历时足够小时，即溃决方式为瞬时溃决，其峰现时间亦趋近于无穷小，从而瞬间达到洪峰流量。

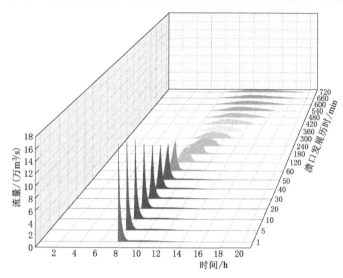

图6　坝址处不同溃口发展历时所对应的溃坝洪水过程线

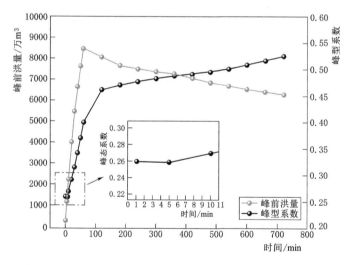

图7　坝址处不同溃口发展历时所对应的峰前洪量与峰型系数

3.3　下游最高洪水位

不同工况所对应的坝址下游最高洪水位，见图9和图10。可以看出，溃口发展历时由1min增大至720min，坝址下游各典型断面最高洪水位均有不同程度的降低，尤其在距坝20km范围内，最高洪水位下降趋势明显，最高可达24.7m。此外，当溃口发展历时大于120min，下游最高洪水位降幅对该因素的敏感性降低，受影响趋势与溃口洪峰流量高度一致，说明溃口洪峰流量是影响下游最高洪水位的根本原因。因此，在防控溃坝洪水时，应尽可能延缓溃口发展过程以达到削峰效果，从而减轻下游淹没损失。

3.4　下游峰现时间

由图11和图12可知，随溃口发展历时的增大，坝下游沿程峰现时间明显推迟，推迟时间随距坝里程的

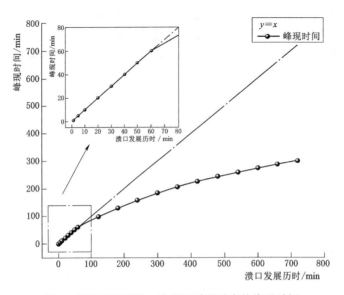

图 8　坝址处不同溃口发展历时所对应的峰现时间

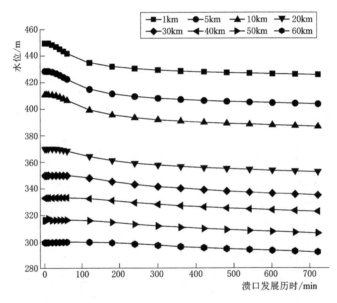

图 9　下游断面在不同溃决历时所对应的最高洪水位图

增大而增大。此外，当溃口发展历时小于 60min 时，下游沿程峰现时间对该因素敏感，两者呈线性关系，即溃口发展历时的增量与各断面峰现推迟时间在数量上保持一致；当溃口发展历时大于 60min，下游沿程峰现时间对该因素敏感性相对降低，各断面峰现推迟时间小于溃口发展历时的增量；受影响趋势与溃口峰现时间高度一致，说明溃口峰现时间是影响下游峰现时间的根本原因。

4　结论与展望

采用某水库设计及实测资料，基于 MIKE HYDRO RIVER 建立了 19 种不同溃口发展历时下的溃坝洪水模型，分析了溃口发展历时对溃坝洪水特性（洪峰流量、洪水过程线、最高洪水位、峰现时间）的影响，可以得出以下主要结论：

（1）随溃口发展历时的增加，坝址处洪水过程线由"尖瘦"逐渐变为"矮胖"，且洪峰流量呈现先"剧烈下降"后"逐渐平缓"的趋势，说明在溃口发展历时增大到一定程度后，洪峰流量对该因素的敏感型降

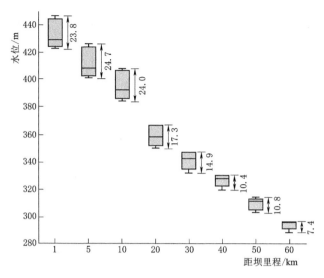

图 10　下游断面在不同溃决历时所对应的最高洪水位箱型图

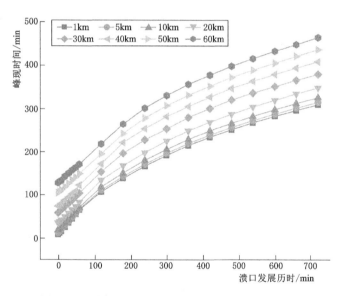

图 11　下游断面在不同溃决历时所对应的峰现时间

低。因此，在建立溃决模型时，尤其是逐渐溃决模型，必须充分考虑形成最终溃口的时间。

（2）趋势斜率法有效克服了传统目视解译的主观性，能够准确计算溃口发展历时对坝址处洪峰流量的影响阈值，该水库的影响阈值为 136min。

（3）随溃口发展历时的增加，下游沿程最高水位显著降低，尤其在距坝 20km 范围内，这种下降趋势尤为明显，且溃口洪峰流量是影响溃坝洪水下游沿程最高水位的根本原因。

（4）延长溃口发展历时可以有效推迟下游沿程峰现时间，且随距坝里程的增加，峰现时间推迟更为明显，且溃口峰现时间是影响溃坝洪水下游沿程峰现时间的根本原因。

综上所述，在溃坝洪水应急抢险过程中，延缓溃口发展是减轻下游淹没损失、为下游保护对象争取避险转移时间的有效途径。未来需进一步结合坝型材料性质及所在断面地形建立物理模型进行深入论证，以期揭示水库溃决机理。

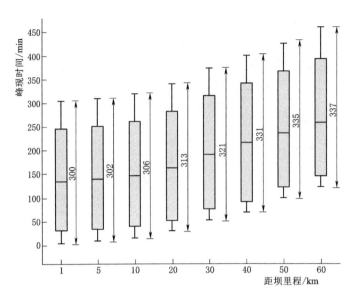

图 12　下游断面在不同溃决历时所对应的峰现时间箱型图

参 考 文 献

［1］　张士辰，李宏恩. 近期我国土石坝溃决或出险事故及其启示 ［J］. 水利水运工程学报，2023 (1)：27 - 33.

［2］　李宏恩，马桂珍，王芳，等. 2000—2018 年中国水库溃坝规律分析与对策 ［J］. 水利水运工程学报，2021 (5)：101 - 111.

［3］　刘林，常福宣，肖长伟，等. 溃坝洪水研究进展 ［J］. 长江科学院院报，2016，33 (6)：29 - 35.

［4］　宁聪，傅志敏，王志刚. HEC - RAS 模型在二维溃坝洪水研究中的应用 ［J］. 水利水运工程学报，2019 (2)：86 - 92.

［5］　刘若星，钟启明，霍家平. 基于 NWS BREACH 的唐家山堰塞坝泄流过程模拟 ［J］. 人民长江，2016 (3)：88 - 92.

［6］　周兴波，陈祖煜，陈淑婧，等. 基于 MIKE11 的堰塞坝溃决过程数值模拟 ［J］. 安全与环境学报，2014，14 (6)：23 - 27.

［7］　张大伟，权锦，何晓燕，等. 堰塞坝漫顶溃决试验及相关数学模型研究 ［J］. 水利学报，2012，43 (8)：979 - 986.

［8］　蔡耀军，杨兴国，周招，等. 基于物理模拟的堰塞湖溢流溃决机理 ［J］. 工程科学与技术，2023，55 (1)：150 - 160.

［9］　黄卫，齐子杰，段文刚，等. 堰塞坝背水面坡度对溃决过程影响机理大尺度试验 ［J］. 工程科学与技术，2022，54 (3)：14 - 24.

［10］　FROEHLICH D C. Embankment dam breach parameters and their uncertainties ［J］. Journal of Hydraulic Engineering，2008，134 (12)：1708 - 1721.

［11］　谢任之. 溃坝水力学 ［M］. 济南：山东科学技术出版社，1993.

［12］　戴荣尧，王群. 溃坝最大流量的研究 ［J］. 水利学报，1983 (2)：13 - 21.

［13］　谢任之. 溃坝坝址流量计算 ［J］. 水利水运科学研究，1982 (1)：43 - 58.

［14］　谢任之. 平底无阻力河床溃坝波的瞬间全溃解 ［J］. 水利学报，1984 (2)：49 - 56.

［15］　方崇惠，方垫. 瞬时溃坝最大流量计算新通式推导及验证 ［J］. 水科学进展，2012，23 (5)：721 - 727.

［16］　梅胜尧，钟启明，陈生水，等. 堰塞体溃决流量与溃口形态演化数值模拟 ［J］. 地球科学，2023，48 (4)：1634 - 1648.

［17］　黄子奇，张建丰，李涛，等. 库区几何要素对溃坝洪水特性影响的模拟研究 ［J］. 西安理工大学学报，2021，37 (2)：222 - 228，260.

［18］　李尚超，牛志伟，刘晓青，等. 溃坝洪水演进影响因素分析 ［J］. 三峡大学学报（自然科学版），2016，38 (4)：1 - 5.

［19］　罗利环，黄尔，吕文翠，等. 堰塞坝溃坝洪水影响因素试验 ［J］. 水利水电科技进展，2010，30 (5)：1 - 4.

［20］　周兴波，金松丽，杨子儒，等. 基于断波的溃坝洪水演进分析模型研究 ［J］. 应用基础与工程科学学报，2023，31

(3)：611 - 621.

[21] 马利平，侯精明，张大伟，等. 耦合溃口演变的二维洪水演进数值模型研究 [J]. 水利学报，2019，50（10）：1253 - 1267.

[22] LI C，GAO H，XU Z，et al. Sensitivity analysis of rock - fill dam break flood on different dam break durations [J]. Open Journal of Safety Science and Technology，2021，11（3）：90 - 103.

[23] 邓鹏鑫. 堰塞湖逐渐溃决洪水模拟及溃口变化影响分析 [J]. 人民长江，2019，50（3）：28 - 33.

[24] 阎晓冉，王丽萍，张验科，等. 考虑峰型及其频率的洪水随机模拟方法研究 [J]. 水力发电学报，2019，38（12）：61 - 72.

黄河防洪工程建设经验探讨 *

田海龙[1]　刘晓旭[1,2]　刘晓民[2]　余　森[1]　赵海洋[1]　朱钦博[3]

(1. 内蒙古水务投资集团有限公司，呼和浩特 010020；2. 内蒙古农业大学，呼和浩特 010018；

3. 内蒙古自治区水文水资源中心，呼和浩特 010010)

摘　要　黄河内蒙古段二期防洪工程，是国家 172 项重大水利工程项目之一，同时也是自治区 12 项重点水利工程之一，工程建设对自治区区域经济发展具有举足轻重的作用。黄河内蒙古段二期防洪工程的建成标志着黄河防洪防凌能力又一次得到提高，干流堤防全部达到了 2025 规划年设计标准，有效提高了黄河大堤的稳定性和耐久性，形成初具规模的河道整治雏形，并从根本上改变了防汛基础设施薄弱的状况，为美丽的内蒙古又增加了一道亮丽的风景线。这是深入贯彻落实习近平总书记黄河流域生态保护和高质量发展座谈会重要讲话精神的具体实践，对防洪治理及工程建设管理具有广泛借鉴意义。

关键词　流域；防洪防凌；建设管理；高质量发展

黄河内蒙古段特别是平原河段的河性复杂，两岸经济社会地位重要，洪、凌灾害问题突出。2000 年以来，黄河内蒙古段的防洪工程建设取得了巨大成就，以堤防工程为主、河道整治工程相配套、其他工程措施为辅的防洪工程体系得到了逐步完善，对减轻洪水和凌汛灾害起到了重要作用。然而，治理河段长且工程建设基础较差，河段洪水持续时间长且凌汛频繁发生，河道泥沙淤积，再加上国家和地方投资能力有限、河道及两岸经济社会发展变化等原因，黄河防洪工程建设仍然滞后、防洪保障能力存在不足。目前河防工程还存在险点险段，部分堤防高度宽度达不到设计标准；堤身堤基存在安全隐患，部分堤段两侧有顺堤河，堤坡被雨水、漫滩洪（凌）水冲刷破坏；堤防、滩区居民与重要基础设施存在安全隐患，部分河道长度不足、缺少坝垛或迎水面无石方裹护，使得河势得不到有效控制；工程管理设施设备不完善，基础研究支撑工作滞后[1]。

习近平总书记将黄河流域生态保护和高质量发展定为重大国家战略，保护黄河是事关中华民族伟大复兴和永续发展的千秋大计。2020 年习近平总书记在参加十三届全国人大三次会议内蒙古代表团审议时强调要着力抓好黄河流域生态环境综合治理，持续打好蓝天、碧水、净土保卫战，把祖国北疆这道万里长城构筑得更加牢固。同年在宁夏考察时强调，要珍惜黄河，精心呵护黄河，坚持综合治理、系统治理、源头治理，明确黄河保护红线底线，统筹推进堤防建设、河道整治、滩区治理、生态修复等重大工程，守好改善生态环境生命线。内蒙古沿黄区域战略地位重要，随着西部大开发战略的逐步深入实施，该地区经济社会迅速发展，人口的增长、城市规模的扩大、基础设施的增多和完善，对防洪（凌）提出的安全要求也越来越高。未来的防洪（凌）安全和减灾能力，直接影响到两岸人民生命财产安全和经济社会持续稳定发展，关系到西部大开发战略实施的进程和边疆繁荣稳定的大局，同时也影响到华北地区乃至国家的能源和战略资源的安全。按照国务院最新批复的《黄河流域防洪规划》与《黄河流域综合规划》，结合在现状防洪工程基础上继续加快加强黄河内蒙古段防洪工程建设、解决现状存在的各项突出问题、逐步完善该河段防洪体系，开展黄河内蒙古段二期防洪工程工作，是非常必要和迫切的。本文介绍了黄河内蒙古段二期防洪工程的建设经验，并就防洪体系的薄弱环节提出建议，为防洪治理及工程建设管理提供参考和依据。

* 基金项目：内蒙古自治区科技计划（2022YFHH0069），国家自然科学基金项目（5216901651969021），内蒙古自治区自然基金（2021MS05042）。

第一作者简介：田海龙（1980—　），男，内蒙古乌兰察布市人，高级工程师，主要研究方向为农业水利工程。Email：969907572@qq.com

通讯作者：刘晓旭（1991—　），女，内蒙古赤峰市人，博士研究生，主要从事水资源利用与保护工作。Email：15848130960@163.com

1 研究区概况

黄河内蒙古段地处黄河流域最北端，自都思兔河入黄口入境，于准格尔旗马栅乡出境。流经内蒙古自治区乌海、阿拉善盟、巴彦淖尔、包头、呼和浩特与鄂尔多斯共 6 个盟市 20 个旗（县、区），河道全长 843.5km，约占黄河流域面积的 1/5。两岸有十大孔兑、昆都仑河、五当沟等支流汇入。多年平均水沙量分别为 274.1 亿 m³ 和 1.19 亿 t。现状堤防保护范围 9411km²，保护区内人口 407.33 万人，保护区内有耕地 1214.53 万亩，两岸引黄灌区有效灌溉面积 1145 万亩，是内蒙古自治区的主要粮食基地。同时，沿黄区域煤炭、有色金属、稀土、风能等资源丰富，发展潜力巨大，是我国重要的能源、煤化工和新材料产业基地。区域中 11 个旗（县）被列为呼包鄂榆国家级重点开发区域，18 个旗（县、区）被列为自治区级重点开发区域。内蒙古自治区是黄河上游流经长度最长、流域面积最大的省区。然而黄河内蒙古段是黄河上游河段淤积最为严重、水沙变化最为复杂的河段，凌汛和洪水灾害频繁。在现有工程的基础上，通过堤防加固、险工险段治理、控导及防护工程建设等措施，开展黄河内蒙古段二期防洪工程，进一步提高黄河内蒙古段沿岸防洪防凌能力。其中治理河段长 669.4km（不含石嘴山至海勃湾库尾段 20.3km，海勃湾库区 33km，喇嘛湾至马栅乡 120.8km 的峡谷河段）。

2 工程成效

黄河内蒙古段二期防洪工程于 2015 年 10 月开工建设，投资 44.945 亿元，于 2018 年 11 月底工程基本完工。二期防洪工程完成后，堤防工程抵御洪水能力明显提高。经历了 2018 年大流量、高水位、长时间的考验，又经历了黄河 2019—2020 年长时间、大流量的考验，大幅度地保护了两岸人民群众生命财产安全，减少了大量的人力物力，工程发挥了巨大的社会效益。

目前黄河内蒙古段治理河段共有各类堤防长 1043.336km，其中干流堤防 986.708km，支流回水堤防 56.628km。黄河二期防洪工程完成后，干流堤防全部达到了 2025 规划年设计标准，堤顶不同程度实施了硬化。堤身护坡、顺堤河治理、压浸平台、反压平台、垂直防渗等工程，有效提高了黄河大堤的稳定性和耐久性，大大减少了管涌、渗漏及雨淋冲刷隐患。河道整治工程对保护堤防、减少塌滩塌岸成效显著，发挥了稳定河槽、控制河势的作用，形成了初具规模的河道整治雏形，河势得到了一定控制，有效控制了河道摆动，保护了大量河滩地和农业生产安全。黄河二期防洪工程完成后，内蒙古段共有河道整治工程 116 处，工程长度 296.807km。通过实施堤防工程和防汛道路，从根本上改变了防汛基础设施薄弱的状况，堤顶道路全部硬化，与省道、县道形成路网，防汛道路形成环路，为抢险物资运输和抢险工作创造了便利条件，也为当地群众增加了交通便利。

3 典型经验

（1）集中优势，高效完成项目前期工作。内蒙古黄河防洪工程建设管理局通过三项措施高效完成项目前期工作。黄河二期防洪工程可研报告从编制到批复历时 2 年 2 个月，初步设计报告从编制到批复历时 10 个月。一是以水利部、水利厅制定的工作目标为准绳，制定可研报告、可研报告支撑要件编制、审查、批复的时间节点，严格按照制定的目标执行。二是列出前期工作任务清单，责任到人，实行前期工作绩效管理，前期工作完成情况与个人绩效挂钩。三是积极协调沟通相关要件出具和审批部门，如涉及环保、土地等相关部门和盟市政府，在可研报告编制过程中相关要件准备齐全。

（2）两级模式，有序推进建设管理工作。黄河防洪工程运行管理共涉及 6 个盟市 17 个旗（县、区）的 41 家堤防管理单位，属于典型的线长、面广性水利工程。国家发展改革委员会批复项目时只面对一个项目法人，建设管理中存在跨行政区域多，管理水平参差不齐，建设标准掌握不统一，协调工作复杂等问题，各类兼职人员过多效率低下，缺乏有效的监管手段等弊端。为解决这一问题，工程管理推行两级管理模式，包括一级管理机构和二级建管机构。一级管理机构为内蒙古黄河防洪工程建设管理局；二级建管机构由 6 个盟市二级管理单位和厅属的 2 个二级单位组成。二级管理模式的实施，使二期防洪工程在批复工期内保质保量完成，在 172 项水利工程中属于排名靠前完成的项目。

一级管理机构负责前期工作、项目管理等宏观工作，具体包括：①组织项目前期支撑性文件办理，可研报告、初设编制、审核、申报等前期工作。②负责办理项目的质量、安全生产监督及工程报建等有关手续工作。③按照初设及移民安置规划与盟市人民政府签订移民安置工作协议。④对项目勘察、设计、监理、质量检测、环境检测等组织招标并签订相关合同。⑤组织编制、审核并上报项目年度建设计划，落实年度工程建设资金，根据工程建设进度要求和年度投资计划，及时拨付项目建设资金，满足工程建设的需要。⑥严格按照概算控制工程投资，用好、管好建设资金。⑦负责各种统计报表的汇总及上报。

二级建管机构负责现场实施管理，具体包括：①与地方人民政府及有关部门协调解决好工程建设外部条件，协调处理好工程建设中出现的社会矛盾。②协助、配合地方人民政府做好征地、拆迁和移民等工作，并及时向一级管理机构反馈相关信息。③受一级管理机构委托对工程项目的施工和设备采购组织招标、签订合同，同时履行重大事项申报和备案程序。招标时，授权项目招标方案应报一级管理机构，并由一级管理机构统一申请报批后通过呼和浩特公共资源交易中心进行。招标完成后向一级管理机构提交书面总结报告。招标投标活动均接受自治区水利厅的监督。④负责向工程运行管理单位办理实施项目的移交手续等现场管理工作。

（3）完善制度，统一标准实施管理。为进一步明确工作职责，在自治区水利厅的主持下，一级管理机构与各二级建管机构签订授权合同书，明确各自任务和职责分工。同时，内蒙古黄河防洪工程建设管理局（一级管理机构）统一制定了一系列建设管理制度，其中包括《工程建设管理办法》《黄河内蒙古段二期防洪工程建设管理实施细则》《质量安全管理办法》《财务管理办法》《档案管理办法》等，各二级建管机构按照管理办法统一实施，形成了实施标准统一、管理步调一致的管理模式。

（4）调研学习，借鉴区内外先进建管经验。为更好地做好建设管理工作，内蒙古黄河防洪工程建设管理局赴宁夏回族自治区水利厅学习黄河防洪工程现场质量管理；赴黄河水利委员会学习河南省、山东省段黄河防洪工程计量管控、水保环保措施；赴淮河水利委员会学习工程计划管理、资金管理；聘请淮河水利委员会水利相关专家对黄河内蒙古段参建人员进行财务培训。在区外调研学习的基础上，在区内的沿黄6个盟市也互相参观交流经验。

（5）合理规划，统筹高效使用建设资金。黄河内蒙古段二期防洪工程总投资44.945亿元，其中中央资金28.176亿元，自治区配套资金8.3845亿元，盟市级配套资金8.3845亿元。不同来源的投资管理方法不同。国家和自治区的投资由内蒙古黄河防洪工程建设管理局管理，主要用于主体工程、征地移民、独立费用等，采取自治区财政厅授权支付的办法，工程价款由监理单位、盟市建管机构确认后，由内蒙古黄河防洪工程建设管理局直接支付到参加单位。盟市配套资金由盟市财政拨付到盟市建管机构管理，盟市建管机构设专户存储，按照规定的支付程序支付到有关单位。

工程施工合同采用单价合同，每月由施工单位根据工程完成情况，向监理单位提出当月工程量完成清单和价款结算清单，经监理单位现场计量确认后，经盟市现场建设管理机构负责人审核，盟市建设管理机构负责人确认，上报内蒙古黄河防洪工程建设管理局审核签字后，拨付工程进度款。这种资金运转模式提高了资金使用效率，且解决了资金被挤压挪用的风险。

（6）优化调度，高效统计工程各类数据。黄河内蒙古防洪工程涉及单位较多，存在部分单位重视程度不够、统计队伍水平差距较大的困难。其中，二级建管单位就涉及6个盟市和2个直属机构，另外还涉及参建施工单位83个和监理单位24个。由于部分单位对水利统计工作重视不足，导致统计工作边缘化。统计员兼职多专职少，且变动频繁。许多统计人员在专业、学历上和实际的统计工作要求相差甚远，对统计制度、统计法等概念都不能够准确把握，这就造成不能准确收集相关的统计数据。实际工作中，往往运用不正确、不恰当的统计方法进行数据的收集、整理、汇总和加工，造成了统计数据的严重错误。

黄河内蒙古段二期防洪工程采取了四项措施解决了统计问题。一是统一报表格式，报表做到简洁明了，与水利厅要求的报表内容统一。二是对统计人员进行培训指导，保证统计人员熟悉业务。三是统计数据与资金支付、工程结算挂钩。四是对统计数据进行分析研判，助推工程建设管理。

4 结论与建议

黄河内蒙古段二期防洪工程，是国家172项重大水利工程项目之一，同时也是自治区12项重点水利工程之一，工程建设对自治区区域经济发展具有举足轻重的作用。黄河内蒙古段二期防洪工程的建成标志着黄河防洪防凌能力又一次得到提高，为美丽的内蒙古又增加了一道亮丽的风景线。这是深入贯彻落实习近平总书记黄河流域生态保护和高质量发展座谈会重要讲话精神的具体实践，对工程建设管理具有广泛借鉴意义。

在工程建设管理过程中，发现整个防洪体系在河道整治工程、堤防工程和防洪费用方面仍存在一些薄弱环节有待完善和提高。

（1）河道整治工程方面。受 2018 年黄河超标准洪水（二期防洪工程洪水设计标准为 2100m³/s，2018 年汛期流量最大超过 3000m³/s）冲淘影响，黄河内蒙古段多处河道整治工程出现不同程度的塌陷，且黄河主流仍摆动频繁、上提下挫，形成了新的险段。如鄂尔多斯市、巴彦淖尔市等段落部分河段形成了新的冲淘段落达到 20 多处，亟待治理。且多处河道整治工程连坝、防汛道路过水，需要提高连坝高度。据统计，治理河段长度为 669.4km，二期防洪完工后河道整治工程总长度为 298km，仅占河道长度的 44.5%，参照黄河下游及其他冲积性河段治理经验，采用微弯（中水）治理方案达到稳定河势的目的，整治工程长度大致需要达到河道长度的 70%～80%，如果按照旧岸维护的治理思路，需要更大的工程规模。随着河道来水来沙条件的改变，河床淤积加快，河势变化将进一步加剧，需继续安排河道整治工程建设以稳定河势。此外，后期河道整治工程维修养护压力加大，需要不断续填石料，河道整治工程经过多年的运行方能稳定，除现有备防石外，还需储备大量塑土袋、格宾网兜等抢险物资，确保抢护所需。

（2）堤防工程方面。目前黄河内蒙古段治理河段内共有各类堤防长 1043.336km。二期工程完工后，堤防护坡达到 269.258km，有堤防护坡的段落占整个堤防长度的 27%，大部分堤防段落没有护坡。堤基土质多为沙性土，如不进行护坡，长时间浸水，存在安全隐患。要将这些堤防部分全部增加格宾石笼等形式的护坡工程。

鄂尔多斯段的十大孔兑纵贯南北，其中 9 条汇入黄河，并将黄河堤防隔断，影响了堤防的整体性和连续性，不利于防汛抢险。需要在孔兑上修建桥梁，将黄河堤防连成整体。且全线堤顶道路与交通干道、乡村道路还没有形成完整的"闭合网"，需要增加连接线数量，保证防汛抢险道路畅通。

由于部分堤防段落渗漏，二期防洪工程修筑 6km 垂直截渗墙，效果明显。下一步需在所有渗漏段落修筑垂直截渗墙。

（3）防洪费用方面。内蒙古自治区大部分盟市属于资源型城市，在经济转型期间，各级政府财政比较困难。在二期防洪工程实施期间，盟市政府资金匹配大部分不能足额到位，且在黄河防汛日常管理期间，经费严重不足。对比黄河河南省、山东省段的工程投入和日常管理，均为国家全额投资。建议中央加大对内蒙古的扶持力度，加大对黄河内蒙古段防洪方面的资金投入和黄河堤防的岁修费。

参 考 文 献

[1] 黄河勘测规划设计有限公司，内蒙古自治区水利水电勘测设计院. 黄河内蒙古段二期防洪工程初步设计报告 [R]. 郑州：黄河勘测规划设计有限公司，2015.

基于分布-演变-归因-风险框架的极端
气候特征综合评估 *

吴青松[1]　　左其亭[1,2,3]

（1. 郑州大学水利与交通学院，郑州 450001；2. 郑州大学黄河生态保护与区域协调发展研究院，
郑州 450001；3. 河南省水循环模拟与水环境保护国际联合实验室，郑州 450001）

摘　要　分析极端气候的发生特征和发展规律，对防范旱涝灾害、维护流域生态安全和支撑经济社会发展具有重要意义。本文建立了分布-演变-归因-风险框架来综合评估极端气候特征，致力于确定极端气候事件的分布和演变特征，摸清其对大气环流和太阳活动的响应，并引入模糊综合评价思想量化极端气候的风险程度。以黄河上游流域为研究区，选取了 7 个极端降水指数和 9 个极端气温指数，从多尺度、多维度和多方面分析了上游流域极端气候的基本特征和发展规律。结果表明：①降水的集中性和影响程度越发严重，极端高温事件的强度和频率显著增加，空间分布上各指数均存在明显差异；②极端气候指数突变年份主要集中在 20 世纪 80—90 年代，基本上都具有年际和年代际周期，但在时域、频率和振荡强度上存在差异；③AO 和 SOI 与极端气候事件的关系比 PDO 更密切，极端气温指数与大尺度因子的相关性弱于极端降水指数；④极端气候的风险度为 0.4～0.7，发生极端降水的风险比极端气温更大，且二者往往是不同步的。研究结果能够为制定极端气候灾害防治规划提供参考，从而减轻自然灾害的破坏性影响。

关键词　极端气候；分布-演变-归因-风险；大气环流；综合评估；黄河上游流域

气候变化是一个全球热点问题，引起了各国政府、科学界以及普通民众的广泛关注[1]。气象灾害不仅威胁着人们的生命财产安全，而且严重制约着经济社会的持续稳定发展，近年来呈现日益激烈的趋势[2]。在全球变暖和人类活动的共同影响下，极端气候的频率和强度增加，对粮食生产、社会经济、水资源和生态安全产生了巨大影响[3]。政府间气候变化专门委员会（IPCC）第一工作组于 2021 年 8 月报道，未来几十年全球所有地区的气候变化将继续加剧，区域极端气候由于其复杂的不确定性和灾害的严重性需要持续关注[4-5]。研究和揭示极端气候事件的发生和发展规律具有重要意义，有助于制定自然灾害预防规划和可持续发展战略措施。

学者们针对气候变化已开展了大量研究[6-8]，根据目的和内容大致可分为两个方面，即明确气候变化的分布和演变特征[9]。然而，上述研究没有探索极端事件的特征，其对于区域经济和社会发展、灾害预防和控制更为重要。目前针对极端气候事件也存在诸多研究，在理论、方法和应用方面均取得了丰富的成果[10]，特别是世界气象组织（WMO）提出极端气候指数之后[11-12]，包括量化极端气候的分布特征，并诊断其趋势性、突变性或周期性。已有研究表明极端气候与大气环流之间存在密切联系，后者可以用厄尔尼诺-南方涛动（ENSO）、南方涛动指数（SOI）、北大西洋涛动（NAO）、太平洋年代际涛动（PDO）、北极涛动（AO）等指标来表征[13-14]，太阳活动强度可以用太阳黑子（SN）指标来表示，也对极端气候存在一定程度的影响[15]。针对上述问题的研究能够阐明极端气候变化与大尺度因子之间的遥相关关系，有助于明确其产生过程[16]，但为了实现对极端气候事件的科学管控和有效预警，还需要量化其风险程度。

针对上述问题，最早的研究主要是从各个角度进行定性分析，包括频率、脆弱性、适应性和不确定性等[17]，在定量评估方面提出并完善了一系列方法。例如，采用广义帕累托分布和广义极值分布（如 Gumbel、Frechet、Weibull 函数）拟合极端气候指数的数据序列，得到不同重现期的极端气候水平和风险[18-19]。然而，上述方法一般只能确定单一指标的风险程度，而难以量化多变量综合风险[20]。多元联合分布函数

＊　基金项目：国家重点研发计划课题（2021YFC3200201）；国家自然科学基金（52279027）。

第一作者简介：吴青松（1997—　　），男，河南商丘人，博士研究生，水文学及水资源专业。Email：wuqingsongzzu@163.com

通讯作者：左其亭（1967—　　），男，河南固始人，博士，教授，博士生导师。Email：zuoqt@zzu.edu.cn

（如 Coupla）能够处理多个变量的相互关系，但适用于变量数量较少的情况。当存在几十个变量时，高维联合分布函数只能通过完全嵌套来实现，会导致参数估计困难、操作过程复杂、仿真精度低等问题[21]。各种极端气候指数从不同的角度反映了极端气候的发生和状态，但已有研究所用方法并不能很好地整合其提供的信息[22]。模糊综合评价方法通过采用特定的计算方法和评价标准，能够得到反映多个指标的综合结果，可应用于极端气候的综合风险评估[23]。

综上，本文建立了面向极端气候量化评估的分布-演变-归因-风险研究框架，旨在多角度评估极端气候的发生规律和发展特征，以对气候变化敏感的黄河上游流域为研究区，选择 9 个极端降水指数和 7 个极端气温指数，基于气象站点的降水和气温实测数据，全面研究上游流域极端气候特征，以期支撑防汛抗旱、生态保护等工作的开展，为制定流域自然灾害规划和高质量发展战略措施提供参考依据。

1 研究区概况及数据来源

1.1 研究区概况

黄河上游为内蒙古托克托县河口镇以上河段，全长约 3472km，拥有洮河、湟水、清水河等在内的发达水系[24]。黄河上游流域涉及青海、四川、甘肃、宁夏、内蒙古五个省级行政区，面积约 41.74 万 km²，占整个流域的 55.6%，包括龙羊峡以上、龙羊峡至兰州、兰州至头道拐、内流区 4 个二级流域分区[25]，上游流域处于我国第一阶梯和第二阶梯的交错带，属于高寒湿润区向沙漠干旱区过渡地带，气候类型复杂多样，不同区域产水特征和水旱灾害存在明显空间分异性。

1.2 数据来源及处理

用于极端气候特征分析的实测数据来源于中国气象数据网，包括 1961—2020 年的日降水、最低和最高气温序列。考虑到数据的连续性、序列长度、均匀分布等因素，最终选定了黄河上游流域符合条件的 43 个气象站点，地理位置见文献 [8]。所有数据都经过严格的质量控制和错误修正[26]，对少量空值采用邻站平均值和线性回归方法插值[27]，站点数据转换为面数据在 ArcGIS 软件中采用泰森多边形法实现。大气环流指数和太阳黑子数据来自美国国家海洋和大气管理局（NOAA）。

2 研究方法

2.1 极端气候指数和 RclimDex 软件

从绝对阈值、相对阈值和极值三个方面选取了 7 个极端降水指数（连续无雨日数 CDD、连续有雨日数 CWD、中雨日数 R10、强降水量 R95p、连续五日最大降水量 RX5、降水强度 SDII、年降水量 PRCPTOT）和 9 个极端气温指数（霜冻日数 FD、结冰日数 ID、夏天日数 SU25、冷昼日数 TX10p、冷夜日数 TN10p、暖昼日数 TX90p、暖夜日数 TN90p、最高气温 TXx、最低气温 TNn）[28]。指数计算采用在 R 语言的基础上开发的 RclimDex 软件，主要包括两个步骤[29]：①使用质量控制模块对原始数据进行检查和处理；②把经过质量控制的数据作为输入，运行指标计算模块得到最终结果。

2.2 演变分析方法

2.2.1 Mann-Kendall 突变分析方法

Mann-Kendall（简称 M-K）突变分析方法可以根据数据序列趋势检测突发性变化，采用该方法分析黄河上游流域极端气候的突变现象[30-31]。其中显著性水平 α 确定为 0.05。

2.2.2 小波分析方法

小波分析方法广泛应用于分析气候因素的时间序列数据[32-33]。本文借助 MATLAB 2019b 软件，应用该方法分析极端气候事件的周期演变规律[34]。

2.3 交叉小波变换方法

交叉小波变换不仅可以在时频域研究两个时间序列之间的关系，而且可以从多个时间尺度揭示它们的相关性和一致性，本文采用该方法分析极端气候指数与大气环流因子和太阳黑子的关系，具体原理和操作过程见文献 [35]～[37]。

2.4 和谐量化方法

2.4.1 单指标量化

由于评价指标的单位和量级不同，为了便于计算和比较分析，采用分段隶属函数对评价指标进行定量描述，将每个指标通过隶属度函数映射到 [0，1]，具体见文献 [38]。

2.4.2 多指标综合

根据单指标量化结果，将指标与权重结合考虑，进一步描述其状态。一般来说，权重的确定方法大致分为主观和客观两个方面。但是，单方面权重不能完全描述指标的重要性信息，因此有必要将主观权重和客观权重结合起来，确定各指标的综合权重[39]。多指标综合计算方法如下：

$$PRD = \sum_{k=1}^{n_1} \omega_k \times SRD_k$$

$$TRD = \sum_{k=1}^{n_2} \omega_k \times SRD_k$$

(1)

式中：PRD 和 TRD 为极端降水和气温准则层的风险值；SRD_k 为第 k 个指标的隶属度；ω_k 为第 k 个指标的综合权重；n_1 和 n_2 为准则层对应的指标个数。其中，采用层次分析法和熵权法确定主客观权重，采用欧氏距离法对上述权重进行综合。

2.4.3 多准则集成

利用加权平均法进一步将上述准则层的风险值组合起来，量化总体风险程度：

$$ORD = \beta_1 PRD + \beta_2 TRD$$

(2)

式中：ORD 为极端气候的总体风险程度；β_1 和 β_2 为两个标准层的权重，它们被视为同等重要，值均为 0.5。

3 结果与分析

3.1 时空分布特征

3.1.1 时间变化特征

如图 1 所示，上游流域 1961—2020 年的极端降水指数均呈波动变化趋势，但存在较大差异。极端降水指数的每十年变化值分别为－4.1d（CDD）、－0.1d（CWD）、0.02d（R10）、0.36mm（R95p）、－0.30mm（RX5）、0.02mm/d（SDII）和 5.11mm（PRCPTOT）。结果表明，CDD 和 PRCPTOT 的年际变化较为明显，而其他指标虽然年际差异复杂，但仅呈现轻微的增加趋势。特别是某些年份并不存在强降水日，这可归因于气候变化的复杂不确定性和各气象站点的抵消效应。降水呈现明显的增加趋势，但连续无雨日数有所减少，表明降水的集中性和影响越发增强。极端气温指数的变化趋势较极端降水指数更为明显，十年变化值分别为－3.78d（FD）、－4.53d（ID）、3.65d（SU25）、－4.99d（TX10p）、－9.10d（TN10p）、10.32d（TX90p）、18.84d（TN90p）、0.30℃（TXx）、0.57℃（TNn）。研究区东北部暖昼和暖夜数增加明显，4 个指数均呈下降趋势，其中 TN10p 最为明显。TX10p 和 TN10p 在 1995 年和 1985 年前后急剧下降，这是正距平向负距平的转折点。虽然不同的极端气温指数在水平和趋势上存在显著差异，但所得结果与全球变暖现象基本一致。总体而言，极端高温事件的强度和频率显著增加，而极端低温事件则相反，这与 Hassan 等[40]的结论一致。

3.1.2 空间分布特征

极端降水指数的空间分布差异显著，但部分指数具有相当的一致性。其中 R10、R95p、RX5 和 PRCP-TOT 主要表现为东南向西北递减的特征，而 CDD 与之相反；SDII 呈现由西南向东北增加的趋势，CWD 则相反。结果表明：与流域西北部相比，东南部相对湿润，其连续无雨日数甚至达到 100～130d。结合 R10 和 SDII 的结果可以发现，东部地区强降水日数较少，但降水强度较高，更容易发生极端降水并遭受灾害。除了 TN10p 和 TX90p，极端气温指数之间的分布特征和规律都不一致。其中，FD 的高、低值区主要分布在西南和中部，分别为 280d 和 140d，相差 2 倍。极值指标上，TXx 由东北向西南递减，最大值约为 36℃；TNn 范围为－32.3～18.2℃，会导致低温灾害，影响植被覆盖。结果表明：气温在空间分布和年际变化上差异较大，绝对阈值指标（FD、ID、SU25）也存在类似现象，因为上游流域气象、地形和人类活动强度存在明显的空间差异性[41]，影响着极端气候的产生和发展。

3.2 时程演变特征

3.2.1 突变分析

图 2 表明除 R10 之外的所有指数的 UF 和 UB 曲线都至少有一个交点，根据其数量大小可以分为三种类

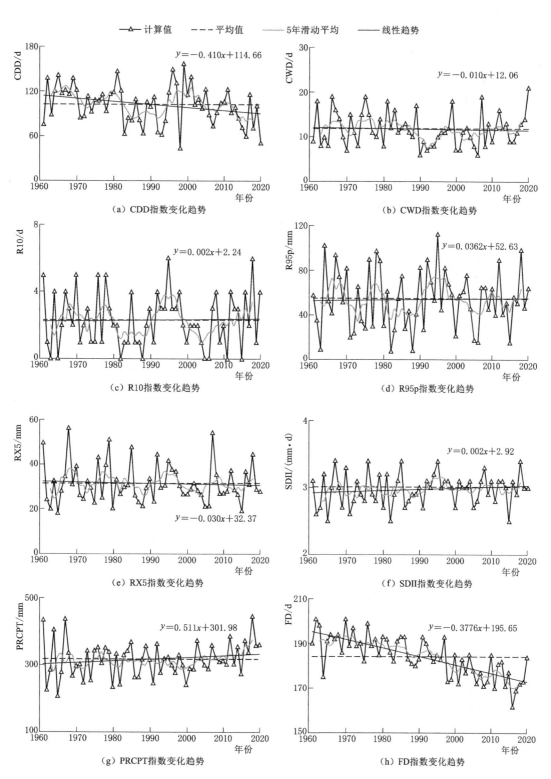

图 1（一） 极端气候指数的年际变化

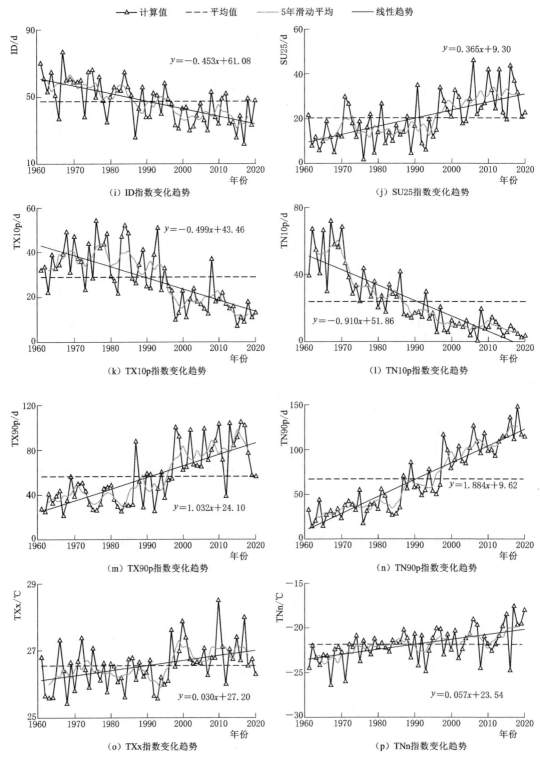

图 1（二）　极端气候指数的年际变化

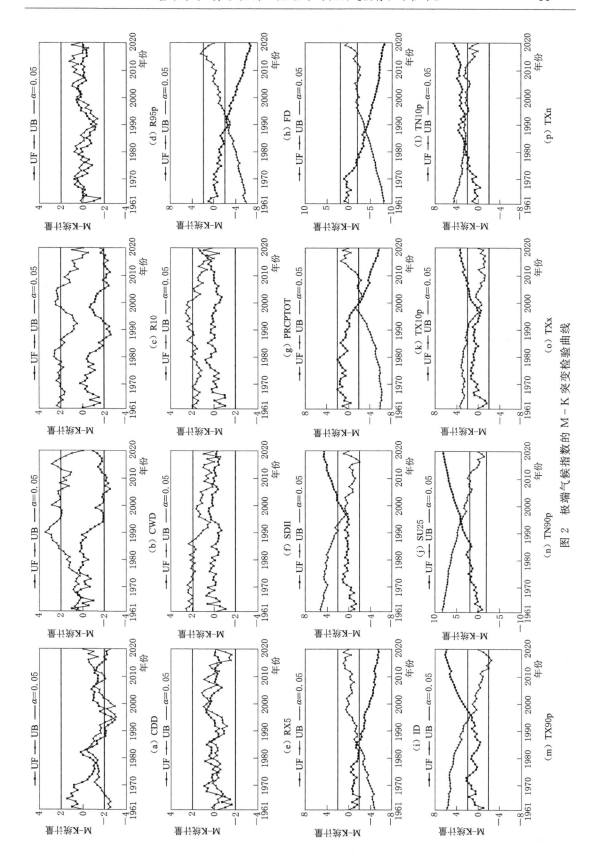

图 2 极端气候指数的 M－K 突变检验曲线

型。R10 的 UF 和 UB 曲线不相交，且二者之间总是有一定距离，说明它不存在突变点。相比之下，CDD、CWD、R95p、RX5、TX10p 的两条曲线有多个交点，表现出更为复杂的突变特征。CDD 的 UF 和 UB 曲线第一次相交后，UF 统计量总是负值，并且超出了临界线，表明 1983 年以后干旱天数显著减少。R95p 和 RX5 的两条曲线始终处于临界线内，表明研究期内强降水日数和最大 5 天降水量没有发生突变。其余指数的两条曲线只有一个交点，但并不是所有的交点都可以被识别为突变点。其中，FD、TN10p、TN90p、TNn 的 UF 和 UB 曲线虽然相交，但相交点在临界线之外，不能判断为当前显著性水平下的突变点。此外，SU25、TX90p、TXx 和 ID 分别在 1996 年、1994 年、1996 年和 1985 年发生突变，前三个指标呈现显著上升趋势，ID 则相反。总体来看，极端降水指数的突变特征比极端气温指数更为复杂，指数的突变年份差异较大，没有一致的变化时期，但大多发生在 20 世纪 80 年代和 90 年代。

3.2.2 周期分析

如表 1 所示，PRCPTOT 有 4 个主周期，振荡强度从高到低依次为 18a、5a、7a 和 12a。上述主周期并未在全时域控制极端降水变化，均存在局部性，仅在某个时域上振荡强烈，如 5a 和 7a 振荡期分别为 1961—1980 年和 1983—2020 年。TX90p 有 14a、21a 和 6a 共 3 个主周期，14a 周期的振荡在整个时间尺度上几乎是连续的。ID 的主周期分别为 27a、22a、12a 和 5a，其中 5a 周期在 1961—2012 年振荡明显。除 SDII、FD 和 TN90p 外，几乎所有极端气候指数都有两个以上的主周期。SDII 只有 5a 和 7a 的年际周期，而 FD 和 TN90p 同时拥有年际和年代际周期。其余指数基本有大、中、小 3 个尺度的周期，但主周期的排序可能与上述顺序不一致。例如，SU25 有 4 个主周期（22a、14a、8a 和 5a），而它的第一个主周期是 8a，第四主周期是 22a。上游流域的极端气候指数均具有多周期变化的特征，但在时域、频率和振荡强度上差异比较明显，这与前人的研究结论一致[42]。

表 1　　　　　　　　　　　　极端气候指数小波分析的主周期统计　　　　　　　　单位：a

主周期	CDD	CWD	R10	R95p	RX5	SDII	PRCPTOT	FD
第一	22	11	22	20	21	7	18	13
第二	7	16	8	13	12	5	5	4
第三	3	7	12	8	8		7	
第四		3	4	4	5		12	
主周期	ID	SU25	TX10p	TN10p	TX90p	TN90p	TXx	TNn
第一	27	8	28	22	14	14	10	28
第二	22	5	18	12	21	6	7	14
第三	12	14	20	4	6		4	6
第四	5	22	7					4

3.3 归因分析

3.3.1 驱动力与极端降水指数的遥相关关系

95% 的置信区间内，所选驱动因子和极端降水指数的响应关系在指数类别、共振强度和时域上都有明显差异（图 3）。从驱动因子来看，几乎所有的指数与 AO 和 SOI 具有比 PDO 更大的共振周期，并表现出多时间尺度和长时间域的特征。例如，AO 和 R95 在 1964—1971 年、2004—2008 年、1978—1986 年和 1975—1997 年分别有 2~4a、5~6a、7~8a 和 14~16a 尺度的 4 个共振周期，但相关性差异较大，二者在 1964—1971 年显著正相关，1978—1986 年近似负相关，14~16a 周期的相位角表明 R95p 变化滞后 AO 约 1/4 个周期。PDO 与 CDD 之间只有一个明显的信号，在 1984—2001 年大致表现为 4~6a 的负相关。SN 和极端降水指数的高能区主要位于大周期区域，且通常具有单一的共振周期，但具有极长的时域。例如，SN 和 CDD 在 1963—2013 年间呈现 8~15a 尺度的显著正相关，与 SDII 的相位角表明二者在整个研究期内均呈负相关关系。从指数的角度看，CDD 与其他指数相比，特别是 SDII，与驱动因子的相关性强度较低且共振周期较小，PRCPTOT 介于上述两个指数之间。其中，PRCPTOT 与 SOI、AO 的关系在多个时期均以显著正相关为主，PDO 与 SN 的关系则相反。结果表明，上游流域极端降水指数与选定的大尺度指标之间存在复杂的相互作用，AO 和 SOI 与极端降水的关系较 PDO 密切，但均呈现局部性特征；SN 和极端降水指数存在 8～14a 尺度的相关性，这与太阳活动 11a 的平均周期相关[43-44]。

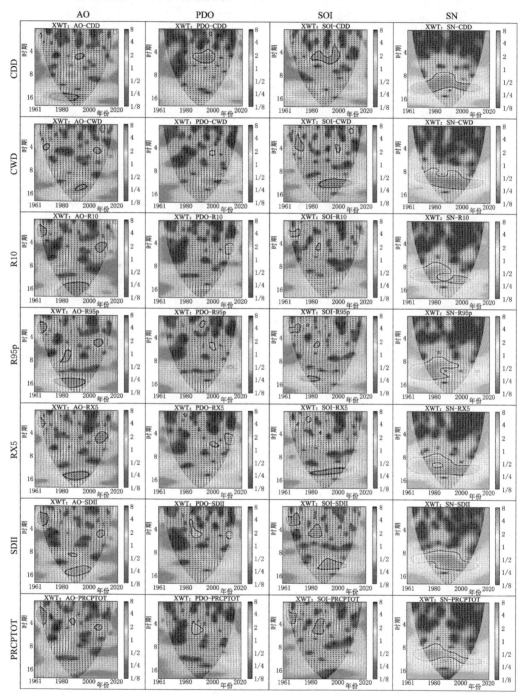

图 3　驱动因子与极端降水指数的交叉小波功率谱

3.3.2　驱动力与极端气温指数的遥相关关系

除 TNn 外，几乎所有极端气温指数与 AO 和 SOI 的相关性均强于 PDO（图 4）。例如，AO 与 ID 之间的 4 个共振周期分别为 1～4a、1～2a、3～4a 和 2～4a，而 SOI 与 ID 在 1963—1972 年、1970—1972 年、1982—1991 年和 2007—2010 年存在 2～4a、1～2a、3～5a 和 2～3a 的共振周期。PDO 和 ID 有 3 个共振周

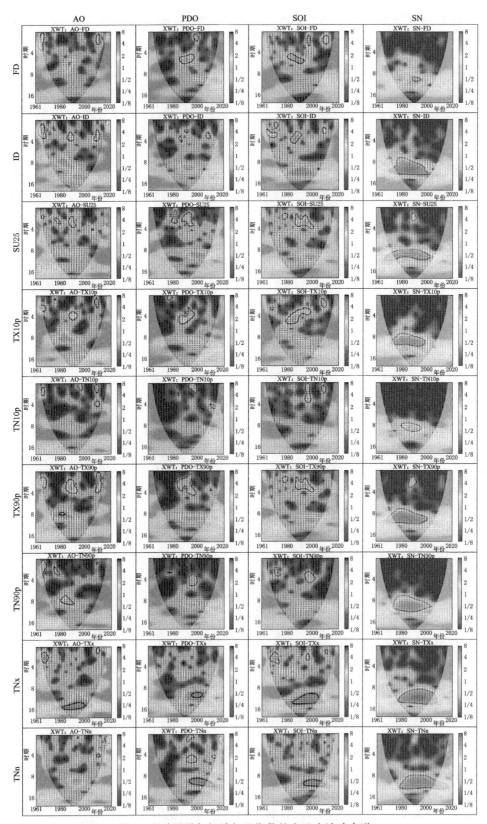

图4　驱动因子与极端气温指数的交叉小波功率谱

期，但它们都具有较小的共振强度和较短的时域。TNn 表现出的信号与上述现象并不一致，AO、SOI 和 TNn 之间检测到两个显著信号，而 PDO 和 TNn 有 4 个共振周期，基本包括大、中、小 3 个尺度。极端气温指数与驱动力之间的显著相关性主要出现在中小周期，且大多在 6a 尺度以下。特殊地，TXx 和 TNn 与 AO、PDO 和 SOI 有 12～16a 的共振周期。除 TX90p 外，SN 与极端气温指数的显著相关性一般都位于大、中尺度周期，SN 与 TX90p 在 1987—1992 年存在显著的 1～3a 周期相关性，但相关性强度极弱。在响应关系上，不仅指数间存在差异，同一指数在时域和周期尺度上也存在明显差异。如 SOI 和 TX10p 在 3 个共振周期上均呈显著正相关，而 PDO 和 TXx 的相位角表示二者显著负相关。SOI 与 TX90p 在 1964—1970 年和 1984—2001 年存在 2～3a 和 1～5a 的显著负相关，2009—2012 年呈现 1～3a 的显著正相关。此外，极端气温指数与所选驱动因子的相关性整体较极端降水指数弱，极端降水受所选驱动因子的影响更为强烈和复杂。

3.4 综合风险分析

图 5 显示了极端气候的风险水平和程度，极端降水的风险度在不同区域之间存在差异，同一区域的变化范围大于极端气温。在 [25, 75]% 范围内，上游流域和四大分区的极端降水对应的风险度分别为 [0.366, 0.563]、[0.520, 0.691]、[0.641, 0.766]、[0.300, 0.612] 和 [0.422, 0.624]。结果表明，龙羊峡至兰州区遭受极端降水及其伴生灾害的可能性较大，研究期内风险度变化较大，尤其是兰州至头道拐区，最大值和最小值分别为 0.792 和 0.068。对于极端气温，不同区域的风险度分别为 [0.426, 0.552]、[0.510, 0.551]、[0.420, 0.498]、[0.487, 0.577] 和 [0.565, 0.645]，表现出更加稳定的状态和集中的现象。结果显示，大多数极端气温风险度一般为 0.4～0.6，与极端降水不一样，内流区发生极端气温的风险比其他区域更大。综合极端降水和气温的结果得到极端气候的总体风险度（0.4～0.7），且呈波动变化趋势，上游流域和龙羊峡以上区的风险度的波动态势相对稳定。与各分区相比，上游流域的风险度几乎是最低的，1961—2020 年的每十年的平均风险度分别为 0.514、0.498、0.458、0.489、0.474 和 0.475，原因在于将降水和气温的站点数据处理为面数据时存在中和效应，故从最终结果的角度来看，极端气候的风险偏低。龙羊峡以上区和龙羊峡至兰州区比兰州至头道拐区面临更严重的极端气候风险，内流区在 4 个分区中属于中等水平。此外，极端降水风险高的地区可能发生极端气温事件的风险较低，且极端降水和气温事件的发生并不同步，应根据区域实际情况制定应对策略。

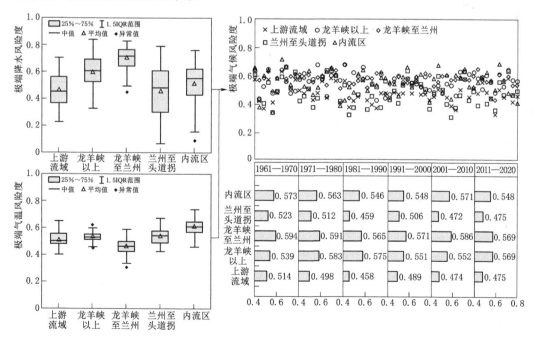

图 5 极端气候的风险水平和程度

4　结论

本文建立了分布-演变-归因-风险框架以实现从多个角度对极端气候进行综合评估。该框架不仅可以揭示极端气候的多种特征，明确极端气候与大气环流、太阳活动的响应关系，并且能结合极端气候指数的结果量化极端气候的风险程度。然后，将该框架在黄河上游流域进行了应用，选取 7 个极端降水指数和 9 个极端气温指数，并结合一系列研究方法探索了极端气候的特征。主要研究结论如下：

（1）上游流域降水的集中性和影响日益严重，极端高温事件的强度和频率显著增加，而极端低温事件的强度和频率则减少，各指标在空间分布上存在明显差异。

（2）极端降水的突变特征比极端气温更为复杂，各指数的突变年份差异较大，但多集中在 20 世纪 80—90 年代。极端气候发生具有年际和年代际的多周期变化特征，但在时域、频率和振荡强度上差异明显。

（3）上游流域的极端降水受驱动力的影响更为强烈和复杂。AO 和 SOI 与极端气候的关系较 PDO 密切，但均表现出局部性特征；SN 和极端气候指数的高能区主要位于大周期范围，且通常具有单一的共振周期，但具有极长的时域。

（4）研究期内极端气候的风险度为 0.4~0.7，呈波动变化态势。极端降水的风险程度在不同地区差异显著，且大于极端气温的风险程度。研究区发生极端降水的风险比极端气温大，而且它们的发生往往是不同步的。

参 考 文 献

［1］ 邹磊，夏军，张印，等. 海河流域降水时空演变特征及其驱动力分析［J］. 水资源保护，2021，37（1）：53-60.

［2］ 王浩，贾仰文. 变化中的流域"自然-社会"二元水循环理论与研究方法［J］. 水利学报，2016，47（10）：1219-1226.

［3］ 左其亭. 黄河流域生态保护和高质量发展研究框架［J］. 人民黄河，2019，41（11）：1-6.

［4］ GU C J，MU X M，GAO P，et al. Changes in runoff and sediment load in the three parts of the Yellow River basin，in response to climate change and human activities［J］. Hydrological Processes，2019，33（4）：585-601.

［5］ 刘向培，佟晓辉，贾庆宇，等. 1960—2017 年中国降水集中程度特征分析［J］. 水科学进展，2021，32（1）：10-19.

［6］ 徐东坡，李金明，周祖昊，等. 1956—2018 年中国降水特征的时空分布规律研究［J］. 水利水电技术，2020，51（10）：20-27.

［7］ SHI F N，LIU S L，SUN Y X，et al. Ecological network construction of the heterogeneous agro-pastoral areas in the upper Yellow River basin［J］. Agriculture，Ecosystems and Environment，2020，302，107069.

［8］ WU Q S，ZUO Q T，HAN C H，et al. Integrated assessment of variation characteristics and driving forces in precipitation and temperature under climate change：A case study of Upper Yellow River basin，China［J］. Atmospheric Research，2022，272，106156.

［9］ 王怀军，曹蕾，俞嘉悦，等. 基于 EOF 分析和 GAMLSS 模型的淮河流域极端气候事件非平稳特征［J］. 灌溉排水学报，2021，40（5）：125-134.

［10］ LIU Y R，LI Y P，YANG X，et al. Development of an integrated multivariate trend-frequency analysis method：Spatial-temporal characteristics of climate extremes under global warming for Central Asia［J］. Environmental Research，2021，195，110859.

［11］ 王鑫，王明田，冯勇，等. 2001—2020 年川西北高原归一化植被指数演变特征及其对极端气候的响应［J］. 应用生态学报，2022，33（7）：1957-1965.

［12］ LUCAS E W M，DE SOUSA F A S，SILVA F D S，et al. 2019. Trends in climate extreme indices assessed in the Xingu river basin-Brazilian Amazon［J］. Weather and Climate Extremes，2019，31，100306.

［13］ MEHMOOD M，HASSAN M，IQBAL W，et al. Spatiotemporal variation in temperature extremes and their association with large scale circulation patterns in the Central Karakorum during 1982-2019［J］. Atmospheric Research，2022，267，105925.

［14］ ISLAM H M T，ISLAM A R M T，ABDULLAH-AL-MAHBUB M，et al. Spatiotemporal changes and modulations of extreme climatic indices in monsoon-dominated climate region linkage with large-scale atmospheric oscillation［J］. Atmospheric Research，2021，264，105840.

［15］ RAHMAN M S，MD A R，ISLAM T. Are precipitation concentration and intensity changing in Bangladesh overtimes? Analysis of the possible causes of changes in precipitation systems [J]. Science of The Total Environment, 2019, 690: 370 - 387.

[16] 郭珊, 张大伟, 王亚迪. 粤港澳大湾区极端气候时空演变及其驱动因子研究 [J]. 人民珠江, 2022, 43 (7): 36 - 51.

[17] WHEELER R, LOBLEY M. Managing extreme weather and climate change in UK agriculture: Impacts, attitudes and action among farmers and stakeholders [J]. Climate Risk Management, 2021, 32, 100313.

[18] LAZOGLOU G, ANAGNOSTOPOULOU C, TOLIKA K, et al. A review of statistical methods to analyze extreme precipitation and temperature events in the Mediterranean region [J]. Theoretical and Applied Climatology, 2018, 136: 99 - 117.

[19] 彭慧, 郭士红, 龚晶, 等. 极端暴雨条件下暴雨频率曲线线型及参数分析 [J]. 水力发电, 2021, 47 (4): 24 - 28.

[20] WANG Z N, WEN X, LEI X H, et al. Effects of different statistical distribution and threshold criteria in extreme precipitation modelling over global land areas [J]. International Journal of Climatology, 2020, 40: 1838 - 1850.

[21] 张正浩, 张强, 史培军. 基于 Copula 的东江流域丰枯遭遇及洪水频率分析 [J]. 中山大学学报 (自然科学版), 2016, 55 (6): 10 - 19.

[22] FARROKHI A, FARZIN S, MOUSAVI S F. Meteorological drought analysis in response to climate change conditions, based on combined four - dimensional vine copulas and data mining (VC - DM) [J]. Journal of Hydrology, 2021, 603, 127135.

[23] 王富强, 马尚钰, 赵衡, 等. 基于 AHP 和熵权法组合权重的京津冀地区水循环健康模糊综合评价 [J]. 南水北调与水利科技 (中英文), 2021, 19 (1): 67 - 74.

[24] 马佳宁, 高艳红. 近 50 年黄河上游流域年均降水与极端降水变化分析 [J]. 高原气象, 2019, 38 (1): 124 - 135.

[25] 水利部黄河水利委员会. 2019 年黄河水资源公报 [R]. 郑州: 水利部黄河水利委员会, 2019.

[26] 宋玉鑫, 马军霞, 左其亭, 等. 新疆多时间尺度干湿变化特征分析 [J]. 水资源保护, 2021, 37 (2): 43 - 48.

[27] 马雪宁, 张明军, 黄小燕, 等. 黄河上游流域近 49a 气候变化特征和未来变化趋势分析 [J]. 干旱区资源与环境, 2012, 26 (6): 17 - 23.

[28] 白宇轩, 杜军, 王挺, 等. 1971—2020 年藏东南极端降水指数的时空变化特征 [J]. 高原山地气象研究, 2022, 42 (3): 31 - 40.

[29] ZHANG X, YANG F. RClimDex (1.0) user manual [Z]. Climate Research Branch Environment, Canada, 2004: 22.

[30] 任秀真, 徐光来, 刘永婷, 等. 安徽省近 56 年气候要素时空演变特征 [J]. 水土保持研究, 2018, 25 (5): 287 - 294.

[31] 魏凤英. 现代气候统计诊断与预测技术 [M]. 北京: 气象出版社, 2007.

[32] 王豪杰, 左其亭, 郝林钢, 等. "一带一路" 西亚地区降水时空特征及空间均衡分析 [J]. 水资源保护, 2018, 34 (4): 35 - 41, 79.

[33] 刘凯, 聂格格, 张森. 中国 1951—2018 年气温和降水的时空演变特征研究 [J]. 地球科学进展, 2020, 35 (11): 1113 - 1126.

[34] 贺振, 贺俊平. 1960 年至 2012 年黄河流域极端降水时空变化 [J]. 资源科学, 2014, 36 (3): 490 - 501.

[35] JEVREJEVA S, MOORE J C, GRINSTED A. Influence of the Arctic oscillation and El Niño - Southern Oscillation (ENSO) on ice conditions in the Baltic Sea: the wavelet approach [J]. Journal Of Geophysical Research - atmospheres, 2003, 108: 1 - 11.

[36] GRINSTED A, MOORE J C, JEVREJEVA S. Application of the cross wavelet transform and wavelet coherence to geophysical time series [J]. Nonlinear Process Geophys, 2004, 11: 561 - 566.

[37] TORRENCE C, COMPO G P. A practical guide to wavelet analysis [J]. Bulletin American Meteorology Society, 1998, 79 (1): 61 - 78.

[38] 左其亭, 张云, 林平. 人水和谐评价指标及量化方法研究 [J]. 水利学报, 2008, 39 (4): 440 - 447.

[39] 吴青松, 马军霞, 左其亭, 等. 塔里木河流域水资源-经济社会-生态环境耦合系统和谐程度量化分析 [J]. 水资源保护, 2021, 37 (2): 55 - 62.

[40] HASSAN W, NAYAK M A, LYNGWA R V. Recent changes in heatwaves and maximum temperatures over a complex terrain in the Himalayas [J]. Science of The Total Environment, 2021, 794, 148706.

[41] CUO L, ZHANG Y X, GAO Y H, et al. The impacts of climate change and land cover/use transition on the hydrology in the upper Yellow River Basin, China [J]. Journal of Hydrology, 2013, 502: 37 - 52.

[42] JIANG R G, WANG Y P, XIE J C, et al. Assessment of extreme precipitation events and their teleconnections to El Niño Southern Oscillation, a case study in the Wei River Basin of China [J]. Atmospheric Research, 2019, 218:

372 - 384.

[43]　PROKOPH A，ADAMOWSKI J，ADAMOWSKI K. Influence of the 11year solar cycle on annual streamflow maxima in Southern Canada [J]. Journal of Hydrology，2012，442 - 443：55 - 62.

[44]　RUIZ I，FARIA S H，NEUMANN M B. Climate change perception：Driving forces and their interactions [J]. Environmental Science & Policy，2020，108：112 - 120.

基于逐步多元回归的中国夏季高温空间分布遥感监测模型 *

张　宜[1]　孙雨田[2]　张成才[2]　姜礼俊[2]

(1. 南方电网调峰调频发电有限公司运行分公司，广州 511400；
2. 郑州大学水利与交通学院，郑州 450001)

摘　要　为了解决以测点气温代表一定区域气温而造成气温数据在应用中受到限制的问题，进而实现对中国区域夏季高温和热浪的大范围准确监测，本文以 2019 年中国夏季高温过程为例，利用 MODIS 遥感卫星地表温度产品、DEM 以及实测气象数据，构建基于逐步多元回归的中国夏季高温空间分布遥感监测模型，计算 2019 年中国夏季高温空间分布。研究表明：模型对 2019 年中国夏季高温预测的均方根误差小于 2.1℃，中国夏季高温多发生在西北部和东南部地区，其中，西北部地区的新疆吐鲁番盆地夏季出现高于 40℃ 的强危害性高温天气。成果能够为农业生产、生态环境保护、高温灾害监测预警提供参考。

关键词　MODIS 数据；逐步多元回归；高温灾害；空间特征；遥感监测

政府间气候变化专门委员会（IPCC）第五次评估报告[1] 指出，工业革命以来全球平均温度不断上升，大部分陆地区域夏季高温热浪发生的频率更高、时间更长。我国异常高温等极端天气气候事件的出现频率呈现出增多增强的趋势[2]。2013 年华东地区出现持续异常高温天气，超级热浪导致多人死亡和持续性干旱，造成了巨大的农业、工业损失[3]。因此，及时准确地监测高温天气和热浪过程，对于防灾减灾具有十分重要的意义。传统气温测量方法以地面气象站测量为主，但由于站点分布不均，且在偏远地区分布稀疏，不能反映气温的空间分布变化[4]。为了获取空间连续的气温变化，过去多是利用空间插值方法，常用的方法主要有：克里金（Kriging）插值[5]、反距离权重（IDW）插值[6] 等方法。由于气温受土地覆盖类型、风速、土壤成分和地形等的影响，气温在空间分布上表现出较大的空间异质性[7-8]。气象站点的密度影响插值精度，特别在气象站点稀疏甚至缺乏区域，插值结果很难满足应用需求[9]。随着遥感技术的不断发展，可见光热红外波段遥感成为估算地表温度的主要技术手段，但由于热红外遥感数据包含大气辐射等信息，直接应用热红外遥感数据进行区域气温反演误差较大[10]。基于辐射传输和能量平衡的研究表明，地表温度和气温之间存在相关关系[11]，可以利用地表温度进行区域气温的估算，常用的地表温度反演的算法有：辐射传输方程法[12]、Rozenstein 分裂窗算法[13]、Qin 单窗算法[14] 以及 Jimenez-Munoz 的单通道算法[15]，这些算法可以用遥感影像反演地表温度，但不能直接获取气温数据。

本文以 2019 年夏季 7 月和 8 月的我国高温热浪过程为研究对象，时间为 2019 年 7 月 20 日、7 月 28 日、8 月 5 日、8 月 13 日和 8 月 21 日。采用 8 天合成 MODIS 数据、站点气温数据和数字高程模型数据（DEM）对高温热浪过程的 8 天平均日最高气温进行遥感反演，研究高温热浪过程中高温区的空间分布特征。

1　数据与方法

1.1　数据获取与预处理

1.1.1　气象数据

中国地面气候资料日值数据集（V3.0）包括中国 698 个基准和基本气象站 1951 年以来的气温、相对湿度、降水量、蒸发量等气象要素。本文应用中国 698 个站点 2019 年 7 月和 8 月的气温数据，数据来源于中国气象数据网。

* 基金项目：河南省自然科学基金（222300420539）；河南省水利科技攻关项目（GG201902）。
第一作者简介：张宜（1992— ），女，河南周口人，硕士，工程师，研究方向为水利工程管理。Email：732276996@qq.com

1.1.2 遥感数据

MODIS 包括 Terra 和 Aqua 两颗卫星，Terra 卫星 10：30 左右经过赤道，Aqua 卫星 13：30 左右通过赤道，考虑到 Aqua 卫星的过境时间更接近于日气温最高时刻，故选用 Aqua 卫星传感器的数据。研究应用的 MODIS 数据有：①MODIS 地表温度和反射率 8 天合成产品 MYD11A2，空间分辨率 1km；②MODIS 地表反射率 8 天合成产品 MYD09A1，空间分辨率 500m。下载数据区域为中国，时间是 2019 年 7 月 20 日、7 月 28 日、8 月 5 日、8 月 13 日和 8 月 21 日，为高温热浪过程时间段。MODIS 数据由陆地过程分布式活动档案中心（LP DAAC）发布，数据来源于美国国家航空航天局戈达德航天中心。下载的 HDF 格式影像通过 MODIS 转换工具（MODIS Reprojection Tool，MRT）重投影为阿尔伯斯等面积圆锥投影（Albers Equation Area）。

1.1.3 DEM 数据

DEM 数据采用 SRTM 数据，覆盖全球南北纬 60°以内的区域，空间分辨率 90m。本文使用中国范围内的 SRTM 地形数据和最新的 SRTM V4.1 数据，数据来源于中国科学院资源环境科学数据中心。

1.2 方法

1.2.1 逐步多元回归的中国夏季高温空间分布遥感监测模型

逐步多元回归模型是一种寻找最优子集回归的多元统计分析模型，表达式如下：

$$(x) = \sum_{i=0}^{n} a_i \varphi_i(x) + \varepsilon \tag{1}$$

式中：a_i 为偏回归系数；$\varphi_i(x)$ 为基函数；ε 为随机误差。

一般情况下，采用线性函数作为基函数，见式（2）：

$$f(x) = a_0 + a_1 x_1 + \cdots + a_i x_i \tag{2}$$

式中：$f(x)$ 为因变量；a_0 为截距；$x_1, x_2, \cdots, x_i$ 为自变量；$a_1, a_2, a_3, \cdots, a_i$ 为回归系数。

基于逐步多元回归的中国夏季高温空间分布遥感监测模型，以气温为因变量，以白天地表温度（LST_D）、夜间地表温度（LST_N）、归一化植被指数（NDVI）、经度（Lon）、纬度（Lat）和高程数据（DEM）为自变量。研究气温和多个影响变量之间的关系，通过一系列的联合假设检验（F 检验）逐个添加变量，具有较小 F 显著性（p）的自变量将首先加入回归模型中，当 p 大于 0.1 时，不在回归模型中进行添加。用回归结果中的容差、R^2 变化量和 F 显著性来判断多个变量之间的共线关系。

在构建模型过程中，有 6 个变量加入模型中，这 6 个变量分别是 LST_N、LST_D、NDVI、Lon、DEM 和 Lat。分析计算在逐个加入时的统计误差变化，结果见表 1 和表 2。从表中可以看出，以 LST_N 为预测变量时，对应的 R^2、标准估算误差分别为 0.763、2.402℃。模型 2 中加入 LST_D 时，R^2 增加了 0.042，对应的标准估算误差为 2.178℃。模型 3 和模型 4 中分别加入 NDVI、Lon 预测变量时，R^2 和标准估算误差增加的幅度更小。随着 DEM、Lat 的加入，R^2 变化量和标准估算误差又有了较大的改善。表 2 的模型 5 中加入 DEM 后，LST_N 的容差由 0.548 减小到 0.256，说明 DEM 和 LST_N 具有较强的共线性。模型 6 加入 Lat 后，DEM 和 LST_N 的容差值进一步减小，Lat 与 DEM 和 LST_N 也有一定程度的共线性。但考虑到表 1 中 DEM 和 Lat 加入模型后标准误差减小，故回归模型中选取 6 个变量。

表 1 加入不同变量的最高气温模型预测误差

模型	R	R^2	调整后 R^2	标准估算误差	更 改 统 计	
					R^2 变化量	显著性 F 变化量
1	0.874	0.763	0.763	2.402	0.763	0.000
2	0.897	0.805	0.805	2.178	0.042	0.000
3	0.900	0.810	0.810	2.150	0.005	0.000
4	0.903	0.816	0.816	2.119	0.006	0.000
5	0.911	0.830	0.829	2.039	0.014	0.000
6	0.917	0.841	0.841	1.967	0.012	0.000

表 2　　　　　　　　　　　　　　　　模　型　参　数

模型	未标准化系数及容差	常量	LST_N	LST_D	NDVI	Lon	DEM	Lat
1	未标准化系数（B）	18.420	0.643					
	标准误差	0.098	0.005					
	容差		1.000					
2	未标准化系数（B）	12.755	0.555	0.212				
	标准误差	0.191	0.005	0.006				
	容差		0.747	0.747				
3	未标准化系数（B）	11.054	0.544	0.243	1.860			
	标准误差	0.240	0.005	0.007	0.161			
	容差		0.719	0.631	0.845			
4	未标准化系数（B）	15.416	0.580	0.218	2.139	−0.039		
	标准误差	0.420	0.006	0.007	0.160	0.003		
	容差		0.548	0.581	0.829	0.722		
5	未标准化系数（B）	23.285	0.456	0.212	1.853	−0.077	−0.001	
	标准误差	0.560	0.008	0.007	0.155	0.004	0.000	
	容差		0.256	0.579	0.822	0.518	0.218	
6	未标准化系数（B）	28.297	0.323	0.241	1.814	−0.073	−0.002	−0.100
	标准误差	0.597	0.011	0.007	0.149	0.003	0.000	0.005
	容差		0.150	0.550	0822	0.515	0.161	0.570

利用表 2 中的非标准化回归系数建立回归方程，如表 3 所示。最终的回归模型为

$$T_{max}=0.323×LST\_N+0.241×LST\_D+1.814×NDVI-0.73×Lon-0.002×DEM-0.1×Lat+28.297$$

$$(3)$$

式中：T_{max} 为最高气温；LST_N 为夜间地表温度；LST_D 为白天地表温度；NDVI 为归一化植被指数；Lon 为经度；DEM 为高程；Lat 为纬度。

表 3　　　　　　　　　　　　加入不同变量的最高气温预测模型

模型	日最高气温回归预测方程
1	$T_{max}=0643×LST\_N+18.42$
2	$T_{max}=0.555×LST\_N+0.212×LST\_D+12.755$
3	$T_{max}=0.544×LST\_N+0.243×LST\_D+1.860×NDVI+11.054$
4	$T_{max}=0.58×LST\_N+0.218×LST\_D+2.139×NDVI-0.039×Lon+15.416$
5	$T_{max}=0.456×LST\_N+0.212×LST\_D+1.853×NDVI-0.077×Lon-0.001×DEM+23.285$
6	$T_{max}=0.323×LST\_N+0.241×LST\_D+1.814×NDVI-0.73×Lon-0.002×DEM-0.1×Lat+28.297$

　　由于 MODIS 的 8 天合成地表温度受天气影响，有少量的数据缺失，采用克里金插值方法对缺失数据进行插补，因 NDVI、DEM 和地表温度空间分辨率不同，像元不匹配，本文将 MODIS 的第 1、第 2 波段重采样至 1km，与 DEM 分辨率一致。应用处理后的数据计算得到 2019 年 7 月 20 日、7 月 28 日、8 月 5 日、8 月 13 日和 8 月 21 日的 8 天合成日最高气温。

2　结果与分析

2.1　精度分析

　　基于构建的模型，利用气象站点数据计算对应的气温，结合实测气温进行模型的精度分析，计算相关系

数平方 R^2、均方根误差（RMSE）和平均绝对误差（MAE），结果见表3。由表3可知，2019 年气温估算结果与实测结果 R^2 均值为 0.85，RMSE 均值为 2.01℃，MAE 均值为 1.54℃，结果表明该模型具有较高的精度。

表 4 模 型 精 度 表

日　　期	R^2	RMSE/℃	MAE/℃
2019 - 07 - 20	0.85	2.06	1.62
2019 - 07 - 28	0.83	2.03	1.48
2019 - 08 - 05	0.85	1.96	1.49
2019 - 08 - 13	0.86	1.90	1.49
2019 - 08 - 21	0.86	2.09	1.63

2.2 日最高气温空间分布特征

按照中国气象规范的高温天气分级标准[16]，（最高气温 35～38℃为高温天气、38～40℃为危害性高温天气、大于 40℃为强危害性高温天气），分析气温时空分布特征。夏季高温时中国西北部、中部和东南部地区的气温普遍高于 30℃，东北部地区的北部稳定在 20～30℃，除青海西北部外，青藏高原其他地区气温普遍低于 20℃。35℃以上的高温主要发生在新疆东部和内蒙古西部，其中吐鲁番盆地的极端高温事件发生最为频繁，这与该地区的气候类型和地形条件有关，吐鲁番盆地属于大陆荒漠性气候，少雨、少云，太阳光照强，再加上盆地四周高、中间低的特点，空气流动性差，不易散热。在 2019 年的高温过程中，高温分布区域存在明显的随时间南移现象。7月下旬中部城市和长江中下游城市存在高温天气。8月中部城市气温明显降低，高温地区主要分布于长江中下游地区、南方城市和重庆地区。8月13日为气温转折点，8月13日以后西北地区的高温热浪范围明显减小，强度明显降低，高温区主要在长江中下游地区、南方城市和重庆地区，其中重庆地区高温范围明显扩大。2019年8月21日出伏，此时高温天气的范围较7月20日明显减小。

3 结论

基于 MODIS 地表温度产品等遥感数据、DEM 数据、气象数据，利用逐步多元回归模型对中国区域2019年的夏季高温进行反演，并进行中国区域夏季高温空间特征分析。解决了以测点气温代表一定范围气温代表性差、精度低的问题。

主要结论如下：

（1）中国区域夏季气温普遍较高，尤其是中国西北部和东南部地区，其中西北部地区的新疆吐鲁番盆地常出现高于 40℃的强危害性高温天气。

（2）从时间变化上看，我国西北部高温区域在8月13日以后减少，7—8月长江中下游地区高温区域范围变化不大。

（3）基于逐步多元回归的中国夏季高温空间分布遥感监测模型，能大范围连续地计算气温空间分布，误差在 2.1℃以内。

研究发现夏季高温多发生在中国西北部和东南部地区，西北地区的新疆吐鲁番盆地夏季常发生高于40℃的强危害性高温，结果与卢爱刚等[17-18]的研究一致。中国区域夏季高温天气持续时间不长，8天平均合成数据具有一定的抵偿作用，导致高温区范围不大，后续考虑利用多源遥感数据的优势互补，开展日最高气温的时空特征研究。

参 考 文 献

[1] HARTMANN D L, TANK A M G K, RUSTICUCCI M, et al. Observations: Atmosphere and surface II Climate Change 2013 the Physical Science Basis: Working Group I Contribution to the Fifth Assessment Report of the Intergovernmental Panel on Climate Change [M]. Cambridge: Cambridge University Press, 2013.

[2] 严晓瑜，赵春雨，王颖，等. 近50年东北地区极端温度变化趋势 [J]. 干旱区资源与环境，2012，26（1）：81 - 87.

[3] BAI L, DING G, GU S, et al. The effects of summer temperature and heat waves on heat – related illness in a coastal city of China, 2011 – 2013 [J]. Environmental Research, 2014, 132: 212 – 219.

[4] LAKSHMI V, CZAJKOWSKI K, DUBAYAH R, et al. Land surface air temperature mapping using TOVS and AVHRR [J]. International Journal of Remote Sensing, 2001, 22 (4): 643 – 662.

[5] BOER E P J, DE BEURS K M, HARTKAMP A D. Kriging and thin plate splines for mapping climate variables [J]. International Journal of Applied Earth Observation and Geoinformation, 2001, 3 (2): 146 – 154.

[6] MARQUÍNEZ J, LASTRA J, GARCÍA P. Estimation models for precipitation in mountainous regions: The use of GIS and multivariate analysis [J]. Journal of Hydrology, 2003, 270 (1 – 2): 1 – 11.

[7] 齐述华, 王军邦, 张庆员, 等. 利用 MODIS 遥感影像获取近地层气温的方法研究 [J]. 遥感学报, 2005, 9 (5): 570 – 575.

[8] 牛陆, 张正峰, 彭中, 等. 中国地表城市热岛驱动因素及其空间异质性研究 [J/OL]. 中国环境科学: 1 – 11.

[9] SUN Y J, WANG J F, ZHANG R H, et al. Air temperature retrieval from remote sensing data based on thermodynamics [J]. Theoretical and Applied Climatology, 2005, 80 (1): 37 – 48.

[10] CZAJKOWSKI K, GOWARD S N, STADLER S J, et al. Thermal remote sensing of near surface environmental variables: Application over the OklahomaMesonet [J]. The Professional Geographer, 2000, 52 (2): 345 – 357.

[11] 祝善友, 张桂欣. 近地表气温遥感反演研究进展 [J]. 地球科学进展, 2011, 26 (7): 724 – 730.

[12] 毛克彪, 唐华俊, 周清波, 等. 用辐射传输方程从 MODIS 数据中反演地表温度的方法 [J]. 兰州大学学报 (自然科学版), 2007 (4): 12 – 17.

[13] ROZENSTEIN O, QIN Z, DERIMIAN Y, et al. Derivation of land surface temperature for Landsat – 8 TIRS using a split window algorithm [J]. Sensors, 2014, 14 (4): 5768 – 5780.

[14] QIN Z, KARNIELI A, BERLINER P. A mono – window algorithm for retrieving land surface temperature from Landsat TM data and its application to the Israel – Egypt border region [J]. International Journal of Remote Sensing, 2001, 22 (18): 3719 – 3746.

[15] JIMENEZ – MUNOZ J C, CRISTOBAL J, SOBRINO J A, et al. Revision of the single – channel algorithm for land surface temperature retrieval from landsat thermal – infrared data [J]. IEEE Transactions on Geoscience and Remote Sensing, 2009, 47 (1): 339 – 349.

[16] 周洋, 祝善友, 华俊玮, 等. 南京市高温热浪时空分布研究 [J]. 地球信息学报, 2018, 20 (11): 1613 – 1621.

[17] 卢爱刚, 康世昌, 庞德谦, 等. 地形对中国气温季节分布格局的差异影响 [J]. 生态环境, 2008 (4): 1450 – 1452.

[18] 卢爱刚, 庞德谦, 康世昌, 等. 从等温线的变化看中国大陆对全球升温的时空响应 [J]. 干旱区资源与环境, 2008 (5): 58 – 63.

生态水文与环境效应

基于遥感的黄土高原蒸散发研究

石欣荣[1,2] 夏 军[1,2] 佘敦先[1,2]

（1. 武汉大学水资源工程与调度全国重点实验室，武汉 430072；
2. 海绵城市建设与水系统科学湖北省重点实验室，武汉 430072）

摘 要 本研究以黄土高原为研究区域，基于应用较为广泛的 Penman – Monteith – Leuning（PML）模型，改进了参数的计算方法，通过植被类型和归一化总降水量确定了叶片最大气孔导度和土壤湿度指数，反演了 2000—2015 年的黄土高原区域蒸散发（ET）。结果表明：PML 模型估算的蒸散发值与安塞站观测的实际观测蒸散发值相关系数 $R^2 = 0.85$，纳什效率系数 $NSE = 0.82$，模型估算效果接近真实值。利用 PML 模型反演得到黄土高原年均蒸散发量 331.1mm，从空间分布上来看，黄土高原蒸散发由西北向东南逐渐增加，而平均 ET 呈现显著增加的趋势（$1.31mm/a^2$），黄土高原年内蒸散发分配极为不平均，夏季相比起其他月份蒸散发量大。根据水量平衡的原理和 GLASS 遥感数据计算得到黄土高原年均蒸散发与 PML 模型反演结果相似。选取了渭河、泾河、汾河、沁丹河等四个闭合小流域，四个流域的年均蒸散发量为 350～600mm，比较不同蒸散发估算方法在闭合流域估算时的差别后，发现 PML 模型在估算蒸散发低值时与另外两种方法估算的结果差距较大。本文研究结果为黄土高原地区蒸散发估算提出了一种新的思路，又基于模型原理定义了新的参数确定方式，大大简化了计算的过程，最终得到了一个方便快捷且较为准确的黄土高原蒸散发估算模型。

关键词 蒸散发估算；PML 模型；水量平衡；遥感反演；黄土高原

1 引言

蒸散发（Evapotranspiration，ET）联系着地球外部圈层的物质循环和能量交换，同时也是地表水热平衡的重要组成部分[1]。蒸散发是指植被及地面整体向大气输送的水汽总通量，主要包括植被蒸腾、土壤水分蒸发及截留降水或露水的蒸发，是反映当地水热条件的重要因素，与降水一同决定下垫面的干湿条件。探索区域蒸散发的时空分异规律，对生态系统水源涵养与保护、水资源合理开发利用和区域小尺度气候调节等均具有重要意义[2]。

在全球变暖的气候变化背景下，全球平均近地温度从 1880 年到 2012 年上升了 0.85℃并有继续上升的趋势，而温度升高加速水汽运输的情况会导致蒸散发的增加，同时全球的湿度变化也具有很强的空间分异性，对各个地区蒸散发的变化也具有巨大的影响。随着全球观测手段的出现和日趋成熟，以能量循环、水循环和生物化学循环为研究对象的地球表层系统科学已逐渐发展成为实验特征明显的科学[3-5]。遥感对地观测系统的建立和应用，对地球表层的各方面科学研究有重大作用；各种物质和能量定量测试的新技术，也为这一学科的发展带来了新的契机[6-8]。当前基于遥感反演蒸散发的方法分为经验统计模型和机理性模型，机理性模型又分为特征空间法和能量平衡法[9-10]。研究者在全球和区域尺度上均开展了蒸散发的估算工作，如 Su[11] 使用 SEBS 模型估算了通量站点蒸散发并被广泛运用于遥感领域，Papadavid 等[12-13] 运用遥感 SEBEL 模型较为准确地估算了半干旱区的蒸散发，Roerink 等[14] 提出了基于遥感反演蒸散发的 S - SEBI 模型，潘竟虎等[15] 基于遥感 TSEB 模型估算了黄土丘陵沟壑区的蒸散发。事实证明，遥感蒸散发模型已经在蒸散发估算领域逐步成熟，其数据获取便利，估算空间尺度大，时间尺度长的特点为研究蒸散发分布及变化提供了巨大的便利。

黄土高原是我国生态系统较为脆弱的地区，水土流速严重且干旱灾害频发，是我国的生态敏感区。近年

第一作者简介：石欣荣（1999— ），男，湖南益阳人，硕士研究生，武汉大学水利水电学院，主要从事蒸散发方面的研究工作。Email：stone6@whu.edu.cn

通讯作者：佘敦先（1986— ），男，安徽芜湖人，武汉大学水利水电学院副教授，主要从事全球变化与极端事件研究工作。Email：shedunxian@whu.edu.cn

来，气候变化幅度越演越烈[16]，同时我国政府也在黄土高原地区规划建设人工林业生态工程改善环境，黄土高原地区植被覆盖显著增加[17]，黄土高原的蒸散发势必要受到一定程度的影响。黄土高原的蒸散发时空变化特征能够在一定程度上反映气候变化的影响，是评价黄土高原水资源工程效益的重要指标之一[18-20]。从已有的黄土高原地区蒸散发演算结果来看，研究尺度大多集中在流域尺度，且缺少实测数据的验证，如崔泽鹏等[21] 研究了黄土高原中上游蒸散发变化，袁毓婕等[22] 研究了黄河一级支流延河流域退耕还林对蒸散发的影响，韩宇平等[23] 将两种遥感模型结果作对比进行验证。可以看出，为了对黄土高原整个地区的水资源保护提供合理的参考数据，亟须经过验证的黄土高原整体的蒸散发模型演算结果，分析黄土高原蒸散发演变规律，得到更加完整的数据结论。

Penman‐Monteith‐Leuning（PML）模型是基于 Penman‐Monteith 公式，结合地表类型和植被类型的物理特性，采用遥感数据估算 ET 的一种方法，其主要特征参数与下垫面特征变化联系紧密，可以反映不同下垫面特征对 ET 过程的影响[24-25]。本文的主要工作是运用 PML 模型对黄土高原的蒸散发进行估算，并与实际蒸散发观测值对比进行验证，同时与黄土高原水量平衡估算蒸散发值和其他遥感蒸散发产品作对比，分析遥感反演方法的优缺点，并选定闭合小流域进行计算得到完整的数据对比结论，最终给出黄土高原近年来的蒸散发时空变化数值，为黄土高原水资源评价提供数据支撑。

2　研究区域与数据

2.1　研究区概况

黄土高原，地处北纬 33°～41°，东经 100°～114°，东西长约 1300km，南北宽约 800km。黄土高原跨越了中国半干半湿润地区，由于面积巨大，各个部分的气候类型也有差异，东南部距离海洋较近，属于亚热带季风型气候，地处温带半湿润区，降水充沛，而中部和北部靠近内陆，属于温带季风型气候。冬季寒冷干燥，夏季暖热湿润，气温日较差和年较差相差较大，东西部温度差异比较明显，区域年平均气温 3.6～14.3℃[26-27]。

2.2　数据来源

本研究采用的数据主要包括黄土高原气象数据、遥感叶面积指数（LAI）数据、遥感土壤水数据、遥感蒸散发产品数据和流量站点数据。

2.2.1　气象数据

本研究采用的黄土高原地区气象数据是来自寒区旱区科学数据中心提供的气象插值数据，主要包括黄土高原地区近地面气温、近地气压、近地面空气比湿、向下短波辐射、向下长波辐射和降水率，气象数据资料时段为 2000—2017 年，空间精度 0.1°×0.1°。除此之外，降水数据采用来自 NOAA 气候预报中心（CPC）的 2000—2017 年的 0.5°×0.5°降雨数据。

2.2.2　遥感卫星数据

（1）叶面积指数（LAI）。本研究采用的叶面积指数来自中山大学陆气互相作用研究小组，叶面积指数数据的时间尺度是 2000—2017 年，空间精度为 30″。LAI 数据集是通过对 MODIS LAI 产品进行加工得到的，并提出了两步积分法生成改进的 MODIS LAI 产品。首先，使用了基于 YUAN[28] 开发的 TSF 方法的改进时空滤波器填补 MODIS LAI 数据的空白，根据质量控制处理较低质量的数据，并充分利用高质量数据来填充价值信息。

（2）土壤水。GLDAS（Global Land Data Assimilation System）提供了全球降雨量、水分蒸发量、地表径流、地下径流、土壤湿度、地表积雪的分布以及温度和热流分布等数据[29]。本文计算黄土高原水量平衡时采用了 GLDAS 土壤水数据，该数据集的空间精度为 0.25°×0.25°，时间尺度为 2000—2017 年，时间精度为月尺度。

（3）遥感蒸散发。本研究使用国家地球系统科学数据中心 GLASS 数据蒸散数据集[30]，空间精度为 0.05°×0.05°，时间尺度由 2002—2015 年。本数据集由北京师范大学完成，所用数据为多年多源遥感数据包括 MODIS 数据以及实测站点数据[31]。利用贝叶斯方法集合传统的五种潜热通量算法（MOD16 算法、改进的 PM、PT‐JPL、MS‐PT 以及半经验彭曼算法），通过全球 240 个通量站点观测数据作为参考值来确定每种算法的权重值，估算全球陆表潜热通量。

2.2.3 站点数据

因为缺少黄土高原区域的通量数据以及土壤蒸散发观测数据，本文采用实测植被蒸腾量代表区域蒸散发以此来验证遥感反演的蒸散发结果[32]。选取了黄土高原安塞站（东经108°，北纬36°）2007—2012年观测的植被蒸腾量作为比较对象。选取了黄土高原渭河流域、泾河流域、汾河流域和沁丹河流域四个典型闭合流域，统计了四个流域出口流量观测站点华县、张家山、津门和武陟2000—2007年月尺度出口流量，所有的流量数据均经过严格的质量控制，具有较好的精度和准确性。

3 研究方法

3.1 PML模型

PML模型[24-25]派生于Penman - Monteith方程。PML模型中ET包括植被蒸腾（Es）和土壤蒸散发（Ec）两部分，即ET＝Es＋Ec。假设土壤蒸散发所用能量A_s占总能量A的比率为f（实际意义上代表土壤湿度指数），则蒸散发的估算公式可写为

$$\lambda E=\frac{\varepsilon A+\left(\frac{\rho_a c_p}{\gamma}\right)D_a G_a}{\varepsilon+1+G_a/G_s}=\frac{\varepsilon A_c+\left(\frac{\rho_a c_p}{\lambda}\right)D_a G_a}{\varepsilon+1+G_a/G_c}+f\frac{\varepsilon A_s}{\varepsilon+1}=Es+Ec \tag{1}$$

$$\varepsilon=\Delta/\gamma \tag{2}$$

$$D_a=e_s-e_a \tag{3}$$

$$A=R_n-G_n \tag{4}$$

$$A_c/A=1-\tau \tag{5}$$

$$\tau=\exp(-k_A \cdot LAI) \tag{6}$$

式中：λ为汽化潜热，$\lambda＝2.454MJ/kg$；Δ为温度-饱和水汽压曲线斜率；γ为干湿表常数；ρ_a为空气密度，kg/m^3；D_a为水汽压差，kPa；e_s为温度为T_a时的空气饱和水汽压，kPa；e_a为实际水汽压，kPa；c_p为空气定压比热，$J/(kg \cdot K)$；G_a为空气动力学导度，m/s；G_s为地面导度，m/s，代表气孔导度对植被蒸腾的生理调控和土壤湿度对土壤蒸发的影响；A为有效能量，W/m^2；R_n为地表净辐射，W/m^2；G_n为土壤热通量，W/m^2，代表在估算连续时间序列蒸散发时，如以每日作为时间尺度计算，则土壤热通量白天吸收的热量和夜晚散出的热量近似相等，可以将其设为零；A_c和A_s分别为植被可用能量和土壤吸收能量，W/m^2，二者之和为蒸散发所用总能量；k_A为可用能量衰减系数；G_c为叶片导度，m/s。

地面导度G_s、叶片导度G_c和空气动力学导度G_a可分别计算如下：

$$G_s=G_c\left[\frac{1+\frac{\tau G_a}{(\varepsilon+1)G_c}\left[f-\frac{(\varepsilon+1)(1-f)G_c}{G_a}\right]+\frac{G_a}{\varepsilon G_i}}{1-\tau\left[f-\frac{(\varepsilon+1)(1-f)G_c}{G_a}\right]+\frac{G_a}{\varepsilon G_i}}\right] \tag{7}$$

$$G_c=\frac{g_{sx}}{k_Q}\ln\left[\frac{Q_h+Q_{50}}{Q_h \cdot \exp(-k_A \cdot LAI)+Q_{50}}\right] \cdot \left[\frac{1}{1+D_a/D_{50}}\right] \tag{8}$$

$$G_a=\frac{k^2 u_m}{\ln[(z_m-d)/z_{om}]\ln[(z_m-d)/z_{ov}]} \tag{9}$$

$$G_i=A/[(\rho_a c_p/\gamma)D_a] \tag{10}$$

式中：G_i为"气象"导度，m/s；Q_h为冠层上方可见光辐射能量，W/m^2；z_m为测量风速和湿度仪器的高度，m；d为零平面高度，m；z_{om}和z_{ov}分别为动量传递和水汽传输的粗糙长度，m；k是Karman常数，取0.41；u_m为风速，m/s；本研究取$d=2h/3$，$z_{om}=0.123h$，$z_{ov}=0.1z_{om}$，h为植被高度，m，见表1；g_{sx}为植被最大气孔导度，m/s；k_Q为短波辐射衰减系数；D_{50}为气孔导度为最大值一半时的水汽压差，kPa；Q_{50}为气孔导度为最大值一半时的叶片吸收的可见光辐射能量，W/m^2。

表 1	各土地利用类型植被高度		单位：m
土地利用类型	植被高度	土地利用类型	植被高度
河流	0	草地	0.5
落叶阔叶林	14.9	田地	3
混合森林	14.9	城市	0.5
热带稀树草原	10.1	农田与自然植被交替	3
草原	0.5	裸地	0

PML 模型往往是用来计算站点蒸散发，而在区域尺度中的计算较为麻烦，因为不同的地区参数有较大的区别，所以需要对不同地区进行参数率定，为了简化工作，本研究根据 PML 模型中未知参数代表的实际意义采取不同的确定方式。

3.1.1 最大气孔导度

根据不同土地利用类型，根据主要的植被类型以及观测资料确定植被的最大气孔导度 g_{sx}，见表 2。

表 2	各植被类型最大气孔导度		单位：m/s
土地利用类型	最大气孔导度	土地利用类型	最大气孔导度
河流	0.007	草地	0.0048
落叶阔叶林	0.0053	田地	0.004
混合森林	0.0053	城市	0.004
热带稀树草原	0.005	农田与自然植被交替	0.004
草原	0.0046	裸地	0.0028

3.1.2 土壤湿度指数

土壤湿度指数是反映土壤含水量的指标，本文中采用归一化总降雨量替代即

$$f_i = \frac{P_i - P_{\min}}{P_{\max} - P_{\min}} \tag{11}$$

式中：f_i 为第 i 个格点的土壤湿度指数；P_i 为第 i 个格点 2000—2018 年的总降雨量，mm；$P_{\min}$ 和 $P_{\max}$ 分别为最小和最大的降雨量，mm。

3.2 水量平衡

水量平衡是指在任一时间段内水的总量不会改变，即在任一时间任一流域进入流域的总水量等于流域出口流出的总水量与流域蓄水量的变化之和：

$$W_{\text{in}} = W_{\text{out}} \pm \Delta w \tag{12}$$

式中：W_{in} 为区域进水量，mm；W_{out} 为区域出水量，mm；Δw 为蓄水变化量。

在蓄水期 Δw 为正值，表示蓄水量增加；在供水期 Δw 为负值，表示蓄水量减少；在长时间尺度下 Δw 为 0，表示多年内蓄水量基本保存不变。将黄土高原假设为一个闭合流域，其水量平衡公式如下：

$$ET = P - R - ds/dt \tag{13}$$

式中：ds/dt 为土壤水的变化，mm，可以通过下载的遥感数据计算；ET 为黄土高原蒸散发量，mm；P 为黄土高原总降水量，mm；R 为流域出口总流量，mm。

4　结果与讨论

4.1.1 PML 模型验证

通过比较黄土高原安塞站（东经 108°，北纬 36°）2007—2012 年观测的植被蒸腾量与 PML 模型估算蒸散发（图 1），蒸散发与观测值拟合效果较好，PML 模型反演蒸散发与实测蒸散发之间相关系数 $R^2 = 0.852$，纳什效率系数 $NSE = 0.82$，表明拟合精度较高。但是图 1 中仍然存在一些离散的点，说明模型存在一定的误差，尤其是预测冬季蒸散发时，PML 模型与实际蒸散发差距较大，说明 PML 再估算蒸散发低值时可能存

在更大的不确定性，PML 模型在估算寒冷地区时效果更差。

4.1.2 黄土高原区域蒸散发估算

黄土高原 2000—2015 年各区域年均蒸散发为 250～900mm，年均蒸散发量 331.1mm，空间分布具有明显的自西北向东南递增的区域分异特征。蒸散发量高值区主要分布在黄土高原南部和东部的高塬沟壑区、河谷平原区和太行山区，即黄河支流渭河流域，泾河流域与汾河流域，其中以黄土高原南部以及南部偏北蒸散发最高，为 600～900mm，黄土高原北部出现极大值，这是因为模型计算时该部分地区土地利用类型是水体。中值区主要在黄土高原东部和中部丘陵沟壑区，其中最明显的就是太行山东西的差别，这可能与黄土高原大陆季风气候有关，降水减少导致蒸散发减少[33-34]。低值区主要分布在西北部涅水与黄河谷地之间的沙地沙漠区，主要原因为内陆地区气候干燥，植被稀疏，蒸散发量较少[2]。黄土高原蒸散发年际变化如图 2（a），蒸散发年际波动不大，波动范围为 300～350mm，其中 2012 年蒸散发量最大，为 355.1mm，黄土高原蒸散发以 1.307mm/a 的速度呈现明显增长的趋势（$p<0.05$）。黄土高原大部分面积蒸散发呈现增加趋势，东中部增长趋势明显，而西北地区 ET 呈现显著减小的趋势。黄土高原年均蒸散发跟降水数据并无明显的相关关系（$R^2=0.233$），年降水的波动对蒸散发序列并无明显影响，且蒸散发的数值与黄土高原年降水量有一定差距。

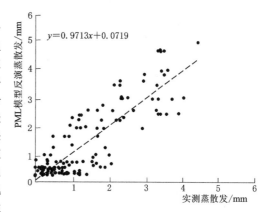

图 1　安塞站观测值与 PML 模型反演蒸散发值对比

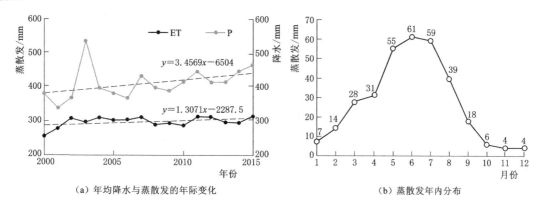

（a）年均降水与蒸散发的年际变化　　　　（b）蒸散发年内分布

图 2　黄土高原降水与蒸散发变化图

黄土高原蒸散发年内分布如图 2（b），呈单峰型分布，1—4 月黄土高原蒸散发数值平缓增加，4—5 月增加速度变快，6 月蒸散发达到最大值，约为 61mm，之后 7 月、8 月蒸散发的值都比较高，而 9—12 月蒸散发值较低。黄土高原的蒸散发主要集中在 5—8 月，约占一年总蒸散发的 65%。黄土高原各月平均蒸散发空间分布与年均蒸散发空间分布相似，都是自西北向东南逐渐减小，并无明显区别。季节蒸散发以夏季最高，冬季最低。

4.2　不同数据集结果对比

4.2.1 黄土高原蒸散发对比

根据水量平衡的原理以及 GLDAS 土壤含水量和径流数据与降水数据估算黄土高原区域蒸散发估算结果 WB1，年均蒸散发为 372.0mm，蒸散发最大为 885.8mm，最小为 137.3mm。根据水量平衡的原理以及中国土壤水分数据集估算黄土高原区域蒸散发 WB2，黄土高原年均蒸散发为 355.8mm，蒸散发最大为 870.1mm，最小为 144.9mm。相比起 GLDAS 数据的计算结果，该数据集估算结果更小。两种数据集计算结果空间分布与遥感反演结果相似，由西北向东南递增。由遥感蒸散发产品 GLASS 潜热通量估算得到黄土高原蒸散发，

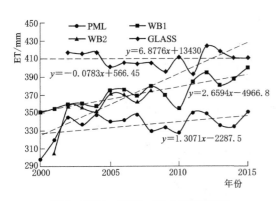

图 3　WB1、WB2、GLASS 和 PML
模型估算 ET 值变化图

该数据计算得到黄土高原年均蒸散发为 409.2mm，最大值为 681.5mm，最小值为 103.8mm。其蒸散发空间分布与前两种方法相同，都是由西北向东南递增，但相比起前两种方法，该估算结果局部蒸散发更低，且蒸散发数据空间分布过度更加平滑，没有出现明显的空间突变现象。四种方法估算的黄土高原平均蒸散发年际变化如图 3，黄土高原年均蒸散发大都为 350～500mm，其中 WB2 计算结果由于时间尺度太短，不能代表近年来黄土高原蒸散发年际变化规律，而 WB1 估算的结果表示黄土高原的年均蒸散发随着时间有明显增加的趋势（$p<0.05$），增幅为 2.65mm/a^2。相反，GLASS 数据统计的黄土高原蒸散发呈现 -0.08mm/a^2 的不明显下降趋势。

4.2.2　四个典型小流域蒸散发估算

根据 PML 模型、水量平衡和遥感数据集估算四个闭合流域的年均蒸散发特征数值见表 3。PML 模型计算结果显示，四个流域中，渭河流域（435.2mm）与沁丹河流域（474.8mm）蒸散发数值较高，因为这两个流域位于黄土高原最南部和最东部，水分热量条件充足。同时我们发现，四个流域蒸散发估算的最小值都较小，流域蒸散发空间分异性很大，这可能与 PML 计算原理中考虑土地利用类型有关，不同土地利用类型的蒸散发具有明显差距。根据水量平衡原理得到的小流域年均蒸散发量为 400～500mm，均比水量平衡估算得到的黄土高原地区年均蒸散发数值高，且最大值和最小值相比 PML 模型反演得到的结果都大 60mm 左右，与 4.2.1 节数据对比结果相似。使用实测流量站点计算的水量平衡蒸散发值比使用 GLDAS 产流数据的计算值低 30mm 左右，这与 GLDAS 产流数据并没有考虑流域汇流的水文损失有关。虽然 GLDAS 产流数据估算流域蒸散发时结果偏大，但是增加的幅度不大，依旧在合理的范围内，因此在缺少实测数据或流域不闭合的情况下，GLDAS 产流数据可以用来大致估算非闭合流域的蒸散发。由 GLASS 蒸散发数据产品得到的四个小流域蒸散发结果与前文结果一致，但是蒸散发最大值和最小值之前的区间更小，且各流域蒸散发最大值相近，GLASS 数据产品相比起前两种方法估算得到的结果其蒸散发的空间分布更均匀，这可能与 GLASS 数据生产过程中做的平滑处理有关。

表 3　　　　　　　　　　　　　各流域年均蒸散发量　　　　　　　　　　　　单位：mm

估　算　方　法	渭河流域	泾河流域	汾河流域	沁丹河流域
PML 遥感反演	435.2	349.0	381.4	474.8
水量平衡（实测流量数据）	485.0	396.8	400.5	504.2
水量平衡（GLDAS 产流数据）	503.5	427.7	431.8	539.6
GLASS 蒸散发数据	549.1	459.8	473.5	527.9

各种产品估算的渭河、泾河、汾河、沁丹河流域的年均蒸散发数值相近，为 350～600mm，且各方法计算得到的结果都显示，渭河流域和沁丹河流域蒸散发最多，因为这两个流域分别位于黄土高原最南部及最东部，降水更加充沛，气候因素正向影响作用更大。各流域年均蒸散发量见表 3。四个流域蒸散发空间分布特征相似，都是南部高，北部低，这与黄土高原自西北向东南逐渐增加的蒸散发空间分布相符。各种方法反映出的不同点与影响因素与前文的分析一致，但也有一些新的结论。各个流域的年均蒸散发数据对比，PML 模型估算的蒸散发数值最小，GLASS 数据产品蒸散发数值居中，两种数据输入水量平衡计算得到的结果最大。三者的差距都为 100～150mm，在估算区域蒸散发时可以接受的误差范围内。但是 PML 估算的流域蒸散发最小值与其他方法估算的最小值差距较大，表明 PML 模型在估算蒸散发低值时有一定的误差。

5　结论

本文基于遥感蒸散发 PML 模型，基于黄土高原气象数据和 LAI 估算了 2000—2015 年的蒸散发，验证了 PML 模型在黄土高原计算的准确性，并与不同方法比较，评估了 PML 模型的优缺点，给出了黄土高原地区蒸散发估算的一种较为准确的方法。主要结论如下：

（1）合理简化了 PML 模型的最大气孔导度和土壤湿度指数，根据土地利用类型和区域总降水量确定了 PML 模型中叶片最大导度以及土壤湿度指数，验证了 PML 模型估算蒸散发的准确性，将其估算结果与安塞站观测的实际植被蒸腾量进行对比，效果较好。利用 PML 模型估算了 2000—2015 年黄土高原蒸散发，得到黄土高原年均蒸散发量为 331.1mm，在空间上自西北向东南逐渐增加。年总蒸散发量为 300～350mm，多年蒸散发具有明显上升的趋势，且蒸散发年内分布极为不平均，一年中蒸散发主要集中在夏季，月蒸散发曲线呈现明显的单峰状，效果较好。

（2）用 GLDAS 和基于微波数据同化的中国土壤水分数据集中的土壤水含量数据表示区域内部蓄水量的变化，结合降雨数据和径流数据与水量平衡公式估算黄土高原蒸散发，并用 GLASS 估算了黄土高原蒸散发。计算结果与 PML 模型结果一致，进一步验证了 PML 模型在黄土高原蒸散发估算领域的可行性。

（3）对比了渭河、泾河、汾河、沁丹河流域的各种方法估算结果，发现 PML 模型在估算时确实对蒸散发低值不敏感，估算结果偏差较大，在对比分析不同径流数据对水量平衡的影响时，发现 GLDAS 数据估算的结果比水文站流量观测数据估算的结果高约 30mm，但是仍在可接受的范围之内。

参 考 文 献

［1］ 陈少丹，张利平，田祥勇，等. 基于 P－M 模型和 MOD16 数据的长江中下游潜在蒸散量比较分析［J］. 武汉大学学报（工学版），2019，52（4）：283－289，296.

［2］ 韩松俊，刘群昌，杨书君. 黑河流域上中下游潜在蒸散发变化及其影响因素的差异［J］. 武汉大学学报（工学版），2009，42（6）：734－737.

［3］ SHI S, WANG P, YU J. Vegetation greening and climate change promote an increase in evapotranspiration across Siberia［J］. Journal of Hydrology, 2022, 610：127965.

［4］ 韦振锋，王德光，张翀，等. 1999—2010 年中国西北地区植被覆盖对气候变化和人类活动的响应［J］. 中国沙漠，2014，34（6）：1665－1670.

［5］ 杨庆，李明星，祖子清，等. 中国区域的地表风速还在减弱吗？［J］. 中国科学：地球科学，2021，51（7）：15.

［6］ HU G, JIA L, MENENTI M. Comparison of MOD16 and LSA－SAF MSG evapotranspiration products over Europe for 2011［J］. Remote Sensing of Environment, 2015, 156：510－526.

［7］ JIMÉNEZ C, PRIGENT C, MUELLER B, et al. Global intercomparison of 12 land surface heat flux estimates［J］. Journal of Geophysical Research, 2011, 116（D2）.

［8］ KUSTAS W P, NORMAN J M. Use of remote sensing for evapotranspiration monitoring over land surfaces［J］. Hydrological Sciences Journal, 1996, 41（4）：495－516.

［9］ XU C Y, GONG L, JIANG T, et al. Analysis of spatial distribution and temporal trend of reference evapotranspiration and pan evaporation in Changjiang（Yangtze River）catchment［J］. Journal of Hydrology, 2006, 327（1－2）：81－93.

［10］ YANG X, YONG B, REN L, et al. Multi－scale validation of GLEAM evapotranspiration products over China via ChinaFLUX ET measurements［J］. International Journal of Remote Sensing, 2017, 38（20）：5688－5709.

［11］ SU B. The Surface Energy Balance System（SEBS）for Estimation of Turbulent Heat Fluxes［J］. Hydrology and Earth System Sciences, 2002, 6（1）：85－100.

［12］ PAPADAVID G, HADJIMITSIS D G, TOULIOS L, et al. A Modified SEBAL Modeling Approach for Estimating Crop Evapotranspiration in Semi－arid Conditions［J］. Water Resources Management, 2013, 27（9）：3493－3506.

［13］ 苏婷婷. 基于 SEBAL 模型的土默特平原农田蒸散量的遥感估算［D］. 呼和浩特：内蒙古农业大学，2018.

［14］ ROERINK G J, SU Z, MENENTI M. S－SEBI：A Simple remote sensing algorithm to estimate the surface energy balance［J］. Physics and Chemistry of the Earth, Part B：Hydrology, Oceans and Atmosphere, 2000, 25：147－157.

［15］ 潘竟虎，刘春雨. 基于 TSEB 平行模型的黄土丘陵沟壑区蒸散发遥感估算［J］. 遥感技术与应用，2010，25（2）：183－188.

［16］ GE Q, XUE Z, YAO Z, et al. Anti－phase relationship between the East Asian winter monsoon and summer monsoon during the Holocene？［J］. Journal of Ocean University of China, 2017, 16（2）：175－183.

［17］ 聂浩刚，张维吉，李智佩，等. 中国三北地区荒漠化与可持续发展［J］. 地球科学与环境学报，2005（4）：63－70.

［18］ GUO S, GUO J, ZHANG J, et al. VIC distributed hydrological model to predict climate change impact in the Hanjiang basin [J]. Science in China Series E: Technological Sciences, 2009, 52 (11): 3234 – 3239.

[19] LIU C, ZHANG X, ZHANG Y. Determination of daily evaporation and evapotranspiration of winter wheat and maize by large – scale weighing lysimeter and micro – lysimeter [J]. Agricultural and Forest Meteorology, 2002, 111 (2): 109 – 120.

[20] 刘昌明, 孙睿. 水循环的生态学方面: 土壤-植被-大气系统水分能量平衡研究进展 [J]. 水科学进展, 1999, 10 (3): 251 – 259.

[21] 崔泽鹏, 王志慧, 肖培青, 等. 2000—2018 年黄河上中游地区蒸散发年际时空变化及其影响因素分析 [J]. 遥感技术与应用, 2022, 37 (4): 865 – 877.

[22] 袁毓婕, 高学睿, 黄可静, 等. 基于 RHESSys 模型的延河流域水文要素定量模拟 [J]. 南水北调与水利科技 (中英文), 2023, 21 (1): 116 – 126.

[23] 韩宇平, 徐丹, 黄会平, 等. 近 20 年黄土高原 NDVI/气象要素对实际蒸散发的影响研究 [J]. 人民珠江, 2022, 43 (9): 78 – 89.

[24] LEUNING R, ZHANG Y Q, RAJAUD A, et al. A simple surface conductance model to estimate regional evaporation using MODIS leaf area index and the Penman – Monteith equation [J]. Water Resources Research, 2008, 44 (10): 652 – 655.

[25] ZHANG Y Q, CHIEW F H S, ZHANG L, et al. Estimating catchment evaporation and runoff using MODIS leaf area index and the Penman – Monteith equation [J]. Water Resources Research, 2008, 44 (10): 2183 – 2188.

[26] 汲玉河, 周广胜, 李宗善. 气候变化驱动下黄土高原刺槐林气候适宜性和脆弱性 [J]. 生态学报, 2023, 43 (8): 3348 – 3358.

[27] 殷允可, 李昊瑞, 张铭, 等. 不同气候区生态系统服务权衡的空间异质性及其驱动因素研究——以川滇-黄土高原生态屏障带为例 [J]. 生态学报, 2024, 44 (1): 107 – 116.

[28] YUAN H, DAI Y, XIAO Z, et al. Reprocessing the MODIS Leaf Area Index products for land surface and climate modelling [J]. Remote Sensing of Enviroment, 2011, 115 (5): 1171 – 1187.

[29] RODELL M, HOUSER P R, JAMBOR U, et al. The global land data assimilation system [J]. Bulletin of the American Meteorological Society, 2004, 85: 381 – 394.

[30] YAO Y, LIANG S, CHENG J, et al. MODIS – driven estimation of terrestrial latent heat flux in China based on a modified Priestley – Taylor algorithm [J]. Agricultural and Forest Meteorology, 2013, 171 – 172 (3): 187 – 202.

[31] MU Q, HEINSCH F A, ZHAO M, et al. Development of a global evapotranspiration algorithm based on MODIS and global meteorology data [J]. Remote Sensing of Environment, 2007, 111 (4): 519 – 536.

[32] 钟昊哲, 徐宪立, 张荣飞, 等. 基于 Penman – Monteith – Leuning 遥感模型的西南喀斯特区域蒸散发估算 [J]. 应用生态学报, 2018, 29 (5): 1617 – 1625.

[33] LIU X, LUO Y, ZHANG D, et al. Recent changes in pan – evaporation dynamics in China [J]. Geophysical Research Letters, 2011, 38 (13): L13404.

[34] WANG J, WANG Q, ZHAO Y, et al. Temporal and spatial characteristics of pan evaporation trends and their attribution to meteorological drivers in the Three – River Source Region, China [J]. Journal of Geophysical Research Atmospheres, 2015, 120 (13): 6391 – 6408.

荒漠化地区典型沙生植被群落蒸散发
模拟及组分拆分研究[*]

包永志[1,2]　　刘廷玺[1,2]

（1. 内蒙古农业大学水利与土木建筑工程学院，呼和浩特 010018；
2. 内蒙古自治区水资源保护与利用重点实验室，呼和浩特 010018）

摘　要　本研究以科尔沁沙地典型沙生植被群落流动半流动沙丘-差巴嘎蒿群落和半固定沙丘-小叶锦鸡儿群落为研究对象，基于 2017—2018 年生长季水文气象数据、植被生态数据等，利用 Shuttleworth-Wallace（S-W）模型模拟差巴嘎蒿群落和小叶锦鸡儿群落的蒸散发及其各组分，并利用涡度相关仪对模拟值进行验证。结果表明，S-W 模型大体上可以用来模拟荒漠化地区沙生植被群落的蒸散发，但在蒸散发强度较大时，模型会产生低估现象。生长季差巴嘎蒿群落和小叶锦鸡儿群落蒸散发的日均值分别为 1.46mm/d 和 1.58mm/d，土壤蒸发的日均值分别为 0.82mm/d 和 0.32mm/d，生长季 E/ET 分别为 55.7% 和 22.9%，E/ET 受植被和水分条件的综合影响。

关键词　沙地；蒸散发；组分拆分；沙生植被

蒸散发是水文和生态过程的核心环节，与生态系统的生产力密切相关，对能量平衡过程和地表水以及区域气候的变化具有重要影响，一直以来备受生态水文研究领域的关注[1-3]。全球 2/3 的降水以蒸散发的方式返回大气，在干旱半干旱地区可达 4/5 以上[4]。因此，明确蒸散发的规律对揭示区域水循环以及水资源的合理配置至关重要。

蒸散发主要包括土壤蒸发和植被蒸腾。目前，蒸散发的估算主要包括直接观测法和模型模拟法。直接观测法成本较高且受时空尺度的限制，而模型模拟法可用来进行长时间多尺度的研究而备受青睐[5-7]。模型模拟法中，Shuttleworth-Wallace（S-W）模型因其具有较为完备的物理机制且可单独考虑来自土壤和冠层的水汽传输而被广泛应用[8-9]。目前蒸散发的模拟研究主要集中在农田、草地等均一下垫面，而对荒漠化地区复杂下垫面沙生植被群落的研究较少，导致对荒漠化地区沙生植被的蒸散发机理不清[10]。荒漠化地区沙生植被群落占比较大多呈斑块状分布，土壤蒸发和植被蒸腾均不可忽略，且二者之间关系紧密，作用机理复杂[11]。因此，十分有必要准确估算沙生植被蒸散发并对其组分进行精准拆分。

差巴嘎蒿和小叶锦鸡儿群落是科尔沁沙地分布最为广泛的沙生半灌木和灌木植被，在荒漠化防治、生态修复和维护沙地生态安全等方面具有重要作用[12-13]。为此，本研究选取科尔沁沙地流动半流动沙丘-差巴嘎蒿群落、半固定沙丘-小叶锦鸡儿群落为研究对象，利用 S-W 模型结合涡度相关技术模拟了两种典型沙生植被群落的蒸散发并对其组分进行拆分。研究结果可为荒漠化地区水分管理、植被恢复和区域可持续发展提供科学依据和技术支撑。

1　材料与方法

1.1　研究区概况

研究区位于科尔沁沙地东南边缘（东经 122°32′30″～122°41′00″，北纬 43°18′48″～43°21′24″），面积约 55km²。研究区属于温带半干旱大陆性季风气候，多年平均降雨量 389mm，年平均相对湿度 55.8%，年平

---

　　*　基金项目：内蒙古自治区 2022 年度本级事业单位引进高层次人才科研启动项目（DC2300001251）；国家自然科学基金重点、国际合作研究与重点、青年项目（52309021、51620105003、51139002）；国家自然科学基金项目（51809141）；教育部创新团队发展计划（IRT_17R60）、科技部重点领域科技创新团队（2015RA4013）联合资助。

　　第一作者：包永志（1994—　），男，博士，讲师，主要研究方向为寒旱区蒸散发理论与过程模拟。Email：byz6618@163.com

　　通讯作者：刘廷玺（1966—　），男，教授，博士生导师，主要从事寒旱区生态水文研究工作。Email：txliu1966@163.com

均气温 6.6℃；多年平均蒸发量 1412mm。主要沙生植被为差巴嘎蒿（*Artemisia halodendron*）、小叶锦鸡儿（*Caragana microphylla*）等，草甸区以天然植被芦苇（*Phragmites australis*）、羊草（*Leymus chinensis*）和玉米、水稻等农作物为主。本研究选取流动半流动沙丘-差巴嘎蒿群落（A4 站点）和半固定沙丘-小叶锦鸡儿群落（G4 站点）为研究对象。

1.2 观测数据及处理

1.2.1 气象环境与通量数据

A4 和 G4 两站点均配有长期原位观测的自动气象站，实时监测太阳净辐射对空气温湿度、降水量、风速等气象因子，以及地下 10～200cm 的土壤含水率、土壤水势等土壤数据。利用采集器 CR1000 记录并储存每 30min 的平均值。利用开路式涡度相关仪观测 A4 站点和 G4 站点群落景观的水汽和 CO_2 通量，数据采集频率为 10Hz，由 CR3000 数据采集器收集每 30min 通量的平均值。

1.2.2 植被数据

本研究通过植被生态调查的方式获取模型需输入的株高、叶宽以及叶面积指数（LAI）等植被参数，其中 LAI 由 LI-2200 测定，生态调查频次为每 10～15d 一次。

1.2.3 通量数据处理

涡度相关观测的原始通量数据由 Eddy Pro 软件进行处理，主要包括野点剔除、空气密度效应修正、坐标旋转修正等一系列处理。此外，对于长时间的数据缺口利用平均每天变异法（MDV）插补，对于短时间的数据缺口（小于 2h）利用内插法进行插补，以获取连续且较为准确的通量数据。

1.3 模型方法

S-W 模型[13] 表达式如下：

$$\lambda ET = \lambda E + \lambda T = C_s PM_s + C_c PM_c \tag{1}$$

$$PM_s = \frac{\Delta A_t + [\rho C_p D - \Delta r_a^s (A_t - A_s)]/(r_a^a + r_a^s)}{\Delta + \gamma \left[1 + \dfrac{r_s^s}{r_a^a + r_a^s}\right]} \tag{2}$$

$$PM_c = \frac{\Delta A_t + [\rho C_p D - \Delta r_a^c A_s]/(r_a^a + r_a^c)}{\Delta + \gamma \left[1 + \dfrac{r_s^c}{r_a^a + r_a^c}\right]} \tag{3}$$

$$A_t = R_n - G \tag{4}$$

$$A_s = R_{ns} - G \tag{5}$$

$$R_{ns} = R_n \exp(-C_r LAI) \tag{6}$$

$$C_s = \frac{R_c (R_s + R_a)}{R_s R_c + R_c R_a + R_s R_a} = \frac{1}{1 + \dfrac{R_s R_a}{R_c (R_s + R_a)}} \tag{7}$$

$$C_c = \frac{R_s (R_c + R_a)}{R_s R_c + R_c R_a + R_s R_a} = \frac{1}{1 + \dfrac{R_c R_a}{R_s (R_c + R_a)}} \tag{8}$$

$$R_a = (\Delta + \gamma) r_a^a \tag{9}$$

$$R_c = (\Delta + \gamma) r_a^c + \gamma r_s^c \tag{10}$$

$$R_s = (\Delta + \gamma) r_a^s + \gamma r_s^s \tag{11}$$

式中：λ 为蒸发的汽化潜热，MJ/kg；C_s 和 C_c 分别为土壤表面和冠层阻力系数；Δ 为饱和水汽压差随温度的变化率，kPa/K；ρ 为空气密度，1.293kg/m³；γ 为湿度计常数，0.067kPa/K；D 为饱和水汽压差，kPa；C_p 为定压比热，1012J/(kg·K)；R_n 为太阳辐射，W/m²；G 为土壤热通量，W/m²；R_{ns} 为土壤表面太阳辐射，W/m²；r_a^a 为冠层高度到参考高度间的空气动力学阻力，s/m；r_a^s 为地表到冠层高度间的空气动力学阻力，s/m；r_a^c 为冠层边界层阻力，s/m；r_s^c 为冠层气孔阻力（即气孔导度的倒数），s/m；r_s^s 为土壤表面阻力，s/m。

r_a^a 和 r_a^s 参照 Shuttleworth 等[13] 提出的公式计算，r_a^c 利用以下公式计算得出：

$$r_a^c = r_b \sigma_b / LAI \tag{12}$$

式中：σ_b 为屏蔽系数（0.5）；r_b 为叶片边界层阻力，s/m。

$$r_b = \frac{100}{n} \frac{(w/u_h)^{1/2}}{1-\exp(-n/2)} \tag{13}$$

式中：n 的数值取决于冠层高度 h_c；u_h 为冠层高度处风速，m/s；w 为叶宽，mm。

$$n = \begin{cases} 2.5 & (h_c \ll 1) \\ 2.036+0.194h_c & (1 < h_c < 10) \\ 4.25 & (h_c \gg 10) \end{cases} \tag{14}$$

r_s^c 利用以下公式计算得出[15]：

$$r_s^c = \left\{ \frac{a(1+bD)(C+R_s)}{R_s} \right\} \left(\frac{LAI_s}{LAI} \right) \tag{15}$$

r_s^s 利用以下公式计算得出[16]：

$$r_s^s = 250\left(\frac{\theta_c}{\theta}\right) - 100 \tag{16}$$

式中：θ 为表层土壤含水率；θ_c 为田间持水率。

2　结果与分析

2.1　气象环境因子分析

2017—2018 年生长季（5—10 月）A4 站点和 G4 站点的净辐射、气温、饱和水汽压差和风速等气象环境要素的变化趋势如图 1 所示。A4 站点和 G4 站点生长季的 R_n 和 T_a 变化趋势大体一致，生长旺盛期（6—8 月）大于生长初期（5 月）和生长后期（9—10 月），A4 站点的 R_n 为 $-14.06 \sim 169.39$W/m^2，G4 站点的 R_n 为 $-30.47 \sim 190.52$W/m^2；A4 站点的 T_a 为 $0.52 \sim 31.29$℃，G4 站点的 T_a 为 $0.28 \sim 30.76$℃。由于流动半流动沙丘较半固定沙丘植被稀疏、气候干燥，VPD 和 WS 整体表现为 A4 站点大于 G4 站点，A4 站点的 VPD 为 $0.04 \sim 3.08$kPa，G4 站点的 VPD 为 $0 \sim 2.96$kPa；A4 站点的 WS 为 $0.06 \sim 9.25$m/s，G4 站点的 WS 为 $0.74 \sim 8.52$m/s。

2.2　模型验证结果

本研究利用涡度相关对 A4 站点和 G4 站点典型晴天半小时尺度的蒸散发模拟值进行验证，结果如图 2 所示。整体来讲，A4 站点和 G4 站点的模拟效果大体相当，A4 站点的 R^2 为 0.80，RMSE 为 0.017mm/h，G4 站点的 R^2 为 0.84，RMSE 为 0.026mm/h。当蒸散发强度较小时，模拟值与实测值大多集中在 1∶1 直线附近，而当蒸散发强度较大时，出现模拟值低于实测值的现象。

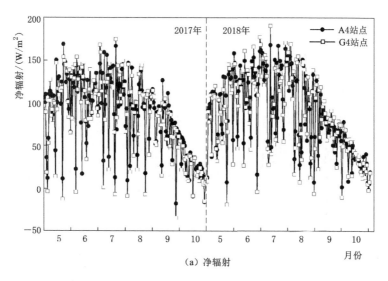

(a) 净辐射

图 1（一）　2017 年和 2018 年生长季净辐射、风速、气温、饱和水汽压差的动态变化

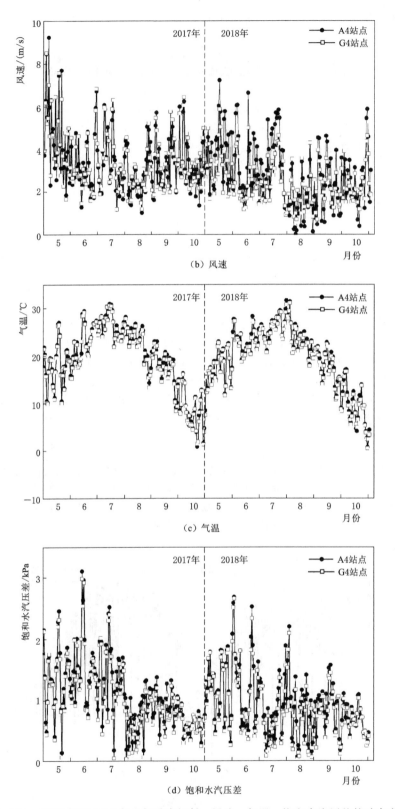

（b）风速

（c）气温

（d）饱和水汽压差

图 1（二）　2017 年和 2018 年生长季净辐射、风速、气温、饱和水汽压差的动态变化

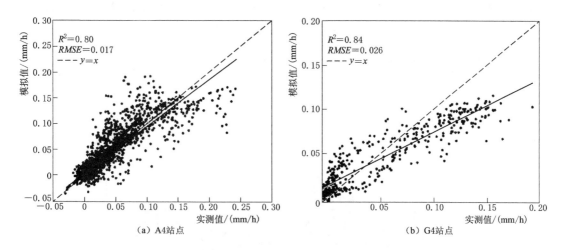

（a）A4站点　　　　　　　　　　　　　　　（b）G4站点

图2　S－W模拟蒸散发与涡度相关实测蒸散发的比较

2.3　蒸散发日变化规律

利用S－W模型模拟的2017—2018年生长季A4站点和G4站点蒸散发的日变化规律如图3所示。生长季蒸散发的日变化具有明显的季节性，大体表现为生长旺盛期大于生长初期和生长后期。蒸散发日均值整体表现为A4站点小于G4站点，A4站点的蒸散发为0.14～3.65mm/d，日均值为1.46mm/d，G4站点的蒸散发为0.04～4.59，日均值为1.58mm/d。A4站点和G4站点蒸散发的最小值均出现在雨天，最大值均出现在生长旺盛期雨后的晴天。这主要是因为雨天饱和水汽压差小，而雨后的晴天饱和水汽压差大且土壤水分条件好，蒸散发强度大。这也说明水文气象条件和植被状况是影响荒漠化地区沙生植被群落蒸散发的主要因素。

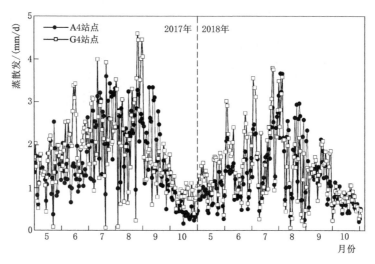

图3　生长季S－W模型模拟的蒸散发日变化规律

2.4　土壤蒸发和植被蒸腾的日变化规律

2017—2018年生长季A4站点和G4站点土壤蒸发和植被蒸腾的日变化规律如图4和图5所示。土壤蒸发整体表现为A4＞G4，植被蒸腾整体表现为A4＜G4，与植被状况大体一致。A4站点的土壤蒸发变化范围为0.08～2.81mm/d，均值为0.82mm/d，G4站点的土壤蒸发变化范围为0.02～1.50mm/d，均值为0.36mm/d。土壤蒸发在干旱时期较小，雨后迅速增大，这说明沙生植被群落的土壤蒸发主要受水分条件的影响，且对水分的响应较为敏感。A4站点的植被蒸腾变化范围为0.05～2.16mm/d，均值为0.65mm/d，

G4 站点的植被蒸腾变化范围为 0.02～3.54，均值为 1.22mm/d，最大值均出现在生长旺盛期，与植被的物候特性一致。

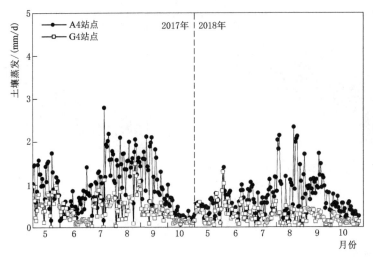

图 4　生长季 S－W 模型模拟的土壤蒸发日变化规律

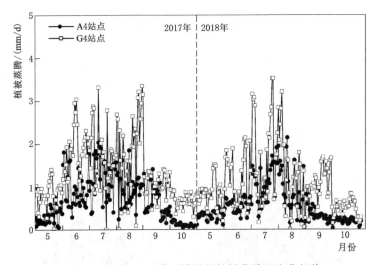

图 5　生长季 S－W 模型模拟的植被蒸腾日变化规律

2.5　蒸散发及其各组分月变化规律

　　2017—2018 年生长季蒸散发、土壤蒸发和植被蒸腾及 E/ET 的月变化如图 6 所示。蒸散发和植被蒸腾大体呈单峰型变化，最大值出现在 7—8 月，而土壤蒸发大体呈双峰型分布，植被盖度较低的生长初期和降水丰沛的生长旺盛期较大，干旱少雨时期较小。2017—2018 年生长季 A4 站点的 E/ET 为 0.33～0.76，总土壤蒸发占比为 55.7%，G4 站点的 E/ET 为 0.13～0.42，总土壤蒸发占比为 22.9%。G4 站点的蒸散发主要以植被蒸腾为主，A4 站点植被稀疏以土壤蒸发为主。5 月开始植被返青，植被进入生长初期，植被蒸腾逐渐增大，6—8 月为植被生长旺盛期，植被蒸腾占据主导，9—10 月进入植被生长后期，E/ET 逐渐增大。E/ET 除受植被状况的影响外，还受水分条件的影响，尤其植被稀疏的流动半流动沙丘更为明显，如 2017 年 6 月，遇季节性干旱，6 月无有效降水，E/ET 降到最低值。这主要是因为在干旱少雨期，植被稀疏的荒漠化地区地表会形成约 10cm 的干沙层，土壤蒸发此时遵循 Philip 第三阶段的土壤蒸发理论，此阶段深层土壤水分供给土壤蒸发，而由于干沙层的存在，很大程度上阻碍了水汽的传输，导致土壤蒸发强度降低。

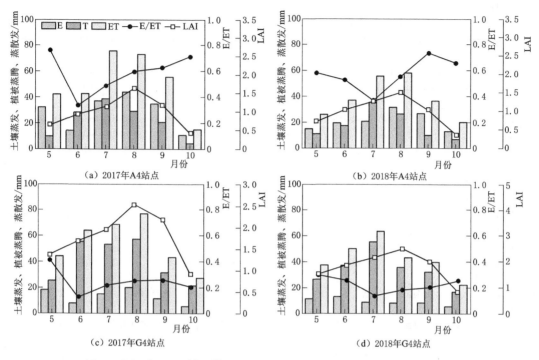

图 6　生长季 S-W 模型模拟的土壤蒸发、植被蒸腾和蒸散发月变化规律

3　讨论

A4 站点和 G4 站点蒸散发的变化规律与降雨的分布规律基本一致，干旱少雨期蒸散发较小，降雨后蒸散发大幅增长，这说明降雨对荒漠化地区沙生植被群落的蒸散发具有重要影响，这与前人的研究结果一致[17-18]。本研究中 A4 站点半灌木群落和 G4 站点灌木群落的蒸散发日均值分别为 1.46mm/d 和 1.58mm/d，与前人的研究结果大体相当[19-20]。此外对比本研究与其他沙生半灌木和灌木群落的蒸散发占降雨量的比值发现，生长在不同区域的沙生植被，其蒸散发占降雨量的比值接近，这说明沙生植被与降雨量之间有着较为稳定的联系。这也进一步证明了降雨是荒漠化地区沙生植被蒸散发的主要来源，且蒸散发强度依赖于降雨量[21]。

研究表明，灌木群落的 E/ET 为 20%～30%，本研究对 G4 站点灌木群落的蒸散发组分拆分结果与国内外的研究结果大体相当[22-26]。而 A4 站点半灌木群落的 E/ET 大于灌木群落，这主要是由植被状况所决定。在植被盖度较低的生态系统，太阳辐射受植被遮挡的效应较弱，土壤表面接受的能量较大，且由于植被较为稀疏，地表风速较大，有利于土壤蒸发[27-28]。E/ET 的大小可间接表明生态系统的水分利用效率，E/ET 越大表明水分通过土壤表面蒸发的占比越大，对水分的利用效率越低。本研究表明 E/ET 受植被和水分条件的综合影响，在干旱少雨期主要受水分条件的控制，而在降水丰沛时期主要受植被条件的控制，这与前人的研究结果一致[29-30]。

4　结论

本研究基于 S-W 模型模拟了科尔沁沙地差巴嘎蒿和小叶锦鸡儿典型沙生植被群落的蒸散发并对其组分进行拆分，结果表明 S-W 模型大体上可以用来模拟荒漠化地区沙生植被群落的蒸散发，但在蒸散发强度较大时，模型会产生低估现象。蒸散发季节变化规律明显，主要受降雨量的控制。2017—2018 年差巴嘎蒿和小叶锦鸡儿群落的土壤蒸发占比分别为 55.7% 和 22.9%，E/ET 受植被和水分条件的综合影响。

参 考 文 献

[1]　曹晓明，陈曦，王卷乐，等. 古尔班通沙漠南源非灌溉条件下梭梭（Haloxylon ammodendron）蒸腾耗水特征 [J].

干旱区地理，2013，36（2）：292 - 302.

［2］ ZHANG Y Q，KANG S Z，WARD E J，et al. Evapotranspiration components determined by sap flow andmicrolysimetry techniques of vineyard in Northwest China：Dynamics and influential factors ［J］. Agricultural Water Management，2011，98（8）：1207 - 1214.

［3］ BAO Y Z，DUAN L M，TONG X，et al. Simulation and partition evapotranspiration for the representative landform - soil - vegetation formations in Horqin Sandy Land，China ［J］. Theoretical and Applied Climatology，2020，140：1221 - 1232.

［4］ MISSON L，PANEK J A，GOLDSTEIN A H. A comparison of three approaches to modeling leaf gas exchange in annually drought - stressed ponderosa pine forests ［J］. Tree Physiology，2004，24（5）：529 - 541.

［5］ 高云飞，赵传燕，彭守璋，等. 黑河上游天涝池流域草地蒸散发模拟及其敏感性分析 ［J］. 中国沙漠，2015，35（5）：1338 - 1445.

［6］ 王海波，马明国. 基于遥感和 Penman - Monteith 模型的内陆河流域不同生态系统蒸散发估算 ［J］. 生态学报，2014，34（19）：5617 - 5626.

［7］ ODHIAMBO L，IRMAK S. Performance of extended Shuttleworth - Wallace model for estimating and partitioning of evapotranspiration in a partial residue - covered subsurface drip - irrigated Soybean field ［J］. Transaction of the ASABE，2011，54（3）：915 - 930.

［8］ 沈竞，张弥，肖薇，等. 基于 SW 模型的千烟洲人工林蒸散组分拆分及其特征 ［J］. 生态学报，2016，36（8）：2164 - 2174.

［9］ 包永志，刘廷玺，段利民，等. 基于 Shuttleworth - Wallace 模型的科尔沁沙地流动半流动沙丘蒸散发模拟 ［J］. 应用生态学报，2019，30（3）：867 - 876.

［10］ 赵丽雯，赵文智，吉喜斌. 西北黑河中游荒漠绿洲农田作物蒸腾与土壤蒸发区分及作物耗水规律 ［J］. 生态学报，2015，35（4）：1114 - 1123.

［11］ 张萍，哈斯额尔敦，杨一，等. 小叶锦鸡儿（Caragana microphylla）灌丛沙堆形态对沙源供给形式和丰富度的响应 ［J］. 中国沙漠，2015，35（6）：1453 - 1460.

［12］ 彭海英，李小雁，童绍玉. 蒙古典型草原小叶锦鸡儿灌丛化对水分再分配和利用的影响 ［J］. 生态学报，2014，34（9）：2256 - 2265.

［13］ SHUTTLEWORTH W J，WALLACE J S. Evaporation from sparse crops - an energy combination theory. ［J］. Quarterly Journal of the Royal Meteorological Society，1985，111（469）：839 - 855.

［14］ LOHAMMAR T，LARSSON S，LINDER S，et al. FAST：simulation models of gaseous exchange in Scots pine ［J］. Ecological Bulletins，1980：505 - 523.

［15］ DOLMAN A J. A multiple - source land surface energy balance model for use in general circulation models ［J］. Agricultural and Forest Meteorology，1993，65（1）：21 - 45.

［16］ 牛丽，岳广阳，赵哈林，等. 利用茎流法估算樟子松和小叶锦鸡儿人工蒸腾耗水 ［J］. 北京林业大学学报，2008，30（6）：1 - 8.

［17］ DUAN L M，LV Y，YAN X，et al. Upscaling stem to community - level transpiration for two sand - fixing Plants：Salix gordejevii and Caragana microphylla ［J］. Water，2017，9：361.

［18］ 张晓艳，褚建民，孟平，等. 环境因子对民勤绿洲荒漠过渡带梭梭人工林蒸散的影响 ［J］. 应用生态学报，2016，27（8）：2390 - 2400.

［19］ VILLALOBOS F J，TESTI L，MORENO - PEREZ，M F. Evaporation and canopy conductance of citrus orchards ［J］. Agricultural Water Management，2009，96：565 - 573.

［20］ 褚建民，邓东周，王琼，等. 降雨量变化对樟子松生理生态特性的影响 ［J］. 生态学杂志，2011，30（12）：2672 - 2678.

［21］ ORTEGA F S，POBLETE E C，BRISSON N. Parameterization of a two - layer model for estimating vineyard evapotranspiration using meteorological measurements ［J］. Agricultural Forest Meteorology，2010，150：276 - 286.

［22］ ALLEN S J，GRIME V L. Measurements of transpiration from savannah shrubs using sap flow gauges ［J］. Agricultural and Forest Meteorology，1995，75（1/2/3）：23 - 41.

［23］ ZHU X J，YU G R，HU Z M，et al. Spatiotemporal variations of T/ET（the ratio of transpiration to evapotranspiration）in three forests of Eastern China ［J］. Ecological Indicators，2015，52：411 - 421.

［24］ LI X Y，YANG P L，REN S M，et al. Modeling cherry orchard evapotranspiration based on an improved dual - source model ［J］. Agricultural Water management. 2010，98：12 - 18.

［25］ 卫新东，陈守阳，陈滇豫，等. Shuttleworth - Wallace 模型模拟陕北枣林蒸散适用性分析 ［J］. 2015，46（3）：142 - 151.

[26]　DAVID I S. Comparison of Penman – Monteith, Shuttleworth – Wallace, and modified Priestley – Taylor evapotranspiration models for wildland vegetation in semiarid rangeland [J]. Water Resources Research, 1993, 29 (5): 1379 – 1392.

[27]　WANG X X, PEDRAM S, LIU T X, et al. Estimated grass grazing removal rate in semiarid eurasian steppe watershed as influenced by climate [J]. Water, 2016, 8: 339.

[28]　HU Z M, YU G R, ZHOU Y L, et al. Partitioning of evapotranspiration and its controls in four grassland ecosystems: Application of a two – source model [J]. Agricultural and Forest Meteorology, 2009, 149 (9): 1410 – 1420.

[29]　YUE G Y, ZHAO H L, ZHANG T H, et al. Evaluation of water use of Caraganamicrophylla with the stem heat – balance method in Horqin Sandy Land, Inner Mongolie, China [J]. Agricultural and Forest Meteorology, 2008, 148: 1668 – 1678.

[30]　STANNARD D I. Comparison of Penman – Monteith, Shuttleworth – Wallace, and modified Priestley – Taylor evapotranspiration models for wildland vegetation in semiarid rangeland [J]. Water Resources Research, 1993, 29 (5): 1379 – 1392.

基于 DSSAT 模型的华北冬小麦生长模拟
验证与适应性评价 *

史　源　李亦凡　白美健　刘亚南

（中国水利水电科学研究院，北京 100038）

摘　要　冬小麦是我国华北平原主要的粮食作物，灌溉对于冬小麦的生长至关重要。为探讨和研究作物生长模型能否准确模拟不同水分胁迫条件下华北地区冬小麦生长发育和产量形成过程，确定作物模型参数并验证模型适应性，本文采用北京大兴和河北唐山两个典型区域连续两季11个灌水处理下田间试验观测数据进行模型的应用和验证。基于 DSSAT 作物生长模型，采用交叉验证方法，设定4种不同的参数率定-验证方案，率定获得不同方案下对应的作物模型参数，通过对比不同模型参数下模拟与实测所得物候期和产量间的差异，确定优选的作物模型参数，采用 DSSAT 模型模拟获得优选作物参数对应的不同试验处理下土壤水分时空变化过程，并通过与实测值对比，进行优选参数的合理性和模型适用性评价。采用模型对作物土壤水分变化进行模拟时，利用充分灌溉水处理数据进行校准和验证，模拟精度较高，且土层深度越大模拟精度越高。根据参数率定方案及模型交叉验证结果，受试作物物候期及单粒重模拟精度较高，作物产量观测值与模拟值的误差稍大，总体而言，参数率定后，模型模拟结果具有较好的收敛性和准确性，可用于研究区作物优化灌溉制度模拟下的物候期、作物水分利用情况、产量及产量构成因素的预测。

关键词　冬小麦；DSSAT 模型；模型率定；模型验证；灌溉

1　引言

　　冬小麦是我国主要的粮食作物，2016 年，其产量占全国粮食作物总产量的 19.8%，种植面积占粮食作物总种植面积的 20.1%，华北地区是中国冬小麦的主产区，其产量和种植面积分别约占全国冬小麦总产量和总种植面积的 14.4% 和 13.7%[1]。冬小麦种植对灌溉的依赖很大，降水对于灌溉的满足率只能达到 26%，冬小麦灌溉用水量占该地区农业用水总量的 70% 以上。因此，发展节水灌溉，合理利用水资源是确保中国粮食安全的重要措施，而要实现有限水资源的合理利用，就必须对农业生境系统进行综合研究。

　　作物对水分胁迫的耐受程度是随着作物生长阶段不同而发生变化的，要在实践中准确实施非充分灌溉等节水灌溉方式，就要明确作物各个生长阶段对水分胁迫的敏感程度[2]，而这种研究往往依赖于传统的小区试验研究。冬小麦的生育期约为 240d，传统的研究方法不仅试验周期长、成本高，而且取得的成果也缺乏通用性，无法得到充分利用。作物生长模拟模型能够综合环境状况和土壤管理措施来预测作物产量，并能分析相关的影响因素，找到最佳的管理措施，大幅度简化和缩短农业生境系统研究的进程，从而为农民和决策者提供技术指导和决策依据[3]。在众多作物生长模拟模型中，DSSAT 已经成为该领域应用最广泛的模型之一，众多国内外学者对该模型进行了适用性验证及应用，并且通过多个版本的改进和升级，DSSAT 模型的适用性和准确性不断提升[4]。

　　Hundal 等[5] 在印度利用 DSSAT 模型模拟预测了平原地区不同气象及灌溉条件下的小麦的产量变化趋势及增产潜力。Macrobert 等[6] 在津巴布韦模拟分析不同灌溉制度下小麦的产量变化。Timsina 等[7] 在印度利用 DSSAT 模型模拟分析了影响小麦水分变化和产量的因素，提出增产措施和建议。Liu 等[8] 在加拿大利用 DSSAT 模型模拟比较充分灌溉和控制灌溉条件下作物含水量、硝态氮含量及产量的变化。在中国，Yang 等[9] 利用 DSSAT 模型研究了华北平原太行山区的冬小麦灌溉优化措施，认为 3 月水分的中度亏缺不至于减少冬小麦产量，可以通过前一年 11 月的灌溉来部分补偿 3 月的水分胁迫。Yuan 等[10] 利用 DSSAT

---

　　*　基金项目：国家自然科学基金项目（52009143）。

　　第一作者简介：史源（1982—　），男，山西太原人，正高级工程师，博士，主要从事节水灌溉技术研究。Email：86091263@qq.com

模型分析了不同气候情景下的山东临沂地区的冬小麦产量，认为将冬小麦播期推迟，采用穗粒数较大的冬小麦新品种或偏春性冬小麦品种可以减少未来气候变化对该地区的冬小麦生产的不利影响。He 等[11] 利用 DSSAT 模型模拟了不同灌水条件下甘肃民勤春小麦的生长和发育过程，并制定了相应的灌溉制度。

本文利用连续两季（2014 年 10 月至 2015 年 6 月和 2015 年 10 月至 2016 年 6 月）的冬小麦分段受旱试验数据来运行 DSSAT 模型，并对比分析不同的模型参数估计和验证方案，其目的在于评价 DSSAT 模型模拟干旱胁迫下小麦生长发育和产量形成的可靠性，检验不同的模型校正和验证方案，并优选出冬小麦生境过程的最佳方案，为利用 DSSAT 模型来制定冬小麦非充分灌溉制度提供依据。

2 材料与方法

2.1 田间试验

作物生长模型田间试验的目的是在对模型进行验证和适用性分析的基础上，确定试供冬小麦品种的遗传参数数据库，以期为灌溉制度的优化模拟提供基本参数。因此选择华北地区纬度相同、经度相近的两个试验区，种植统一的冬小麦作物品种进行田间试验观测及模型验证。田间试验研究于 2014—2016 年分别在唐山丰南（东经 118°19.45′，北纬 39°35.50′，海拔 27.8m）及北京大兴试验区（东经 116°25.21′，北纬 39°37.25′，海拔 31.3m）进行，冬小麦供试品种为华北地区种植面积最大冬小麦品种"济麦 -22"[12]。唐山丰南试验区采用充分灌溉方案，分为两个试验处理，分别用 TS01、TS02 来表示，生长季为 2014—2015 年，播种量 360kg/hm²，播种日期为 2014 年 10 月 3 日，收获日期为 2015 年 6 月 12 日，底肥基施复合肥（N - P₂O₅ - K₂O）850kg/hm²，拔节期追肥尿素 600kg/hm²，各处理施肥水平相同。北京大兴试验区分为充分灌溉和非充分灌溉分段受旱两类水分处理试验，其中充分灌溉试验区两个试验处理，分别用 DS01、DS02 来表示，生长季为 2014—2015 年，播种量 400kg/hm²，播种日期为 2014 年 10 月 8 日，收获日期为 2015 年 6 月 11 日。非充分灌溉分段受旱分两个生长季进行，2014—2015 年生长季 4 个试验处理，分别用 D1T1、D1T2、D1T3、D1T4 来表示，播种量 420kg/hm²，播种日期为 2014 年 10 月 8 日，收获日期为 2015 年 6 月 11 日。2015—2016 年生长季 3 个试验处理，分别用 D2T1、D2T2、D2T3 来表示，播种量 380kg/hm²，播种日期为 2015 年 10 月 12 日，收获日期为 2015 年 6 月 11 日。大兴试验区底肥基施复合肥（N - P₂O₅ - K₂O）800kg/hm²，拔节期追肥尿素 450kg/hm²，各试验处理施肥水平相同。本研究不涉及养分胁迫对作物产量的影响，因此保证肥力的充足，并且严格控制病虫害及杂草，保证非处理因子的一致性。所有试验区试验处理设 3 个重复，采用条播种植，深度 5cm，行距 15cm，灌水方式采用畦灌，各试验处理灌水方案见表 1。

表 1 　　　　　　　　　　　　冬小麦不同生长阶段各处理灌水方案　　　　　　　　　　　　单位：mm

处理编号	越冬期	返青期	拔节期	灌浆期	总灌水量
TS01	100	100	100	100	400
TS02	200	200	100	80	580
DS01	130	130	120	120	500
DS02	100	100	100	100	400
D1T1	60	0	0	0	60
D1T2	60	0	80	0	140
D1T3	60	80	0	0	140
D1T4	60	80	0	80	220
D2T1	60	80	0	0	140
D2T2	60	80	80	0	220
D2T3	60	80	80	60	280

2.2 DSSAT 模型及数据来源

本研究采用 DSSAT（农业技术转移决策系统）模型进行作物灌溉制度优化模拟研究。DSSAT 模型丰富的功能包可以协助模型的输入、参数的校验、批量试验处理结果的导出和分析等功能[4,13-14]。模型模拟需要的数据及数据来源如下。

(1) 气象数据：包括研究区冬小麦生育期（10 月至次年 6 月）的逐日降水量（mm），最低气温（℃），最高气温（℃），日照时数（h），数据来源于田间实测数据。

(2) 土壤数据：包括典型试验区各土层土壤颗粒组成、凋萎含水率（%）、田间持水率（%）、饱和含水率（%）、pH 值、阳离子交换量（cmol/kg）、饱和导水率（mm/h）、有机质（g/kg）、全氮（g/kg）、碱解氮（mg/kg）等土壤理化性质参数，数据来源于田间实测数据。

(3) 田间管理数据：包括各试验处理的播种日期、出苗日期、播种方式、播种间距（cm）、播种密度（Plant/m²）、出苗密度（Plant/m²）、畦田间距（m）、畦田角度（与正北方向的夹角）、播种深度（cm），以及施肥量及灌水量等，数据来源于田间实测数据。

(4) 作物生长期参数：①作物候期调查：调查并记录作物的播种、出苗、越冬、返青、拔节、抽穗、开花、灌浆、成熟和收获等 10 个关键物候期，当试验处理小区 50% 的作物出现该物候期特征时，记录达到该物候期的时间。②土壤水分测定：在各试验处理小区选取固定代表性测点，在 1m 深度内，每隔 20cm 钻土用铝盒取样，取样后回填钻孔。返青前每两周测定一次，返青后每周测定一次，采用烘干法 105℃ 烘至恒重测定土壤体积含水量（cm³/cm³）。③作物产量测定：收获时，每个试验处理小区选取 1m×2m 样方测产，测定样方株高、穗数，随机抽取 20 株测定平均穗粒数，所有样方人工脱粒后 105℃ 杀青 2h，80℃ 烘干至恒重后，每个试验处理随机选取 3 个 1000 粒测定千粒重（g）（含水量 13%），并换算产量（kg/hm²）。

2.3 模型参数率定方案

作物生长模型在应用之前，需要针对研究区域及受试作物品种进行参数验证，获得作物品种遗传参数来确定作物的生长和发育特征。本研究采用 DSSAT-GLUE 子程序模块，对研究区受试冬小麦品种"济麦-22"进行参数率定，主要参数及取值范围[15] 见表 2。

表 2　　　　　　　　　　　DSSAT 模型冬小麦品种遗传参数及取值范围

参　　数	缩写	描　　述	单位	取值范围
春化敏感系数	P1V	在适宜的温度下完成春化阶段所用的天数	d	5～65
光周期敏感系数	P1D	光周期敏感系数	%	0～95
灌浆期特性系数	P5	籽粒灌浆期累积温度	℃·d	300～800
穗粒数特性系数	G1	开花期单位株冠质量下的籽粒数量	No./g	15～30
标准籽粒重系数	G2	最佳条件下的单个标准籽粒干物质量	mg	20～65
成熟期单株茎穗重系数	G3	非胁迫条件下成熟期单株标准茎穗干物质量	g	1～2
出叶间隔特性参数	PHINT	完成一片叶生长所需的累积温度	℃·d	6～100

为了评估 DSSAT 模型整体的模拟精度，考虑到田间试验存在的"管理-环境-基因"交互作用的时间和空间变异性，采用交叉验证的方法，将参与率定和验证的试验处理数据分成两个子集，一个子集的数据进行模型参数率定，另一个子集的数据进行模型参数验证。通过该方法，可以对 DSSAT 模型在不同模拟情景下的模拟精度进行总体的评估，本研究制定了 4 种不同的参数率定-验证方案，以提高参数估计的效率，通过方案之间率定-验证效果的对比，以获取并采纳一种最优的方案，DSSAT 模型率定-验证方案组合见表 3。

表 3　　　　　　　　　　　DSSAT 模型率定-验证方案组合

方案	模型率定数据采用的处理编号	模型验证数据
1	DS01，DS02，TS01，TS02	其他剩余处理
2	D1T2，D2T2，D2T3	其他剩余处理
3	DS01，DS02，TS01，TS02，D1T1，D1T2，D1T3，D1T4	其他剩余处理
4	DS01，DS02，TS01，TS02，D1T2，D2T2，D2T3	其他剩余处理

3 结果与分析

3.1 参数率定结果

DSSAT 模型不同率定-验证方案下参数率定结果见表4。

表4 DSSAT 模型不同率定-验证方案下参数率定结果

方　案	参　数						
	P1V/d	P1D/%	P5/(℃·d)	G1/(No./g)	G2/mg	G3/g	PHINT/(℃·d)
1	23.8	93.9	774.0	24.0	41.5	1.5	110.8
2	59.0	94.9	720.0	21.3	38.6	1.4	88.0
3	48.7	95.0	728.2	21.9	41.5	1.3	77.7
4	25.4	94.6	758.7	23.0	40.6	1.8	90.5
方案1~4的均值	39.2	94.6	745.2	22.6	40.5	1.5	91.8
方案1~4的标准差	15.1	0.4	22.0	1.0	1.2	0.2	12.0
方案1~4的变异系数	38.5	0.4	3.0	4.5	2.9	13.6	13.1

由表4可知，7个冬小麦作物参数均在 DSSAT 模型参数取值范围内，其中春化敏感系数在4种不同的参数估计方案下，表现出较大的参数变异性，其变异系数达到了 38.5%，可以分析得出春化敏感系数，即在适宜的温度下完成春化阶段所用的天数，这一模型参数估计值对于冬小麦生长的气象、土壤、田间管理等生长环境的依赖较大。因此，在模型模拟及应用的过程中，如果作物的生长环境、田间管理措施等发生较大的变化，应对春化敏感系数这一参数进行重新估计。其他6个作物参数的变异系数均低于 15%，参数值较一致，可以理解为不同的生长环境及田间管理措施对"管理-环境-基因"交互作用较小，可以反映该受试作物 DSSAT 模型遗传特性，也说明了 DSSAT 模型的参数估计具有较好的可靠性及收敛性。

3.2 不同方案模拟值和实测值验证结果分析

通过 DSSAT-GLUE 参数估计程序，对作物品种遗传参数进行率定，得到了4种方案下的模型率定和验证结果。本文对不同方案的开花期（距播后天数，d）、成熟期（距播后天数，d）、单粒重（g）和产量（kg/hm²）的模型模拟值和试验观测值及其相对误差（RAE）进行对比分析。

综合比较4种方案下模型作物品种遗传参数率定的结果，作物物候期模拟和观测值的误差都很小，模拟误差均在 5d 以内，4种方案下开花期模型率定的相对误差分别为 1.4%、2.0%、1.2% 和 1.7%，模型验证的相对误差分别为 1.9%、1.5%、2.5% 和 1.7%，成熟期模型率定的相对误差分别为 0.1%、0.4%、0.4% 和 0.2%，模型验证的相对误差分别为 0.5%、0.5%、0.4% 和 0.6%，均低于 5%，说明 DSSAT 模型对于冬小麦生育期的模拟效果很好，可以很好地反映作物生长阶段及物候变化的规律。作物单粒重观测值和模拟值的误差也较小，4种方案下模型率定的相对误差分别为 5.9%、4.2%、5.0% 和 5.5%，模型验证的相对误差分别为 6.8%、7.3%、9.0% 和 6.3%，均低于 10%，说明 DSSAT 模型对于冬小麦单粒重的模拟效果较好，可以较好地反映作物的发育及生长过程。作物产量观测值和模拟值的误差稍大，4种方案下模型率定的相对误差分别为 18.4%、4.5%、17.8% 和 13.5%，模型验证的相对误差分别为 16.0%、20.5%、10.0% 和 22.2%，总体在 20% 以内，误差稍大的原因，首先可能是测产样本较少，不能全面反映试验处理的田间实际产量，其次可能是模型对于作物出苗率的模拟精度稍低，没有准确量化作物植株整体的产量构成，第三可能是抽穗期和灌浆期的水分胁迫对作物产量构成有较大影响，而 DSSAT 模型现有的水分胁迫因子对这一影响的描述还不够充分，没有准确量化水分胁迫与籽粒灌浆速率之间的关系。进一步考虑模型模拟输出的各作物品种遗传参数值总体的相对误差 RAE（%）和相对均方根误差 RRMSE（%），见表5。

总体而言，4种不同模型参数估计方案的总体相对误差和相对均方根误差都在 10% 以内，说明 DSSAT 模型对于受试冬小麦作物品种的模拟效果较好，模拟结果具有较好的稳定性和准确性。在4个方案内，方案2的模型率定和模型验证的相对误差及相对均方根误差分别为 2.8、3.1 和 7.5、9.7，相较于其他方案更好，可视为最理想的模型率定和验证方案。

表 5　　　　　　　　　不同方案下模型模拟精度比较　　　　　　　　　　%

方案	模 型 率 定		模 型 验 证	
	RAE	RRMSE	RAE	RRMSE
1	6.5	6.7	6.2	6.8
2	2.8	3.1	7.5	9.7
3	6.1	7.6	5.5	6.0
4	5.2	6.9	7.7	8.4

3.3　优选参数方案模拟结果分析

采用方案 2 下的 DSSAT 模型作物遗传参数，对各试验处理 0～80cm 土层的土壤水分含量进行分层模拟，分析各层土壤水分变化的模拟值和实测值差异，以确定 DSSAT 模型对于作物土壤水分动态变化过程的模拟精度。不同处理作物土壤含水率 DSSAT 模型模拟值与实测值对比分析见表 6。冬小麦作物根系主要分布土壤表层在 0～80cm 范围内[16]，其中 0～40cm 作物根系发达，根系数量及密度较大，为了表述简洁，本文只选取 10～20cm 土层的土壤含水率模拟值和实测值数据进行作图分析如图 1 所示。

表 6　　　　　不同处理作物土壤含水率 DSSAT 模型模拟值与实测值对比分析　　　　%

土层	0～10cm		10～20cm		20～40cm		40～80cm	
试验处理	RAE	RRMSE	RAE	RRMSE	RAE	RRMSE	RAE	RRMSE
TS01	10.3	12.4	8.8	9.0	6.2	7.6	/	/
TS02	11.4	12.6	9.6	11.3	6.4	7.1	/	/
DS01	19.5	20.3	11.4	13.1	8.1	9.5	4.8	6.3
DS02	23.5	27.5	12.8	16.4	8.0	11.1	4.8	7.0
D1T1	20.7	24.4	17.9	21.4	14.0	16.3	7.8	7.1
D1T2	20.6	24.4	15.2	18.3	13.2	14.7	5.9	7.1
D1T3	20.8	26.4	15.6	21.4	12.7	15.7	8.1	10.1
D1T4	17.9	20.8	14.3	15.9	9.4	10.6	4.0	4.4
D2T1	17.4	22.0	16.8	19.7	15.1	16.9	3.9	5.1
D2T2	18.2	21.5	14.7	17.3	12.7	14.7	3.0	3.7
D2T3	18.5	21.5	14.8	17.2	14.3	15.6	3.2	3.8

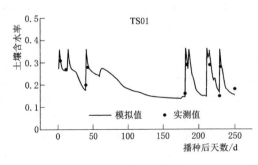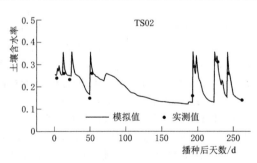

图 1（一）　不同处理作物 10～20cm 土壤含水率 DSSAT 模型模拟值与实测值对比

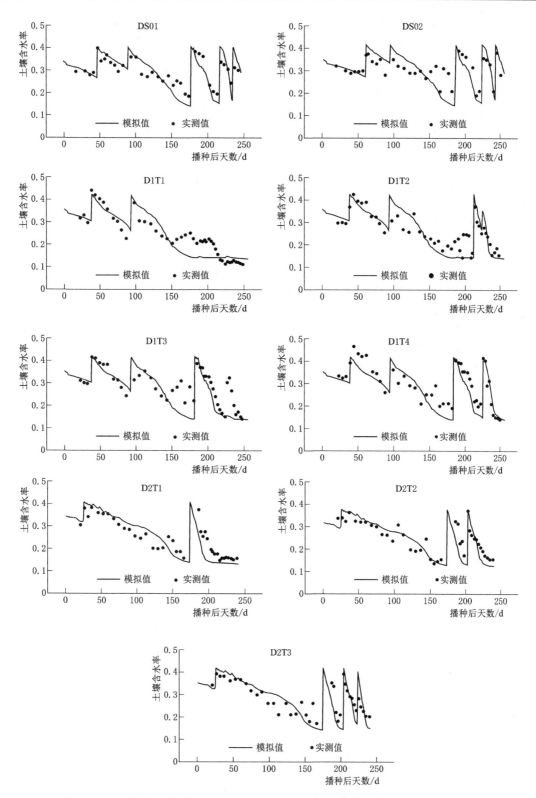

图 1（二） 不同处理作物 10～20cm 土壤含水率 DSSAT 模型模拟值与实测值对比

由表 6 和图 1 可以看出，DSSAT 模型对于作物土壤水分模拟的总体趋势基本正确，大部分田间实测值和模型模拟值吻合。就各土层模拟精度来看，土层深度越大，模拟精度越高，这是由于越靠近土壤表层，土壤水受气象、耕作等因素的扰动越大，造成模拟值和实测值的误差越大。就各水分处理来看，充分灌溉下 TS01、TS02、DS01、DS02 这 4 个处理模拟精度更好，水分胁迫越是严重的处理（D1T1、D1T2、D1T3、D2T1），模拟误差越大，尤其是在作物生长后期，模拟值往往低于实测值，说明 DSSAT 模型高估了作物水分胁迫程度，或者是低估了该生长阶段的土壤水分含量。总体而言，在 0～40cm 土层内，DSSAT 模型对于作物土壤水分模拟的精度较高，充分灌溉条件下模拟值与实测值的相对误差在 7.9%～13.1% 范围内，相对均方根误差在 9.2%～16.5% 范围内，非充分灌溉条件下的平均相对误差在 12.7%～16.6% 范围内，平均相对均方根误差在 14.5%～19.6% 范围内，40～80cm 土层内模拟值和实测值的相对误差和相对均方根误差都在 10% 以下，上述分析表明 DSSAT 模型可以较为准确地模拟优选作物遗传参数下研究区的土壤水分动态变化。

3.4　作物模型参数的确定及适应性评价

作物品种遗传参数是不同作物品种在作物生长模型中"基因"信息的表达，作物模型模拟运行的过程中，品种遗传参数的选取和应用直接影响着模型模拟的精度及结果，因此，参数的率定和确定对模型应用至关重要[17]。利用 DSSAT 模型内置的 GLUE 子程序模型进行参数率定，设置了 4 种不同的率定-验证方案，实质上代表着 4 种不同的作物生境系统，即"管理-环境-基因"交互作用。对比 4 组作物品种遗传参数，发现春化敏感系数 P1V（$CV > 20\%$），其变异性较其他 6 项参数较大，可以理解为受"管理-环境-基因"交互影响作用较大。其他 6 个品种遗传参数表现出较好的一致性，在 4 种率定验证方案下，其变异系数均小于 15%，说明受"管理-环境-基因"交互影响作用较小，具有"基因"信息特性。4 种方案下，采用方案 2 进行模型率定和验证，其误差及相对均方根误差最小，因此，本文选取方案 2 代表的作物品种遗产参数作为受试作物"济麦-22"品种的模型模拟应用参数，见表 7。

表 7　　　　　　　　　　DSSAT 模型"济麦-22"作物品种遗传参数

遗 传 参 数	缩 写	单 位	取 值
春化敏感系数	P1V	d	59.0
光周期敏感系数	P1D	%	94.9
灌浆期特性系数	P5	℃·d	720.0
穗粒数特性系数	G1	No./g	21.3
标准籽粒重系数	G2	mg	38.6
成熟期单株茎穗重系数	G3	g	1.4
出叶间隔特性参数	PHINT	℃·d	88.0

上述分析及研究表明，DSSAT 模型对于无水分及养分胁迫条件下的冬小麦生长发育和产量形成过程的模拟，具有较高的模拟精度，姚宁等[18] Thorp[19]、Dettori[20]、Langensiepen[21] 的研究成果显示了类似的结论。对于非充分灌溉及分段受旱的处理，作物籽粒质量及产量构成的模拟精度会随着作物受旱阶段的不同而不同，特别是水分胁迫发生在拔节期之后，模型模拟精度较低。总体而言，DSSAT 模型对于受试冬小麦作物品种的模拟效果较好，模拟结果具有较好的稳定性和准确性。

4　结论

本文利用连续两季冬小麦分段受旱试验数据来运行 DSSAT 模型，对比分析不同的模型参数估计和验证方案，基于交叉验证法，对作物模型参数进行率定，并进行了模型适用性评价，得出以下主要结论：

（1）作物品种遗传参数-春化敏感系数 P1V 的参数估计值（$CV > 20\%$）具有较大的变异性，受"管理-环境-基因"交互影响作用较大。如果作物的生长环境，尤其是水分环境发生较大变化时，建议对该参数重新估计，否则可能会出现较大的模拟误差。其他 6 个作物参数的变异系数均低于 15%，总体而言，DSSAT 模型的参数估计具有较好的可靠性及收敛性。

　　(2) 作物土壤水分变化的模拟，应用优选方案 2 下的作物遗传参数进行模拟，在 0～40cm 土层内，模型对于作物土壤水分模拟的精度较高，充分灌溉条件下模拟值与实测值的相对误差在 7.9%～13.1% 范围内，相对均方根误差在 9.2%～16.5% 范围内，非充分灌溉条件下模拟值与实测值的平均相对误差在 12.7%～16.6% 范围内，平均相对均方根误差在 14.5%～19.6% 范围内，40～80cm 土层内模拟值和实测值的相对误差和相对均方根误差都在 10% 以下，越远离土层表层，模拟精度越高。总体而言，DSSAT 模型可以较为准确地模拟作物土壤水分动态变化。

　　(3) 根据 4 种参数率定方案以及模型交叉验证的结果，作物物候期模拟精度很高，单粒重模拟精度较高，作物产量观测值和模拟值的误差较大。总体而言，模型参数率定后，各方案下模拟值和实测值的相对误差和相对均方根误差均低于 10%，说明 DSSAT 模型对于受试冬小麦作物品种的模拟效果较好，模拟结果具有较好的稳定性和准确性。在此基础上优选方案 2 率定的作物遗传品种参数，用于研究区冬小麦作物优化灌溉制度模拟下的物候期、作物水分利用情况、产量及产量构成因素的预测。

参 考 文 献

[1] 农业部. 新中国农业 60 年统计资料 [M]. 北京：中国农业出版社，2009.

[2] 吕厚荃. 中国主要农区重大农业气象灾害演变及其影响评估 [M]. 北京：气象出版社，2011.

[3] 矫梅燕，周广胜，陈振林. 农业应对气候变化蓝皮书：气候变化对中国农业影响评估报告 [M]. 北京：社会科学文献出版社，2014.

[4] JONES J W, HOOGENBOOM G, PORTER C H, et al. The DSSAT cropping system model [J]. European Journal of Agronomy, 2003, 18 (3.4)：235 – 265.

[5] HUNDAL S S, PRABHJYOT K. Application of the CERES – Wheat model to yield predictions in the irrigated plains of the Indian Punjab [J]. Journal of Agricultural Science, 1997, 129 13 – 19.

[6] MACROBERT J F, SAVAGE M J. The use of a crop simulation model for planning wheat irrigation in Zimbabwe [M] // Tsuji G. Y., Hoogenboom G., Thornton P. K.. Understanding Options for Agricultural Production. Netherlands；Kluwer Academic, 1998.

[7] TIMSINA J, GODWIN D, HUMPHREYS E, et al. Evaluation of options for increasing yield and water productivity of wheat in Punjab, India using the DSSAT – CSM – CERES – Wheat model [J]. Agricultural Water Management, 2008, 95：1066 – 1067.

[8] LIU H L, YANG J Y, TAN C S, et al. Simulating water content, crop yield and nitrate – N loss under free and controlled tile drainage with subsurface irrigation using the DSSAT model [J]. Agricultural Water Management, 2011, 98：1105 – 1110.

[9] YANG Y H, WATANABE M, ZHANG X Y, et al. Optimizing irrigation management for wheat to reduce groundwater depletion in the piedmont region of the Taihang Mountains in the North China Plain [J]. Agricultural Water Management, 2006, 85：25 – 45.

[10] YUAN Z J, SHEN Y J. Estimation of agricultural water consumption from meteorological and yield data：A case study of Hebei, North China [J]. PLoSOne, 2013, 8 (3)：e58685.

[11] HE J Q, CAI H J, BAI J P. Irrigation scheduling based on CERES – Wheat model for spring wheat production in the Minqin Oasis in Northwest China [J]. Agricultural Water Management, 2013, 128：19 – 31.

[12] 李月华，杨利华. 河北省冬小麦高产节水节肥栽培技术 [M]. 北京：中国农业科学技术出版社，2007.

[13] 杨晓慧，黄修桥，陈震，等. 基于 DSSAT 模拟的灌溉用水效率评价指标比较 [J]. 农业工程学报，2015，31 (24)：95 – 100.

[14] 史源，李益农，白美健，等. DSSAT 作物模型进展以及在农田水管理中的应用研究 [J]. 中国农村水利水电，2015 (1)：15 – 20.

[15] HOOGENBOOM G, WILKENS P W, THORNTON P K, et al. Decision support systemfor agrotechnology transfer v3.5 [R]. Honolulu, HI；University of Hawaii, 1999.

[16] 王淑芬，张喜英，裴冬. 不同供水条件对冬小麦根系分布产量及水分利用效率的影响 [J]. 农业工程学报，2006，22：27 – 32.

[17] 张艳红，马永良，廖树华. CERES – maize 模拟模型中品种参数优化方法研究 [J]. 中国农业大学学报，2004，9 (4)：24 – 31.

[18] 姚宁. 基于 CERES – Wheat 模型的冬小麦动态水分生产函数研究 [D]. 杨凌：西北农林科技大学，2015.

[19] THORP K R, HUNSAKER D J, FRENCH A N. Evaluation of the CSM – CROPSIM – CERES – Wheat model as a

　　　tool for crop water management [J]. Transactions of the ASABE, 2010, 53 (1): 87 – 97.

[20]　DETTORI M, CESARACCIO C, MOTRONI A. CERES – Wheat to simulate durum wheat production and phenology in Southern Sardinia, Italy [J]. Field Crops Research, 2011, 120 (1): 179 – 188.

[21]　LANGENSIEPEN M, HANUS H, SCHOOP P. CERES – wheat under North – German environmental conditions [J]. Agricultural Systems, 2008, 97 (1): 34 – 47.

历史变化环境下淮河上游流域水资源
植被承载力计算 *

张　钦[1]　刘赛艳[1]　解阳阳[1,2]　席海潮[1]　张永江[1]　胡华清[1]

（1. 扬州大学　水利科学与工程学院，扬州 225009；

2. 扬州大学　现代农村水利研究院，扬州 225009）

摘　要　淮河上游流域因气候变化和人类活动产生了严重的水土流失现象，亟须增加流域的植被覆盖率，因此确定流域水资源植被承载力的大小已成为植被恢复过程中的重点。本研究以淮河上游流域为研究区，构建以 SWAT - MODLOFW 耦合模型计算水资源植被承载力的方法。研究成果如下：①建立的 SWAT - MOFLOW 耦合模型中 SWAT 部分和 MODFLOW 部分均满足模型评价指标的精度要求，说明耦合模型能反映流域地表-地下水的实际变化情况；②研究区 2007—2020 年的水资源植被承载力呈上升趋势，且各年的水资源植被承载力主要出现在 6 月或 8 月。相比于其他的水资源植被承载力计算方法，本研究采用的耦合模型计算方法流域适用性更强，并且能计算长时间尺度和大尺度区域下的流域水资源植被承载力，可揭示流域水资源植被承载力的变化趋势，为流域的植被恢复提供科学依据。

关键词　水资源植被承载力；SWAT 模型；MODFLOW 模型；模型耦合

在暴雨多、植被稀疏等自然因素和毁草种地等人为因素的共同作用下，淮河上游流域出现了严重的水土流失现象[1-2]。恢复流域植被能改变流域的下垫面情况，降低汛期洪水的最大洪峰，有利于减轻流域的洪涝灾害，但过量恢复流域植被也会进一步加剧流域的水资源短缺问题[3]。因此，有必要深入研究区域水资源条件可维持多少植被健康生长和存续，即区域的水资源植被承载力问题。

以往有关水资源植被承载力的研究主要集中于某种植被能否在指定环境上生长以及能达到的最大密度是多少，并且均以小尺度样地为例。例如，王延平等[4] 以米脂县东沟流域内的试验基地为研究区，分析区域土壤水分补给量、土壤水分消耗量与植被生长之间的定量关系，以此计算研究区的水资源植被承载力；王宁等[5] 以蔡家川流域内的一小块刺槐人工林样地为研究区，研究区土壤水分能支撑的最大植被密度。因此，这些研究结果只能代表某一些小尺度区域的水资源植被承载力情况，未考虑大尺度区域上的水资源限制，不能满足研究大尺度区域水资源植被承载力的要求。此外，水资源承载力的计算方法均以线性优化为原理，能很好反映社会发展过程中消耗的水资源量[6]，但对大尺度区域来说，这些方法难以体现区域植被分布的空间异质性，难以用于计算区域水资源植被承载力。综上所述，本研究采用能模拟长时间尺度、大尺度区域以及流域最小水文单元的 SWAT - MODLOFW 耦合模型计算区域的水资源植被承载力。

淮河上游流域存在严重的水土流失问题，亟须恢复流域植被，改善生态环境，但盲目增加植被数目也会导致区域水资源不足以支撑植被发育而出现植被退化和枯死等问题。因此，本研究以淮河上游流域为研究区，构建以 SWAT - MODLOFW 耦合模型计算历史变化环境下大尺度区域水资源植被承载力的方法，分析历史变化环境下植被对水资源的响应规律，旨在为淮河上游流域植被保育和恢复提供合理的方案。

1　材料与方法

1.1　研究区概况

研究区面积约为 2.7 万 km²，气候属于亚热带与暖温带的过渡带，主要受夏季风影响，降雨年内分布不

* 基金项目：国家自然科学基金（52009116）；江苏省自然科学基金（BK20200959；BK20200958）；中国博士后科学基金（2018M642338）；扬州市软科学研究课题（2022187）。

第一作者简介：张钦（1998—　），男，湖南株洲人，硕士研究生，研究方向为水资源系统评价与优化。Email：1076810046@qq.com

通信作者：刘赛艳（1990—　），女，江西抚州人，讲师，研究方向为水文过程及水资源演变。Email：Liusaiyan@yzu.edu.cn

均，其中汛期 5—8 月的降水通常占全年降水总量的 60%～80%，且降雨量年际变化大，丰水年的雨季降雨量是贫水年雨季降雨量的 3～4 倍，独特的气候条件和地理位置导致该区域旱涝灾害频发[7]。

1.2　数据来源

（1）数字高程数据：来源于美国地质调查局提供的 30m 精度 ASTER 全球数字高程模型。

（2）土地利用数据：来源于中国科学院资源环境科学数据中心 2015 年土地利用数据，分辨率为 1km。

（3）土壤数据：来源于联合国粮食及农业组织构建的世界协调土壤数据库。

（4）水文气象数据：来源于中国气象数据网，包括降水、最高最低气温、太阳辐射等。

（5）实测径流数据：来源于河南省水文局的水文年鉴资料。

（6）不同岩性贮水率经验值、降雨补给系数、流域初始水头等数据：均来源于河南省地质勘察实测资料。

1.3　研究方法

1.3.1　模型耦合原理

SWAT－MODFLOW 耦合模型的基本过程是通过水文响应单元（HRU）和有限差分网格之间的映射关系，将 SWAT 模拟的深层入渗量作为面状补给分配到 MODFLOW 模型的相应网格单元上，以作为地下水模拟的边界条件。同时将 MODFLOW 所计算出的地下水排泄量，通过映射关系添加到 SWAT 模型的相应子流域流量中，从而实现 SWAT 与 MODFLOW 之间的数据双向传递和耦合[8]，耦合模型计算过程示意图见图 1。

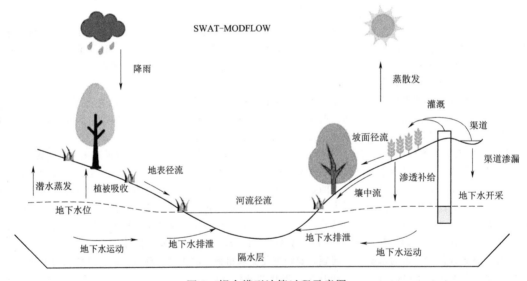

图 1　耦合模型计算过程示意图

1.3.2　SWAT 模型

SWAT 模型由是美国农业部开发的典型分布式水文模型，运行原理为将流域根据河流情况划分多个子流域，然后在各个子流域中根据土地利用情况、土壤类型等参数，将其划分为具有相同水文特性的水文响应单元（HRU），接着在每个 HRU 上运用水量平衡原理来求取净雨，再对子流域所有的 HRU 进行汇流演算，以此模拟子流域出口断面的径流量。SWAT 模型模拟的水文过程主要包括水循环的陆面过程和水面过程两部分。陆面过程是指流域的产流和坡面汇流过程，主要包括各子流域内主要河道的输水量。水面过程是指河道汇流过程，主要决定水从不同子流域河道流向流域出口断面的运移过程[9]。

1.3.3　MODFLOW 模型

地下水模拟系统是由美国地质调查局开发出来的三维有限差分软件，其综合了 MODFLOW 和 RT3D 等多种地下水模型优点。其原理为用基于网格的有限差分法来计算区域地下水位的三维数值模拟程序。它在空间和时间上，对研究区进行离散化划分，构建研究区内每个网格、每个时段的水均衡方程式，再把所有的网格方程组成一个线性方程组，对方程组进行迭代求解，最后求出网格单元的水头值[10]。

1.3.4 模型评价方法

本研究采用确定性系数 R^2 和纳什效率系数 E_{ns} 来评价模型的校准与验证效果。其中，E_{ns} 主要用于评价实测数据和模拟数据之间的拟合程度，R^2 表示实测数据和模拟数据趋势的一致性[11]。

2 研究区植被耗水量确定

2.1 研究区分区情况

研究区耕地面积占区域总面积的比例为 69%，城市植被的生长受人类活动影响非常大，所以适合城市种植的优势植被与自然森林的优势植被有较大的区别。因此，将研究区划分为自然森林区域和人类活动区域，其中自然森林区域是指两座城市中的自然森林面积，人类活动区域主要指两座城市的城市绿化区域，以此更加准确地计算研究区的水资源植被承载力。

2.2 研究区生态需水分析

（1）自然森林区域植被分布与结构特征。根据调查资料可知，研究区内的自然森林主要位于淮河源，优势植被类型主要分为马尾松、杨树和杉木 3 种[12]，优势植被类型的种植面积和密度见表 1。

表 1 优势植被类型的种植面积和密度

植被类型	马尾松	杨树	杉木
面积/hm^2	39650	2927	7449
密度/(株/hm^2)	1988	912	5000

因此，本研究以上述植被类型作为承载对象，按照其植被密度的比值确定各植被类型的种植比例为 2 : 1 : 5，即每种植 1 株杨树，要种 2 株马尾松，5 株杉木，以此研究自然森林区域内的水资源植被承载力。

（2）人类活动区域植被分布与结构特征。对人类活动区域的植被情况进行调查可知，区域内植被主要为香樟、小叶女贞和雪松，因此按照其密度比例，确定各植被类型在区域内的种植比例为 1 : 5 : 1，即每种 1 株香樟，要种 5 株小叶女贞，1 株雪松。

（3）研究区植被耗水量确定。植被在不同月份的生长需水情况有非常大的不同。植被在生长季 5—9 月的需水量极大，在非生长季 10 月至次年 4 月的需水量则非常少。此外，植被的树龄、胸径等因素也会影响植被的蒸散发量，对于同一种植株，未退化、处于生长旺盛状态的植株其生长季耗水量可以达到退化植株耗水量的两倍以上。因此，为保证在达到水资源植被承载力的情况下，不会因植被生长发育导致植被耗水进一步增加，使得流域出现水资源短缺的情况，本研究选取优势植株耗水量处于生长过程中最高阶段，并设置研究时段为 5—9 月，以此研究区域的水资源植被承载力。两区域不同植被耗水量见表 2[13-15]。

表 2 自然森林区域和人类活动区域不同植被生长季每月耗水量

月份	杨树/kg	马尾松/kg	杉木/kg	香樟/kg	小叶女贞/kg	雪松/kg	草地/mm
5	1582.2	929.1	281.2	281.2	135.7	135.7	35.0
6	1971.6	880.2	713.7	713.7	115.0	115.0	41.3
7	2483.5	1254.0	342.1	342.1	113.9	113.9	47.3
8	2810.4	1306.7	457.7	457.7	96.7	96.7	66.9
9	1951.1	1037.1	167.2	167.2	97.5	97.5	66.2

3 结果与分析

3.1 SWAT 模型在淮河上游流域的率定与验证

3.1.1 SWAT 模型的校准与验证

本研究以月为尺度进行研究区内的径流模拟过程，预热期为 3 年，率定期为 2000 年 1 月至 2003 年 12 月，验证期为 2004 年 1 月至 2010 年 12 月，并借助 SWAT-CUP 软件对 SWAT 模型进行敏感性分析、校准和验证，通过参数敏感性分析和多次迭代，最终确定模型的最优参数，模拟精度结果见表 3。

表 3 　　　　　　　　　　　　　　模 拟 结 果 精 度 表

模拟期	R^2	E_{ns}	月平均径流量/（m³/s）	
			实测值	模拟值
率定期	0.85	0.85	117.68	116.83
验证期	0.87	0.69	124.34	144.05

由表 3 可知，SWAT 模型在径流模拟率定期的 R^2 为 0.85，E_{ns} 为 0.85；验证期的 R^2 为 0.87，E_{ns} 为 0.69，结果表明模型具有较高的精度，能够较好地反应研究区实际径流量。

3.1.2　MODFLOW 模型的率定与验证

本研究以月为尺度进行研究区内的地下水位模拟，选取模拟期为 2000 年 1 月至 2010 年 12 月，对模拟结果采用 2000 年 1 月至 2003 年 12 月的实测地下水数据进行率定，选用研究区 2004 年 1 月至 2010 年 12 月的实测地下水位资料对模拟结果进行验证，率定与验证结果见表 4。

表 4 　　　　　　　　　　不同分区水文地质参数率定值与评价结果

名称	渗透系数 K/（m/d）	贮水率 S/（L/m）	给水度	降雨入渗补给系数	R^2	E_{ns}
基岩山区	2.50	2.7×10^{-4}	0.028	0.08	0.88	0.87
平原区	9.64	5.6×10^{-4}	0.051	0.34	0.81	0.76

由表 4 可知，基岩山区和平原区的 R^2 分别为 0.88 和 0.81，E_{ns} 分别为 0.87 和 0.76。因此，模型能较好地反应研究区地下水的实际变化情况，并且基岩山区地下水位的拟合情况比平原区好，其原因在于平原区是我国重要的粮食生产基地，土地利用类型 70% 以上基本为耕地，农业用水量极大，因此地下水开采极为频繁，导致平原区地下水位下降比较严重，地下水位受到人类活动的强烈影响，使得地下水位模拟结果较差[16]。

3.2　淮河上游土壤水计算

土壤水含量不仅能促进植物的发育，也能制约植被生长。为快速恢复流域植被密度，忽视流域土壤水的承载力而盲目种植大量植被，会打破流域的生态平衡状态，从而出现一系列生态问题。因此，本研究基于耦合模型的计算结果，采用数值模拟方向上的水量平衡方法模拟研究区内土壤水情况，计算结果见图 2。由图 2 可知，2007—2020 年的自然森林区域和人类活动区域的土壤水量有明显的波动变化，但没有明显增长或减少趋势，并且自然森林区域的土壤水量大于人类活动区域。其原因在于研究区的土壤水量主要来源于流域的

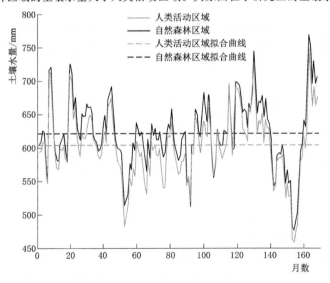

图 2　2007—2020 年研究区土壤水变化情况

降水量，而研究区降水量年际变化大，极容易出现当前年份降水量极大，而下一年份降水量极小，丰水年雨季雨量是贫水年雨季雨量的 3～4 倍，导致了研究区土壤水量年际变化大。此外，研究区是我国重要的粮食供给地区，因此种植了大量农作物，因此人类活动区域土壤水量小于自然森林区域。

3.3 淮河上游流域水资源植被承载力计算与分析

3.3.1 自然森林区域水资源植被承载力

根据优势植被的种植比例以及在生长季的耗水量（kg），除以自然森林区域的面积（4706km²），得到植被组合在流域层次上的耗水量大小（mm）。此外，杨树、马尾松和杉木均属于根系较长的树种，且研究区地下水埋藏较浅，因此优势植被在生长和发育的过程中不仅利用土壤水，还会吸收浅层地下水。根据调查资料，将各树种地下水的利用情况选取为：杨树耗水量的 25% 直接来源于地下水，马尾松耗水量的 30% 直接来源于地下水，杉木耗水量的 20% 直接来源于地下水。通过上述结果计算自然森林区域各年 5—9 月的优势植株密度，并选取每年 5—9 月中优势植株密度最小值作为该年的水资源植被承载力。计算结果见表 5。

表 5　　　　自然森林区域历史时期的水资源植被承载力与地下水耗水量比重

时　间	植株密度/（株/hm²）			地下水耗水量比重/%
	杨树	马尾松	杉木	
2007 年 6 月	761	380	1901	9.5
2008 年 6 月	854	427	2134	10.4
2009 年 8 月	1023	512	2559	13.6
2010 年 6 月	1003	501	2507	12.0
2011 年 6 月	650	325	1625	8.5
2012 年 8 月	757	379	1893	10.1
2013 年 8 月	907	453	2266	12.6
2014 年 8 月	502	251	1255	7.8
2015 年 8 月	889	445	2223	12.0
2016 年 6 月	1004	502	2511	12.8
2017 年 8 月	1002	501	2504	14.0
2018 年 8 月	890	445	2224	11.8
2019 年 8 月	641	321	1604	9.8
2020 年 6 月	1185	593	2964	15.8

由表 5 可知，自然森林区域的水资源植被承载力呈上升趋势，并且主要出现在 6 月或 8 月。原因在于 6 月属于自然森林区域夏季刚开始的月份，气温和降水相比于春季有很大程度的增加，导致区域内植被的蒸散发量也随之增加，但区域降水的年内分配极为不均，降水主要集中在 6—8 月，而 9 月至次年 5 月的降水非常少，使得流域土壤前期蓄水量不够，无法支撑植被急剧增加的蒸散发量，导致 6 月水资源植被承载力在大多数情况下比其他月份小；8 月则是夏季末期，降雨量有较大幅度的下降但气温未有明显下降，因此当 8 月降水减少时，流域所能承载的植被密度也会下降。此外，当水资源植被承载力达到流域上限时，区域植被消耗的地下水量占总地下水量的比例只有一年超过 15%，这表明研究区内优势植被种植密度达到计算的水资源植被承载力的情况下，不会过度消耗地下水，保证了生态环境的稳定。

3.3.2 人类活动区域水资源植被承载力

根据调查资料对植被地下水消耗量进行概化，确定香樟耗水量的 30% 直接来源于地下水，小叶女贞不直接消耗地下水，雪松耗水量的 15% 直接来源于地下水。此外，城市是一个大型的人类聚居地，为了满足人类生活需要，它对住房、交通和公用事业等人类生活用地有着非常强烈的需求，因此城市的植被种植面积不能直接覆盖整个城市面积，需要根据实际情况和发展规划进行设置。本研究采用驻马店市和信阳市统计年鉴中城市绿化面积作为种植优势植株的面积，并将植株组合在 5—9 月的耗水量（kg）除以不同年份的城市绿化面积，得到植株组合在整个区域上的耗水量（mm），以此计算人类活动区域各年 5—9 月的优势植株密度，并选取每年 5—9 月中优势植株密度最小值作为该年的水资源植被承载力，城市绿化面积见图 3，计算结果见表 6。

表 6　　　　　　　　人类活动区域历史时期的水资源植被承载力与地下水耗水量比重

时　间	植株密度/（株/hm²）			地下水耗水量比重/%
	香樟	小叶女贞	雪松	
2007 年 6 月	1747	8736	1747	5.8
2008 年 6 月	2029	10143	2029	6.4
2009 年 8 月	2495	12473	2495	7.8
2010 年 6 月	2263	11317	2263	6.9
2011 年 6 月	1328	6642	1328	4.6
2012 年 8 月	1615	8074	1615	5.4
2013 年 8 月	2067	10334	2067	3.1
2014 年 8 月	1675	8374	1675	3.8
2015 年 8 月	2350	11752	2350	7.3
2016 年 6 月	2367	11834	2367	7.3
2017 年 8 月	2287	11437	2287	7.4
2018 年 8 月	2462	12308	2462	6.9
2019 年 8 月	1390	6951	1390	1.4
2020 年 6 月	2571	12857	2571	8.7

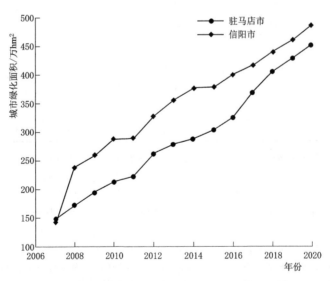

图 3　2007—2020 年人类活动区域城市绿化面积

由表 6 可知，人类活动区域的水资源植被承载力呈上升趋势，并且主要出现在 6 月或 8 月。其原因在于人类活动区域是我国重要的粮食基地，种植了大量耗水农作物，例如冬小麦、夏水稻等（冬小麦和夏水稻的成熟时间分别为 8—9 月和 5—6 月），这些农作物的成熟消耗了大量土壤水，并且由于区域降雨和温度变化与自然森林区域基本一致，导致人类活动区域的水资源植被承载力也主要出现在 6 月或 8 月。

由图 3 可知，驻马店市和信阳市的城市绿化面积呈显著上升趋势，这是由于随着"绿水青山就是金山银山"的理念被提出，我国开始大力保护和恢复城市的生态环境，提高城市的植被覆盖率，使得城市绿化面积呈显著上升趋势。此外，信阳市面积比驻马店市面积大 25％左右，因此信阳市城市绿化面积要比驻马店市城市绿化面积大。

4 讨论

SWAT 模型已在中国各大流域得到了广泛的应用并取得了满意的效果，但 SWAT 模型更关注流域地表水的拟合过程，却忽略了地下水位的模拟，这限制了模型在地表水-地下水转换频繁和复杂的流域，模拟真实水文变化情况的能力[11]。考虑到淮河上游流域地表水-地下水转换频繁，因此本研究将地表水与地下水作为统一整体进行建模，拟在研究区建立 SWAT-MODLFOW 耦合模型模拟流域水文过程。根据耦合模型的率定和验证结果可知，构建的耦合模型能很好地反应流域的实际水文变化情况。

以往的研究主要停留于计算特定环境下的静态水资源植被承载力。例如，刘建立等[17] 利用多年平均降雨和土壤水等数据，建立了与植被密度相关的回归方程，以此计算区域水资源植被承载力，但流域水资源植被承载力并非定值，而是在水热耦合平衡作用下随着气候和人类活动而变化，所以这些研究未能明确揭示变化环境下大尺度流域的水资源植被承载力变化[4-5]。因此，本研究采用 SWAT-MODFLOW 耦合模型计算了研究区 2007—2020 年各年的水资源植被承载力情况，并以此分析历史变化环境下流域水资源植被承载力的变化情况。

5 结论

（1）建立 SWAT-MODFLOW 耦合模型。使用 SWAT 模拟流域径流，率定期和验证期的 R^2 分别为 0.85、0.87，E_{ns} 分别为 0.85、0.69，根据 MODFLOW 模拟流域地下水位，结果为基岩山区和平原区的 R^2 分别为 0.88、0.81，E_{ns} 分别为 0.87、0.76，说明耦合模型能代表流域地表-地下水的实际变化情况。

（2）使用 SWAT-MODFLOW 耦合模型计算研究区 2007—2020 年的水资源植被承载力，结果表明，研究的水资源植被承载力随时间呈上升趋势。自然森林区域多年平均水资源植被承载力为：可承载杨树、杉木和马尾松的种植密度分别为 862 株/hm²、2155 株/hm²、431 株/hm²；人类活动区域多年均值为：可承载香樟、小叶女贞、雪松分别为 2046 株/hm²、10231 株/hm²、2046 株/hm²。

参 考 文 献

［1］ 陈芸芸，宋耘，李琼芳，等. 淮河上游土地利用变化对次洪的影响［J］. 水资源保护，2016，32（5）：24-28.

［2］ WEI C, DONG X H, YU D, et al. An alternative to the Grain for Green Program for soil and water conservation in the upper Huaihe River basin, China［J］. Journal of Hydrology: Regional Studies, 2022, 538（43）: 726-742.

［3］ FARLEY K A, JOBBAGY E G, JACKSON R B. Effects of afforestation on water yield: A global synthesis with implications for policy［J］. Global Change Biology, 2005, 11（10）: 1565-1576.

［4］ 王延平，邵明安. 陕北黄土丘陵沟壑区杏林地土壤水分植被承载力［J］. 林业科学，2009，45（12）：1-7.

［5］ 王宁，毕华兴，郭孟霞，等. 晋西黄土残塬沟壑区刺槐人工林土壤水分植被承载力研究［J］. 水土保持学报，2019，33（6）：213-219.

［6］ 段春青，刘昌明，陈晓楠，等. 区域水资源承载力概念及研究方法的探讨［J］. 地理学报，2010，65（1）：82-90.

［7］ 方国华，涂玉虹，闻昕，等. 1961—2015 年淮河流域气象干旱发展过程和演变特征研究［J］. 水利学报，2019，50（5）：598-611.

［8］ HANIYEH S, SAMAN J, REZA M E, et al. Compilation simulation of surface water and groundwater resources using the SWAT-MODFLOW model for a karstic basin in Iran［J］. Hydrogeology Journal, 2023, 31（3）: 571-587.

［9］ LOURDES M F, KWANSUE J. Impacts of spatial interpolation methods on daily streamflow predictions with SWAT［J］. Water, 2022, 14（20）: 3340.

［10］ 薛联青，杨明杰，廖淑敏. 间歇性输水条件下塔里木河下游地下水时空变化模拟［J］. 水资源保护，2023，39（2）：25-30.

［11］ SUN J Q, YAN H F, BAO Z X, et al. Investigating impacts of climate change on runoff from the Qinhuai River by using the SWAT Model and CMIP6 Scenarios［J］. Water, 2022, 14（11）: 1778.

［12］ 董卉卉，孟岩，王晶，等. 淮河源主要林地森林覆盖率及蓄积量特征分析［J］. 南方农业，2019，13（18）：

　　　　102 - 103.

[13]　苗博，孟平，张劲松，等. 基于稳定同位素和热扩散技术的张北杨树水分关系差异 [J]. 应用生态学报，2017，28
　　　　(7)：2111 - 2118.

[14]　竹磊. 暖温带马尾松树干液流特征及其影响因子研究 [D]. 郑州：河南科技大学，2022.

[15]　谭一波. 杉木人工林蒸腾特征研究 [D]. 长沙：中南林业科技大学，2008.

[16]　吴鑫，孙伯明，陈菁，等. 基于 Visual MODFLOW 的挠力河流域地下水数值模拟与预测分析 [J]. 水电能源科学，
　　　　2020，38 (12)：37 - 40.

[17]　刘建立，王彦辉，于澎涛，等. 六盘山叠叠沟小流域典型坡面土壤水分的植被承载力 [J]. 植物生态学报，2009，
　　　　33 (6)：1101 - 1111.

环境因子和生物因子共同驱动了中国
羊草群落地上生物量

要振宇[1,2]

（1. 中国水利水电科学研究院　内蒙古阴山北麓草原生态水文国家野外科学观测研究站，北京 100038；
2. 水利部牧区水利科学研究所，呼和浩特 010020）

摘　要　植物地上生物量一直是生态学家研究的热点。分析量化生物因素和环境因素与群落地上生物量的关系，对于评估生态系统碳储量和了解全球气候变化下的碳动态至关重要。羊草群系是欧亚大陆草原区东部连续分布的特有类型，然而在大尺度区域很少将生物因素与环境因素结合对自然羊草系的地上生物量进行研究。本研究调查了 123 个分布在中国的羊草样地。结果表明：羊草群系地上生物量平均值为 $160.9 g/m^2$，物种丰富度平均值为 24 种/样地。羊草草甸的生物量和丰富度均为最高，典型草原最低。草甸地上生物量与坡度和盖度呈正相关关系。草甸草原地上生物量与坡度呈正相关关系，与均匀度呈负相关关系。典型草原地上生物量与盖度、年降水和坡度呈正相关关系。整个羊草群系的地上生物量与盖度、年降水和坡度呈正相关关系，与海拔和均匀度呈负相关关系。本研究发现生物因素和环境因素对羊草群系的地上生物量都有影响，而且在群落中生态位互补效应和选择效应均有体现。此外，除草甸草原外，盖度是群落地上生物的最佳估算因子。本研究结果有助于草地和牧场的科学管理和经营，对于提高牧草产量以及退化草原的修复和重建均有重要参考作用。

关键词　羊草群落；地上生物量；生物因子；环境因子

植物地上生物量是生产力的最直接体现，也是生态学家研究的热点问题[1-4]。植物地上生物量与许多生态过程相关，如初级生产力、养分循环、木材生产、动物生物量、次级生产力和畜牧饲料等[4-5]。因此分析量化生物因素和非生物因素与群落地上生物量的关系，对于评估生态系统碳储量和了解全球气候变化下的碳动态至关重要[6-7]。

物种丰富度与生产力的关系是理解生态系统功能的核心内容，生态学家们已经提出许多物种丰富度与生产力的关系，如：正相关、负相关，驼型，单峰、u型相关或者没有关系，这些关系随着尺度和环境的变化而变化，而且不同植被类型之间物种丰富度与生产力的关系也不同[8-9]。有研究表明，在植物群落中物种均匀度是和物种丰富度同等或更重要的部分，而且均匀度还可以与物种丰富度相互结合影响生态过程，如物种丰富度和均匀度对光截获效率具有重要的交互作用，这些都可以影响植物生产力。此外，群落盖度也是影响地上生物量的另一个重要生物因素。通常，盖度高的植物群落可能比盖度低的植物群落使用更多的环境资源，同时许多研究也表明盖度是干旱区草原植物地上生物量的可靠预测因子[5]。有研究表明群落盖度与生物多样性有内在的联系，如在伊朗的半草原牧场发现盖度与物种丰富度呈正相关关系，这两个因素的结合极大地提高了植物地上生物量[10]。因此在同一群系的不同草地类型，盖度是否为生物量最佳的预测因子的研究有待进一步研究。

除生物因素外，年均温、年降水、海拔和坡度等环境因子也是影响群落地上生物量的重要因素。已有研究表明，年降水是草地生产力的主要驱动因子[11]。而年均温并未有普遍的规律，如在寒冷的区域，低温是植物生长发育的主要限制因子，温度的升高促进生物量的提高，而在温暖的区域，温度的升高可能对生物量产生负面的影响[12]。此外地形因素可以通过调节水分、辐射和温度等对群落地上生物量产生影响。在中高纬度地区，坡度是决定生态条件的重要因素，坡度对地面植物接收太阳辐射量有重要影响，并在不同地形条件下可以形成小气候[13]。海拔也是影响植物地上生物量的另一个环境因子，不同海拔梯度下降水和温度等环境因子都不同，同时海拔也能反映其他的环境因素，如土壤水分和养分的可用性等[14-16]。

鉴于此，我们将羊草群系作为研究对象，对其群落地上生物量进行研究。拟解决以下问题：①中国羊草

第一作者简介：要振宇（1992—　），男，内蒙古呼和浩特人，工程师，主要从事植被生态学与植物分类学工作。
Email：yaozhenyu1026@1026.com

群系的不同草地类型的地上生物量和物种丰富度特征；②生物和环境因素与羊草群系的地上生物量的关系；③生物因素和非环境因素对羊草群系不同草地类型的地上生物量是否有相同的影响。

1　研究概况与研究方法

1.1　研究区概况

本研究区位于东经 109°37′～125°16′、北纬 38°56′～50°31′范围内，横跨黄土高原、内蒙古高原和东北平原，海拔西高东低，从 2023m 下降到 129m，该地区属温带大陆性气候，年均温为 -2.9～7.9℃，年降水量变化较大，降水主要集中在植物生长季，从西部的 209mm 到东部的 498mm，土壤类型主要有栗钙土、黑钙土、盐碱化草甸土和黄绵土。植被类型由西向东依次为荒漠草原、典型草原、草甸草原以及草甸。

1.2　材料与方法

整理之前的数据，以及在 2017 年和 2020 年植物长势最好时进行野外群落调查工作。首先选择以羊草为建群种的草地作为样地，然后随机选取建立 3 个 1m×1m 的样方，记录每个样方的群落总盖度、物种组成以及样方内每一物种的高度、盖度和密度，并剪取收获样方内每一物种，带回实验室在 65℃条件下烘干至恒重，然后分别称取物种的重量，3 个样方的平均地上生物量被用来衡量每个样地的群落生产力。

物种丰富度是指每个样地内每个植物生长型或整个群落的物种数量。

$$J = \frac{Hs}{\ln s} \tag{1}$$

式中：J 为物种均匀度；s 为物种总数；Hs 为香农维纳指数。

$$Hs = -\sum_{i=1}^{s} P_i \times \ln P_i \tag{2}$$

式中：P_i 为重要值，是样方内第 i 个物种的相对地上生物量。从 WorldClim 数据库以 30s（~1km）的分辨率获得了年平均气温和年降水量。我们提取的数据表示 1970—2000 年的平均值，使用 GPS 测量每个样地的地理位置和海拔，使用 ArcGIS 提取了样地的坡度。

使用最小二乘法分析了羊草群落地上生物量与生物因子和环境因子的关系。为了消除空间相关性也进行了空间自相关分析。基于双变量关系选择权重前两位的环境因子与所有生物因子构建结构方程模型（SEM），其中包括直接途径和间接途径（通过改变生物因子）。在统计分析时所有数据均进行标准化（标准差＝1，平均值为 0）。使用 R 软件中的 vegan、MuMIn、leaps、car 和 spdep 进行了多样性计算。使用 IBM SPSS AMOS 19.0 软件进行 SEM 分析。

2　结果与分析

2.1　羊草群系地上生物量和物种丰富度特征

羊草群系的地上生物量最大值为 490.8g/m²，最小值为 28.5g/m²，平均值为 160.9g/m²，丰富度最大值为 49 种/样地，最小值为 6 种/样地，平均值为 24 种/样地，其中羊草草甸的地上生物量最高。羊草典型草原的地上生物量最低，且与其他两个类型差异显著。羊草草甸草原物种丰富度均最高，与其他两个草地类型差异显著（图 1）。

2.2　羊草群系地上生物量与生物因素和环境因素的关系

通过普通最小二乘法和空间自回归发现同样的趋势，在典型草原地上生物量与盖度、年降水和坡度呈显著正相关关系。在草甸草原中，地上生物量与物种丰富度和均匀度呈显著负相关关系，与坡度呈显著正相关关系。在草甸中，地上生物量与年均温、年降水和坡度呈显著正相关关系，与盖度呈正相关关系。在整个群系中，地上生物量与盖度、年降水和坡度呈显著正相关关系，与海拔和均匀度呈显著负相关关系（表 1 和图 2）。

通过结构方程模型分析地上生物量的多元因果关系，结果表明，典型草原和整个群系有一致的结果，年降水、盖度和坡度是地上生物量的直接影响因子。但年降水也可以通过影响盖度间接影响地上生物量。在草甸草原中，只有物种均匀度和坡度对地上生物量有直接影响，随着均匀度的增加地上生物量减少，相反随着坡度的增加，地上生物量增多。在草甸中，地上生物量仅与盖度呈正相关关系。

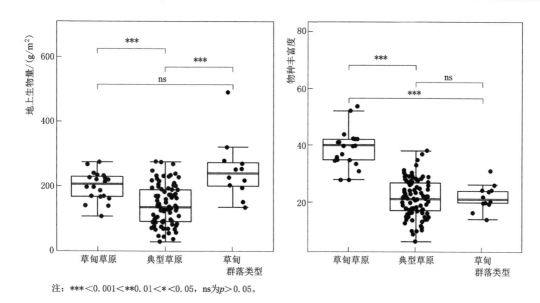

注：***<0.001<**0.01<*<0.05，ns为p>0.05。

图 1　羊草群落地上生物量和物种丰富度

表 1　　　　　　群落地上生物量与各因子的普通最小二乘法和空间自回归

因子	典型草原				草甸草原				草　甸				整个群落			
	Coef	R^2_{ols}	Coef	R^2_{sar}	Coef	R^2_{ols}	Coef	R^2_{sar}	Coef	R^2_{ols}	Coef	R^2_{sar}	Coef	R^2_{ols}	Coef	R^2_{sar}
物种丰富度	0.19	0.03	0.07	0.12	−0.41	0.17	−0.42	0.19 *	−0.13	0.02	−0.13	0.02	0.22	0.05 *	0.04	0.21
群落盖度	0.6	0.36 ***	0.57	0.38 ***	−0.05	0	−0.1		0.36	0.13	0.38	0.13	0.57	0.32 ***	0.52	0.38 ***
物种均匀度	−0.03	0	−0.14	0.14	−0.55	0.31 **	−0.56	0.34 ***	−0.29	0.08	−0.29	0.05	−0.13	0.02	−0.24	0.25 **
海拔	0.05	0	0.06	0.12	−0.03	0	−0.08	0.01	−0.27	0.07	−0.35	0.08	−0.33	0.11 ***	−0.3	0.24
年降水	0.47	0.22 ***	0.49	0.25 ***	0.09		0.09		0.57	0.33	0.68	0.35 **	0.59	0.34 ***	0.64	0.39 ***
年均温	0.12	0.01	−0.14	0.13	0.15	0.02	0.15	0.02	0.64	0.41 *	0.78	0.45 ***	0	0	0.03	0.21
坡度	0.31	0.1 **	0.3	0.2 **	0.45	0.2 *	0.45	0.2 *	0.82	0.67 **	0.82	0.68 ***	0.27	0.07 **	0.26	0.28 ***

注　***<0.01<**<0.01<*<0.05。

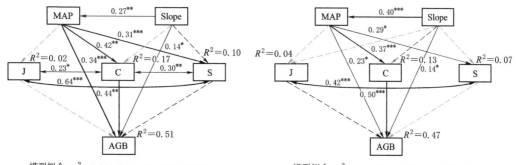

模型拟合：χ^2=0.014，P=0.905，df=1，CFI=1

（a）整个羊草群落

模型拟合：χ^2=1.75，P=0.417，df=2，CFI=1

（b）羊草典型草原

图 2（一）　环境因子和生物因子对群落地上生物量的影响的结构方程模型

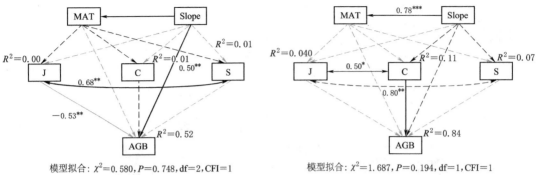

模型拟合：$\chi^2 = 0.580, P = 0.748, df = 2, CFI = 1$
（c）羊草草甸草原

模型拟合：$\chi^2 = 1.687, P = 0.194, df = 1, CFI = 1$
（d）羊草草甸

MAP—年降水；MAT—年均温；Slope—坡度；J—物种均匀度；C—群落平均盖度；
S—物种丰富度；AGB—地上生物量

图 2（二）　环境因子和生物因子对群落地上生物量的影响的结构方程模型

3　结论

　　本研究对大尺度下连续分布的同一群系不同草地类型和整个群系的地上生物量的驱动因素进行分析。研究结果表明，羊草群系的地上生物量由生物因素和环境因素共同驱动，但在不同草地类型和整个群系中，生物因素的影响更明显；其次，除草甸草原外，生物量均随着植物盖度和年降水的增加而增加，且均匀度与所有类型的地上生物量均呈负相关关系，综合看出生态位互补效应和选择效应均有体现；坡度与所有草地类型和整个群系地上生物量均呈正相关关系，是羊草群系地上生物量的重要影响因素。本研究结果为湿润、半湿润以及干旱区域草地生物量评估提供了新的见解，将有助于草地生态的管理和建设。

参 考 文 献

[1] 夏停停，苏比努尔·吾麦尔江，于昭文，等. 不同利用方式对天山北坡中段山地草甸草地植物生物量分布的影响 [J]. 新疆农业科学，2023，60（4）：974 - 981.

[2] 王公鑫，井长青，董萍，等. 新疆荒漠草地地上和地下生物量分配格局 [J]. 草业科学，2023，40（5）：1201 - 1209.

[3] AMMER C. Diversity and forest productivity in a changing climate [J]. New Phytologist, 2019, 221 (1)：50 - 66.

[4] SANAEI A, LI M S, ALI A. Topography, grazing, and soil textures control over rangelands' vegetation quantity and quality [J]. Science of The Total Environment, 2019, 697 (C)：134153.

[5] CONTI G, DIAZ S. Plant functional diversity and carbon storage – an empirical test in semi – arid forest ecosystems [J]. Journal of Ecology, 2013, 101 (1)：18 - 28.

[6] FRASER L H, JENTSCH A, STERNBERG M. What drives plant species diversity? A global distributed test of the unimodal relationship between herbaceous species richness and plant biomass [J]. Journal of Vegetation Science, 2014, 25 (5)：1160 - 1166.

[7] GRACE J B, ANDERSON T M, SEABLOOM E W, etc. Integrative modelling reveals mechanisms linking productivity and plant species richness [J]. Nature, 2016, 529 (7586)：390 - 393.

[8] 马文红，杨元合，贺金生，等. 内蒙古温带草地生物量及其与环境因子的关系 [J]. 中国科学（C辑：生命科学），2008 (1)：84 - 92.

[9] MITTELBACH G G, STEINER C F, SCHEINER S M, et al. What is the observed relationship between species richness and productivity? [J]. Ecology, 2001, 82 (9)：2381 - 2396.

[10] SANAEI A, ALI A, CHAHOUKI M A Z, et al. Plant coverage is a potential ecological indicator for species diversity and aboveground biomass in semi – steppe rangelands [J]. Ecological Indicators, 2018, 93：256 - 266.

[11] BAI Y F, HAN X G, WU J G, etc. Ecosystem stability and compensatory effects in the Inner Mongolia grassland [J]. Nature, 2004, 431 (7005)：181 - 184.

[12] MA W H, HE J S, YANG Y H, et al. Environmental factors covary with plant diversity – productivity relationships among Chinese grassland sites [J]. Global Ecology and Biogeography, 2010, 19 (2)：233 - 243.

[13] BENNIE J, HUNTLEY B, WILTSHIRE A, et al. Slope, aspect and climate: Spatially explicit and implicit models of topographic microclimate in chalk grassland [J]. Ecological Modelling, 2008, 216 (1): 47 – 59.

[14] HAN Q F, LUO G P, LI C F, et al. Modeling grassland net primary productivity and water – use efficiency along an elevational gradient of the Northern Tianshan Mountains [J]. Journal of Arid Land, 2013, 5 (3): 354 – 365.

[15] SATDICHANH M, MA H X, YAN K, et al. Phylogenetic diversity correlated with above – ground biomass production during forest succession: Evidence from tropical forests in Southeast Asia [J]. Journal of Ecology, 2019, 107 (3): 1419 – 1432.

[16] SOETHE N, LEHMANN J, ENGELS C. Nutrient availability at different altitudes in a tropical montane forest in Ecuador [J]. Journal of Tropical Ecology, 2008, 24 (4): 397 – 406.

南水北调东线一期工程生态效益评价指标体系构建 *

高媛媛[1]　赵晓辉[2]　袁浩瀚[1]　杨荣雪[3]

（1. 水利部南水北调规划设计管理局，北京 100038；2. 中国水利水电科学研究院，北京 100038；
3. 北京师范大学，北京 100875）

摘　要　南水北调工程是实现我国水资源优化配置、促进经济社会可持续发展、保障和改善民生的重大战略性基础设施。南水北调东线一期工程已建成运行近 10 年，截至 2023 年 6 月底，累计向山东省调水 61.39 亿 m³，发挥了显著的经济效益、社会效益及生态效益。本研究定性分析了东线一期工程在优化水资源配置、保障群众饮水安全、复苏河湖生态环境、畅通南北经济循环等方面的作用。采用层次分析法，从直接指标和间接指标两个角度，筛选出了水质改善度、生态补水量、地下水压采量、地下水水位变幅、湿地面积变化、改善局地小气候、大气调节、涵养水源等指标，构建了生态效益评价指标体系，为东线工程生态效益评价相关研究提供参考。

关键词　南水北调；东线一期工程；生态效益；指标体系

南水北调工程是实现我国水资源优化配置、促进经济社会可持续发展、保障和改善民生的重大战略性基础设施。党中央、国务院高度重视南水北调工程。2020 年 11 月 13 日，习近平总书记在江苏省视察时提出了"要确保南水北调工程成为优化水资源配置、保障群众饮水安全、复苏河湖生态环境、畅通南北经济循环的生命线"的要求。2021 年 5 月 14 日，习近平总书记在南水北调后续工程高质量发展座谈会上指出，南水北调工程事关战略全局、事关长远发展、事关人民福祉。其中，东线一期工程自 2013 年 11 月建成通水近 10 年的实践表明，东线一期工程在保障城市供水安全、抗旱补源、防洪除涝、服务航运、保护河湖生态、畅通南北经济循环等方面发挥了重要作用。随着工程效益的不断发挥，其生态效益评价研究备受关注，结合工程实际发挥效益构建合理指标体系是科学评价其生态效益的基础和关键。

1　研究区概况

根据 2002 年国务院批复的南水北调工程总体规划，南水北调工程分别从长江下游、中游和上游调水 148 亿 m³、130 亿 m³ 和 170 亿 m³，形成东线、中线和西线三条调水线路。其中，东线工程利用江苏省江水北调工程，从长江下游扬州附近抽引长江水，利用京杭大运河及与其平行的河道逐级提水北送，出东平湖后一路向北穿过黄河输水到天津，另一路向东输水到烟台和威海，规划分三期建设。东线一期工程在江苏已有江水北调工程的基础上扩大规模向北延伸。其从长江北岸三江营引水，通过 13 梯级泵站逐级提水，利用京杭大运河及与其平行的河道逐级提水北送，并连通起调蓄作用的洪泽湖、骆马湖、南四湖、东平湖等湖泊，出东平湖后分两路，一路向北穿过黄河输水到德州大屯水库，另一路向东输水到引黄济青上节制闸，线路总长 1467km。其任务是从长江下游调水到山东半岛和鲁北地区，补充江苏、山东、安徽等省输水沿线地区的城市生活、工业和环境用水，兼顾农业、航运和其他用水。工程规模为抽江 500m³/s，入东平湖 100m³/s，过黄河 50m³/s，送山东半岛 50m³/s。工程建成后，多年平均抽江量 87.66 亿 m³，受水区干线分水口门净增供水量 36.01 亿 m³。东线一期工程多年平均供水量 187.55 亿 m³（含江水北调），其中，抽江水量 87.66 亿 m³。扣除输水损失后，多年平均净供水量 162.81 亿 m³（含江水北调），其中，江苏省 133.70 亿 m³、安徽省 15.58 亿 m³、山东省 13.53 亿 m³。

东线一期工程新增主体工程于 2002 年 12 月 27 日开工建设，2013 年 3 月完工，于 2013 年 11 月 15 日全线正式通水。根据江苏省和山东省编制的南水北调一期工程配套规划及实施方案，南水北调一期主体工程和

---

* 基金项目：国家重点研发计划项目"南水北调西线工程调水对长江黄河生态环境影响及应对策略"项目（2022YFC3202400）课题四"西线工程调水生态补偿机制及生物入侵风险分析"（2022YFC3202404）。

第一作者简介：高媛媛（1985— ），女，高级工程师，主要从事南水北调工程规划设计与管理相关工作。Email：gaoyy@mwr.gov.cn

各省配套工程建成后，供水范围共涉及江苏省、安徽省、山东省的 21 座地市级以上城市和其辖内的 65 个县、市（区）。

2 研究方法

2.1 指标选取原则

南水北调东线一期工程的效益是综合性的，实际发挥的效益是相互交叉的，指标选取时，既需考虑与工程的相关性，又要考虑数据的可获取性等。主要原则如下：

（1）代表性。南水北调已建工程生态效益的评价指标应紧紧围绕研究目标，针对南水北调工程生态环境影响的特殊性，从实际出发，突出重点，选择能突出反映研究对象的特性、符合客观实际水平的具有典型代表性的指标，尽量能够用尽可能少的指标反映南水北调工程区生态现状特征和可能的影响。

（2）独立性。为了科学高效地开展南水北调已建工程生态效益评价工作，指标体系的设置应该满足少而精的原则，避免选取的指标过于繁多和复杂。因此，需要尽可能地精简指标，避免指标之间的包容和重叠，评价指标数目尽可能控制在一定范围内，是能表征南水北调工程区状态变化的最主要成分变量。

（3）灵敏性。南水北调已建工程生态效益的评价指标需要及时准确地反映工程区及其影响范围内的生态系统变化及其对人类社会产生的效益，选取的指标对南水北调工程带来的状态变化必须高度敏感。

（4）可操作性。南水北调已建工程生态效益的评价指标应具备可获得性和可测量性，且数据资料具备可量化性。总体上，南水北调已建工程生态效益的评价指标应易于获取，评价方法易于掌握，可操作性强，具有可行性。

2.2 层次分析法

层次分析法（AHP）是指标体系筛选和指标权重赋予中常用的一种数理方法。该方法将与决策有关的元素分解成目标、准则、方案等层次，在此基础之上进行定性和定量分析的决策方法。AHP 将决策问题按总目标、各层子目标、评价准则直至具体的备投方案的顺序分解为不同的层次结构，然后用求解判断矩阵特征向量的办法，求得每一层次的各元素对上一层次某元素的优先权重，最后再利用加权方法求出各备择方案对总目标的最终权重，此最终权重最大者即为最优方案[1]。该方法比较适合于具有分层交错评价指标的目标系统，而且目标值又难于定量描述的决策问题。其优点是系统性强、简洁实用、所需支撑数据少。

AHP 方法计算指标权重的过程主要包括建立层次结构模型、构造判断矩阵、层次单排序及一致性检验及层次总排序及一致性检验等。

（1）构造判断矩阵，通过 Satty 的 9 标度法将两两指标间的重要程度进行量化，得到判断矩阵。

（2）计算成对比较矩阵，在获得决策者的所有评价之后，采用几何平均法得到判断矩阵 $A=[a_{ij}]$。将判断矩阵 A 按列归一化，见式（1），再将归一化的矩阵按列求和，见式（2），再按式（3）归一化，得到特征向量 W，见式（4），即为比较矩阵的计算结果。

$$b_{ij}=a_{ij}/\sum a_{ij} \tag{1}$$

$$c_j=\sum b_{ij} \tag{2}$$

$$w_i=c_i/\sum c_i \tag{3}$$

$$W=(w_1,w_2,\cdots,w_n)^{\mathrm{T}} \tag{4}$$

最终得到每个决策层的规范化权重 w_i。

（3）层次单排序及一致性检验。计算一致性指标 CI，查找平均随机一致性指标 RI，并计算一致性比例，其计算公式如下：

$$CI=(\lambda_{\max}-n)/(n-1) \tag{5}$$

$$CR=CI/RI \tag{6}$$

式中：$\lambda_{\max}$ 为最大特征值；n 为判断矩阵阶数；CR 为一致性比例。当 $CR<0.10$ 时，认为判断矩阵的一致性是可接受的。

3 东线生态效益评价指标筛选

3.1 东线生态效益

东线一期江苏段工程有效改善了苏北地区水资源短缺的局面，同时也为江苏排涝、航运等发挥了积极作用；东线山东段工程从战略上调整了山东省水资源布局，不仅缓解了水资源短缺困难，更实现了长江水、黄河水、淮河水和当地水的联合调度、优化配置，为保障山东省经济社会可持续发展提供了强有力的水资源支撑；安徽省境内工程是东线一期工程的一部分，主要是东线一期工程实施后，洪泽湖非汛期蓄水位抬高，库容增加，由此影响安徽省沿淮及怀洪新河低洼地的治理工程，包括改建、拆除重建和新建排涝泵站，疏浚排涝沟，在近几年汛期、非汛期的排涝和抗旱中发挥了显著效益。

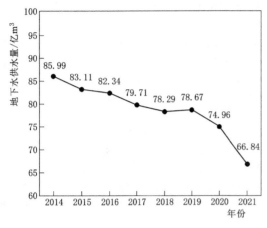

图 1　山东省近年来地下水供水量变化情况

（1）优化水资源配置，重构受水区供水格局。东线一期工程调水沿线全长 1467km，初步打通了长江流域向黄淮海地区调水的南北通道，阶段性构建了依托南水北调工程的国家水资源配置骨干水网，促进了我国水资源分布"空间均衡"，提升了受水区水资源容量，有效缓解了受水区水资源供需矛盾，使水资源配置得到优化，为国家经济安全、粮食安全、能源安全和生态安全提供了有力的水资源安全保障。东线一期工程通水以来，累计向山东省调水 61.39 亿 m³，以受水区山东省为例，东线工程通水以来，长期处于超采状态的地下水供水量逐渐减少，从供水初期的 85.99 亿 m³ 降低至 2021 年的 66.84 亿 m³，减少了约 19 亿 m³；地下水供水量在供水总量中的占比由 40.1% 降至 2021 年的 31.8%，水资源配置格局进一步优化，见图 1。

（2）保障群众饮水安全，提高沿线人民群众获得感。东线一期工程惠及沿线 18 个大中城市（不包括安徽省），受益人口为 6767.81 万人；东线一期工程建成后，江苏、山东两省抗旱排涝安全保障能力得到进一步提升。东线一期工程通水前，江苏省进入输水干渠的化学需氧量应控制在 2 万 t/a 以内，氨氮量应控制在 0.1 万 t/a 以内；山东省进入黄河以南段输水干渠的化学需氧量应控制在 4.3 万 t/a 以内，氨氮量应控制在 0.43 万 t/a 以内。经对江苏、山东两省治污规划实施情况自查评估报告的核查，2012 年江苏省实际进入输水干渠的化学需氧量和氨氮量分别为 1.08 万 t/a 和 0.038 万 t/a；山东省实际进入黄河以南输水干渠的化学需氧量和氨氮量分别为 1.2 万 t/a 和 0.085 万 t/a，两省主要污染物入河量已控制在规划目标范围内（通水前后主要污染物入河情况见表 1），工程沿线水质显著改善，鲁北部分老百姓彻底告别了饮用高氟水、苦咸水，东线一期工程守护着沿线千万人民群众的饮用水安全。通水近 10 年以来，在总氮不参评的情况下，东线全线水质总体能够达到地表水Ⅲ类水质标准。

表 1　　　　　　　　　　　东线一期工程主要污染物入河削减情况　　　　　　　　　单位：万 t/a

省份	规划现状①		规划目标		通水时实际	
	COD	氨氮	COD	氨氮	COD	氨氮
江苏省	15.6	0.8	2	0.1	1.08	0.038
山东省	35.6	4.2	4.3	0.43	1.2	0.085
合计	51.2	5	6.3	0.53	2.28	0.123

①《南水北调东线工程治污规划》编制时现状。

（3）复苏河湖生态环境，促进生态文明建设。东线一期工程建设以来，输水河道以及沿线的洪泽湖、骆马湖、南四湖等湖泊水质明显改善，输水期间水质满足地表水Ⅲ类水标准，通过水源置换、生态补水、地下水压采等综合措施，向南四湖、东平湖等进行生态补水，有效保障了沿线河湖生态安全，显著改善了河湖生态环境。通过地下水压采有效促进了地下水保护和涵养；同时，区域水环境容量和承载力也得到大幅提高，人民群众的生活环境显著改善，满意度和幸福感大幅提升。

（4）畅通南北经济循环，推动受水区高质量发展。南水北调东线一期工程打通了水资源调配互济的堵点，解决了北方地区水资源短缺的痛点，畅通了两湖段的水上通道，为两岸经济绿色发展增添了新的动力，在加快培育国内完整的内需体系中充分发挥水资源保障供给的作用。通过构建国家水网，将南方地区的水资源优势转化为北方地区的经济优势，北方重要经济发展区、粮食主产区、能源基地生产的商品、粮食、能源等产品再通过交通网、电网等运输到全国各地，畅通南北经济大循环，促进各类生产要素在南北方更加优化配置，实现生产效率、效益最大化。东线一期工程生态效益指标的选取要充分结合南水北调工程定位及发挥的实际作用。东线一期工程建设和运行以来，通过实施治污规划、江水消纳、地下水压采、生态补水等措施，促进了沿线及受水区生态环境改善，改善了局部小气候。结合代表性、独立性、可操作性等指标的选取原则，本研究中东线一期工程生态效益指标主要从地下水压采、水质改善、水域面积改变、生态补水等方面选取和构建相应指标体系。

3.2 生态效益相关指标

南水北调东线一期工程生态效益是指工程通水后，使受水区各种生态系统在原有生态系统服务功能基础上所产生的生态系统服务功能的增量。结合生态效益相关研究成果，生态效益指标可以从直接指标和间接指标进行构建。其中，直接指标是指能对南水北调已建工程产生的直接生态效益进行评价的指标，一般表现为对产生的直接自然变化的衡量；间接指标是指对由南水北调已建工程间接产生的生态效益进行评价的指标。根据南水北调东线一期工程发挥的生态环境功能，直接指标主要涉及生态补水量、地下水压采量、水质变化情况、生态环境改善情况，以及间接指标，具体包括土壤保持、固碳释氧、净化空气、减弱噪声、水源涵养、大气调节（调节小气候）、杀菌等[2-5]。

（1）直接指标。直接指标包括生态补水、地下水压采量、水质改善、环境改善等相关指标。

生态补水：南水北调工程部分受水区在满足水厂供水的前提下，结合工程条件和受水区实际需求，开展了生态补水实践，补充当地的河湖水量和地下水量。东线一期工程生态补水主要是解决南四湖应急供水。生态补水效益最直接的表征指标是河湖生态补水量。具体指标为生态补水量。

地下水压采量：南水北调东线一期工程为沿线受水区地下水压采提供了重要的替代水源。自工程通水以来，山东省和江苏省的受水区在利用南水北调引江水作为替代水源，进而减少了地下水开采量，加强了对地下水的回补和涵养。因此，将地下水压采作为南水北调工程的主要生态效益之一。该方面指标主要选取地下水压采量、地下水水位回升。具体指标包括地下水压采量和地下水水位变幅。

水质改善：南水北调东线一期工程通水前实施了一系列治污规划，这些规划的实施促进了工程沿线河流湖泊水质明显改善。通水以来，沿线各级人民政府严格落实水质目标考核责任制，确保了输水期水质的持续稳定向好。工程输水干线输水期水质、相关湖泊河流水质是否能够稳定达标，将直接影响受水区生态效益及工程综合效益发挥。因此将输水干线输水期水质、受水区河道、湖泊主要水质监测断面的水质变化情况作为指标之一。具体选择指标为水质改善度。

环境改善：生态效益已有的指标体系主要是生态补水、地下水压采、水质改善以及环境改善等方面，根据该项目研究需要，考虑新增林地面积量、新增绿地面积量、新增湿地面积量等指标。

（2）间接指标。结合相关研究成果，考虑到东线一期工程调水增加了沿线水域面积等，由此引起了大气调节、固持土壤、保肥、防止泥沙滞留和淤积、固碳释氧、景观提升、改善小气候等生物多样性等一系列变化，将这些指标作为间接指标。

小气候的改善最终体现在生物多样性变化方面，南四湖如今栖息的鸟类达到200种，数量15万余只，绝迹多年的小银鱼、毛刀鱼等再现南四湖，其支流白马河更发现了素有"水中熊猫"之称的桃花水母；中华秋沙鸭、黑鹳等珍稀鸟类也来到南四湖有关区域安家落户。

南水北调东线一期工程生态效益指标见表2。

表2 南水北调东线一期工程生态效益指标

目 标 层	准 则 层	指 标 层
东线一期工程生态效益评价	直接指标	生态补水量
		地下水压采量
		地下水水位变幅
		水质改善度
		新增林地面积量

目　标　层	准　则　层	指　标　层
东线一期工程生态效益评价	直接指标	新增绿地面积量
		新增湿地面积量
	间接指标	大气调节
		固持土壤
		保肥
		防止泥沙滞留和淤积
		固碳释氧
		吸收 SO_2
		吸收氟化物
		吸收氮氧化物
		吸收粉尘
		减弱噪声
		涵养水源
		调节小气候
		杀菌
		水资源量调节

3.3　生态效益评价指标筛选与构建

基于层次分析法确定各指标权重，得到的权重计算结果见表3，且计算得到 $CR < 0.10$，满足一致性检验。

表 3　　　　　　　　　　　　各指标权重计算结果

目　标　层	准　则　层	指　标　层	权　重
东线一期工程生态效益评价	直接指标	生态补水量	0.1020
		地下水压采量	0.0846
		地下水水位变幅	0.0677
		水质改善度	0.0815
		新增林地面积量	0.0239
		新增绿地面积量	0.0585
		新增湿地面积量	0.0710
	间接指标	大气调节	0.0617
		固持土壤	0.0306
		保肥	0.0324
		防止泥沙滞留和淤积	0.0201
		固碳释氧	0.0183
		吸收 SO_2	0.0695
		吸收氟化物	0.0293
		吸收氮氧化物	0.0175
		吸收粉尘	0.0201

续表

目 标 层	准 则 层	指 标 层	权 重
东线一期工程生态效益评价	间接指标	减弱噪声	0.0073
		涵养水源	0.0895
		调节小气候	0.0494
		杀菌	0.0291
		水资源量调节	0.0360

南水北调东线一期工程生态效益指标见表 4，筛选出权重占比较大的指标构成评价指标体系。

表 4　　　　　　　　　　　　南水北调东线一期工程生态效益指标

目 标 层	准 则 层	指 标 层
东线一期工程生态效益评价	直接指标	生态补水量
		地下水压采量
		地下水水位变幅
		水质改善度
		新增绿地面积量
		新增湿地面积量
	间接指标	大气调节
		吸收 SO_2
		涵养水源
		调节小气候

4　结论与讨论

大型水利工程生态效益研究是水利工程生态环境相关领域的热点之一，尤其是在当前生态文明建设和国家水网加速推进的背景下，调水工程的生态效益广受关注。每项工程由于目标任务不同，其在生态环境改善中的作用也各有差异和特点。为科学评估工程生态效益，有必要结合具体工程发挥的实际效益，有针对性地建立工程生态效益指标体系，既体现工程的共性，也体现工程的个性。

南水北调东线工程生态效益也广受社会各界关注，其指标体系构建尚未形成一致认识，该研究结合层次分析法，在分析工程实际发挥效益的基础上，从直接指标和间接指标两个方面，提出了东线一期工程生态效益评价指标体系，其中直接指标方面具体包括：水质改善度度、新增绿地面积量、新增湿地面积量、生态补水量、地下水压采量、地下水水位变幅；间接指标方面包括：大气调节、吸收 SO_2、涵养水源、调节小气候。该指标体系具有较强的针对性和可操作性。

需要指出的是，南水北调东线一期工程沿线生态环境的改善，是生态文明建设和人与自然和谐共生的时代背景下各方共同努力的结果，东线一期工程提供的南水北调水是沿线生态环境改善的重要因素，但不是唯一因素。在评价东线一期工程生态效益时，如何厘清哪些生态环境改善是由东线工程增加供水引起的，是值得后续研究深入挖掘和揭示的难点。

参 考 文 献

[1]　李建，尹炜. 南水北调工程生态环境效益评估方法研究 [C]//中国水利学会 2019 学术年会论文集. 北京：中国水利水电出版社，2019：524 - 531.

[2]　汪易森. 南水北调东线一期工程山东段通水效益分析与认识 [J]. 中国水利，2022 (9)：4 - 7.

[3]　杨爱民，张璐. 南水北调东线一期工程受水区生态环境效益评估 [J]. 水利学报，2011，42 (5)：563 - 571.

[4]　刘楠，尹茂想. 南水北调中线工程通水初期北京市产生的社会和生态效益分析 [J]. 北京水务，2019 (3)：39 - 44.

[5]　刘金珍. 跨流域调水工程对陆生生态的影响评价研究——以南水北调工程为例 [C]//中国环境科学学会学术论文集. 北京：中国环境科学学会，2009：706 - 710.

水 环 境 与 水 生 态

基于生态净化技术的水质模型综合评估与应用研究

邱兰清[1]　夏　军[2,3]　陈兴伟[1]

(1. 福建师范大学 地理科学学院、碳中和未来技术学院，福州 350007；
2. 武汉大学 水资源与水电工程科学国家重点实验室，武汉 430072；
3. 中国科学院 地理科学与资源研究所，北京 100101)

摘　要　随着人类活动的影响，水体污染问题日益凸显。水质净化技术是解决水环境问题的关键手段，本文主要总结了水质生态净化技术方向的研究进展，在此基础上探讨了数值模拟的应用。数值模拟可以减少前期试验的经济、人力等各项成本，在水质净化技术中的应用可以帮助研究人员更好地理解水体中污染物的行为和变化规律，以低成本优化净化方案的设计。通过 CNKI 的主题词统计分析，发现在水质模拟中考虑植物净化作用具有较好的研究前景。案例研究表明，水质生态净化技术手段与数值模拟相结合可以提高水质净化效率，可为解决水环境问题和改善水质作出更大的贡献。本文通过整理常见水生植物适用情况、主要水质指标参数取值范围以及不同模型适用情况，可为后续相关水质净化与数值模拟提供科学依据和借鉴思路。

关键词　水质净化；水生态修复；水生植物；数值模拟；可持续发展

近年来，随着城市化进程和工业化的加速，水体污染和破坏越来越严重[1-3]。河流、湖泊以及其他景观水体，原本起着保持水土、调节温湿度、改善气候的作用，但随着各种生活污水、工业废水的违规排放，使本来水动力条件略差的水体水质变得越来越差，不仅给人们带来不好的感官体验，也影响着城市的形象与发展。水质污染对环境和人类健康造成了严重威胁，因此水质净化成为一项紧迫而重要的任务[4-7]。为了有效解决水质污染问题，在水质净化领域涌现出了各种各样的技术手段。

传统的水质净化技术主要依靠物理化学处理方法，如沉淀、吸附和过滤等，具有高效性、灵活性[8-9]，但也存在一些局限性，主要体现在高能耗和操作成本、产生废物和污泥的处理问题、适用范围有限以及对环境可能带来的潜在影响方面。而水质生态净化技术则利用生物体的活性和代谢作用，通过生物相互作用来净化水质，具有环保、可持续性和生态友好的特点。然而，在实际应用中，这些方法往往面临一系列挑战，包括高成本、运营复杂以及对特定污染物效果有限等[10-12]。为了提高水质净化效率和降低成本，数值模拟技术逐渐成为水质净化领域的重要研究方向。通过数值模拟，能够预测和评估不同净化技术的效果，可以优化水质净化工艺的设计和运营参数，从而提高净化效率。因此，本文旨在综述水质生态净化技术与数值模拟在水质生态净化领域的研究进展，并通过案例研究，阐述了立体组合生态修复技术及其数值模拟的应用。希望通过该综述文章的撰写，为水质生态净化技术的发展提供参考和借鉴，以期推动水质净化领域的研究和实践。

1　水质生态净化技术研究进展

水质生态净化技术相较于传统的净化技术手段，具有低成本、低能耗、环境扰动小和良好的经济效益等优势[13-16]。它利用自然生态系统中的生物和植物等元素进行污染物降解，减少环境污染，有利于实现可持续发展。水质生态净化技术包括人工湿地、生物浮床、曝气处理等手段，通过植物吸附、微生物降解和水体氧化还原等作用，有效提高水质净化效果[17-18]。陈会娟等[19] 以某污水处理厂的曝气系统为研究对象，通过描述性统计分析建立了智能曝气系统预测模型，实验结果表明，该模型预测准确度高，且智能曝气系统控制池组末端出水氨氮含量相对较低，比人工控制池组的水质处理效果好。人工湿地作为一种可持续的水质净化技术，多项研究表明，人工湿地通过植物吸收、微生物降解和沉积等作用，能够有效去除废水中污染物质并提高水体氧含量，改善水质[20-22]。汪仲琼等[23] 在嘉兴市石臼漾湿地构造不同的拟自然界的植物床-沟壕系统，以正交设计手段研究根孔构筑方式、植物组合和强化介质 3 种因素对人工湿地植物床-沟壕系统水质净化效果的影响，优化了人工湿地植物床-沟壕系统，优化后的系统对总氮、总磷、氨氮等水质指标去除率提高幅度为 20%～40%。蒋跃平等[24]、陈永华等[25]、王庆海等[26] 分别对不同地区水生植物对污水营养负荷的去除效果进行了研究与评价,筛选出了适宜当地的水生植物。唐漪[27]、朱思宇[28]、杜彦良等[29] 等通过配置多种水生植物构建生态浮床及人工湿地探究了其对富营养化水体的净化效果。同时国内外学者研究发现不同类型植物净化效果存在差异,合理的湿地植物配置可提高净化效果,植物密度及分布也会影响污染物去除率[30-32],因此生态浮床应运而生。生态浮床通过水生植物的根系吸收营养盐、滞留悬浮物和提供栖息环境,达到净化水体和改善水生态系统的目的[33-35]。

通过生态浮床可配置不同植物组合,各水生植物对不同水质指标的净化能力存在差异[36]。井艳文等[37]、卢进登等[38] 分别选择多种水生植物作为浮床选用植物,结果表明,美人蕉、旱伞草和芦苇浮等对水体中的氮、磷等有较强的吸收作用,净化效果较好。不同水生植物适用环境存在差异,对各个水质指标去除效果也有所不同,选择适宜的水生植物是水质生态净化的重要前提。因此,本文通过多篇参考文献整理了不同水生植物水质净化的适用情况(表1)。

表1　　　　　　　　　　　　　　　　　不同水生植物水质净化适用情况

水生植物	适宜生长温度/℃	pH条件	水质指标去除率/%				参考文献
			化学需氧量(COD)	氨氮(NH₃-N)	总氮(TN)	总磷(TP)	
睡莲	15~30	6.0~8.0	68.5~87.4	50.8~77.9	30.6~89.4	40.1~70.5	[39] [42]
鸢尾	15~25	6.0~8.7	26.0~66.0	43.1~65.0	45.8~81.4	15.2~70.9	[39] [40] [41]
香蒲	15~30	6.0~8.0	43.4~88.3	54.7~78.6	43.4~71.2	28.2~81.7	[40] [42]
美人蕉	22~25	6.5~8.0	36.6~67.8	26.7~41.2	90.9~97.3	23.6~91.6	[39] [43]
水葱	15~30	6.5~8.0	68.9~84.2	56.7~69.3	—	80.0~97.8	[41] [44]
芦苇	15~28	6.5~8.0	42.3~72.5	38.9~74.5	—	34.5~63.5	[43] [45]
金钱蒲	20~25	6.5~7.5	61.7~91.1	—	—	—	[42] [46]
菖蒲	20~25	6.5~8.0	61.1~92.0	—	87.8~94.5	3.8~10.2	[39] [42] [44]
千屈菜	15~30	6.5~9.0	58.9~88.7	—	—	—	[42] [47]
苦草	15~30	8.0~10.0	64.9~84.8	38.5~48.9	—	39.9~68.8	[42] [43]
荷花	22~35	6.5~7.5	—	—	32.4~79.5	59.2~90.0	[48] [49]
狐尾藻	20~30	6.5~8.0	55.2~85.0	27.8~76.0	35.5~85.7	36.1~82.8	[39] [42] [43]
金鱼藻	15~30	5.0~6.5	23.4~85.5	—	—	—	[42]
水葫芦	25~35	6.5~8.5	72.1~88.1	62.0~75.8	53.6~65.6	58.5~71.5	[50] [51]
水浮莲	18~23	6.5~7.5	70.3~86.0	50.0~61.6	47.0~57.4	53.7~65.7	[50]
水禾	25~30	6.5~7.0	51.0~62.4	52.5~64.6	34.6~42.2	43.6~53.2	[50]
野菱	18~27	6.5~8.0	50.2~61.4	48.8~59.6	32.2~39.4	42.6~52.0	[50] [51]
浮萍	25~30	7.0~8.5	73.2~89.4	44.2~54.0	27.2~33.2	36.2~44.2	[50]
槐叶萍	22~32	6.0~7.0	67.3~82.3	43.8~53.6	26.0~31.7	32.0~39.0	[50]
圆币草	10~25	6.5~7.0	15.8~85.2	45.2~70.4	42.9~89.5	14.1~83.2	[40] [51]
再力花	20~30	7.5~9.0	23.0~63.0	57.1~78.1	25.5~54.5	20.2~39.2	[40]
花叶芦竹	18~35	6.5~9.0	22.6~45.9	40.7~52.3	38.9~56.8	32.2~51.3	[40]

从单独的水生植物到复杂多样的植物组合配比,现场试验变得越来越复杂。然而,这些试验不仅耗时耗力,还受到许多不确定因素的影响。而数值模型具有省时、高效和灵活性强等优势,可以建立适宜的河道地形条件,在短时间内模拟多种条件下的水体处理过程,这使得研究人员能够快速评估不同方案的效果,并发现最佳的设计和操作策略。近年来,随着科技水平和计算机技术的迅猛发展,国内外学者对水质数值模拟进行了深入研究。

2 水动力-水质数值模拟研究进展

2.1 水动力数值模拟研究进展

水动力模型是水质模型的基础，水动力模型不仅提供了边界条件和水体结构信息，还对水质模型的污染物输运、扩散和反应过程具有重要影响。因此，水动力模型与水质模型之间存在紧密关系，共同支持水环境的研究和管理。

水动力模型最早可追溯到圣维南方程[52]，其采用非平衡统计力学观点，运用统计方法来讨论流体的宏观性质，标志着水动力数值模拟的开端。水动力模型的构建可以量化水力学、水文、风以及流场等因素对污染物迁移转换的影响，从而为水质规划、管控提供技术支撑。管仪庆等[53]构建了一维河网水动力模型，利用实测水位对模型进行参数率定和验证，并基于此展开了台州市区河道中污染物浓度的模拟。王潇凯等[54]基于平面 GIS 地图在泛滥解析模型的基础上构建了苏州市吴江区广域范围的平面二维水动力模型，模型成功模拟了研究区域的水位及流量，并基于此展开了基于生态学原理的二维水动力水质模拟，模拟精度较好。赖锡军等[55]构建了鄱阳湖二维水动力水质耦合模型，模拟了鄱阳湖的水体流动以及物质交换运移的过程，取得了较好的成果。赵长进等[56]基于环境流体动力学模型（EFDC）构建了练江-海门湾区域三维水动力模型，模拟了闸坝开合随时间变化下的海门湾桥闸附近的水位变化，并基于此展开了在潮汐、径流和闸控作用下的水体污染物浓度变化研究。不同维度的水动力模型是不同场景的水质模拟的基础，也为水质生态净化技术手段的应用提供了模型基础。

2.2 水质模型研究进展

为适应不同河道的水质净化要求、满足工程目的，优化工程水质净化能力，水质数值模拟的研究进展取得了显著的突破，为水环境保护和管理提供了重要的科学依据[57-60]。近年来，各种先进的模型和软件如 QUAL2K、WASP 和 MIKE 的引入和改进，使得水体中污染物的传输和变化过程能够更准确地被模拟和预测。

朱文婷[61]基于 QUAL2K 模型构建了漕桥污水处理厂尾水生态净化河道的数值模型，根据水文水力条件、水质监测位置和污染源位置将河道分为 8 段，通过不同季节的采样数据进行了验证，计算筛选了不同季节的生态净化最优组合，证明了 QUAL2K 水质模型用于低污染水生态净化工程设计和方案优化筛选的适用性。张瑞斌等[62]应用 QUAL2K 模拟了潜没式生态浮床、生态浮床和生物接触氧化床组合的 6 种生态净化方案，通过输入上、中、下游不同单元格的降解参数，模拟得出对 BOD、NH_3-N、TP 和 TN 去除效率最佳的方案。Xiao 等[63]应用 QUAL2K 模型，模拟了地表流人工湿地中污染物的迁移和转化，分析了湿地对污染物的去除效果；并将已验证的水质模型扩展到预测不同情景下的湿地性能、水质参数变化、湿地污水对接收河水的风险。Zhu 等[64]基于 QUAL2K 模型，采用生物绳、植物修复、活性炭等组合的生态净化技术，研究了其在动态水条件下的降解系数，将水质模型与生态净化方案相结合，建立并验证了江苏某条人工河的水质模型。

陈德坤等[65]基于 WASP 模型构建了表流人工湿地数值模型，考虑人工湿地植物的吸收和微生物降解作用、大型水生植物对曼宁系数的影响以及增强的生化反应对模型进行了改进，改进的模型通过增大植物生物量和曼宁系数，优化水质参数准确模拟了表流人工湿地水质变化。裴羽佳等[66]借助 ArcGIS 和 Delft3D 将水生态试验工程分为阿科蔓泛氧化塘单元、人工湿地单元、生态河道单元和混合湿地单元四个单元，基于环境流体动力学 EFDC 模型率定和验证了场地水深和流速，再结合 WASP 模型进行泛氧化塘 COD 的去除模拟，模拟结果可以为微污染水生态治理工程提供参考依据。

Liang 等[67]基于 MIKE11 水质模型，结合水动力模块、平流/分散模块和 ECOLAB 模块构建了老河湾景观循环水排水系统和水质模型，分别模拟了水循环和中心湖净化措施与水平潜流湿地和地表流湿地净化措施下的污染物浓度变化情况，开发了老河湾景观水循环模式和水质保护方案。侯晓辉等[68]基于 MIKE21 模型对灌河鲇鱼山以下河段进行了水动力-水质模拟，通过对人工湿地工程措施实施前后水质模拟结果对比分析得出，湿地工程实施后 COD、NH_3-N、TP 浓度均有明显下降。杜彦良等[29]根据湿地植物对水质的作用机理，基于湿地植物的泌氧、细菌活性增加和植物吸收作用下水化学反应过程，构建"WQ+Veg"水质模块，耦合 MIKE21 的水动力模块模拟研究永年洼湿地植物对水体水质的影响。Zhang 等[69]基于 MIKE21 模型建立了洪湖二维水质模型，研究了洪湖水质变量和淹没水生植被生物量对流域来水和围护养殖负荷减少的响应，探讨了浮游植物华度和在水中停留时间对污染物的影响，为大型浅层植物湖的水质管理提供了科学支持。

数值模型的灵活性是其重要的优势之一，通过不同方案调整模型的参数，研究人员可以模拟多种生态净化方案的水质情况。这种灵活性使得研究人员能够对特定问题进行深入探究，并且可以根据实际需要进行模型的改进和优化。然而，数值模型也有其复杂性，例如需要准确输入参数，并对模型合理假设和简化。因此，在使用数值模型进行水质净化研究时，仍然需要结合实地试验和观测数据进行验证和校正，以保证模型的准确性和可靠性。表2是通过各类文献收集的 QUAL2K、WASP 和 MIKE 模型中主要水质参数的参考范围。此外，随着技术的发展，水质模型也得到了进一步优化，通过归纳整理相关文献，得到不同水质模型的适应情况（表3），可为研究者选择合适的水质模型提供参考。

表 2　　　　　　　　　　　主要水质指标参数取值范围

主要参数	单位	不同模型中的取值范围			参考文献
		QUAL2K	WASP	MIKE	
氨氮硝化速率	d	0～10	0.01～0.31	0～2	[61] [70] [71]
硝酸盐反硝化速率	d	0～2	0.01～0.2	—	[61] [70] [71]
反硝化温度系数	—		0～1.07	0～1.5	[61] [70] [71]
20℃有机氮水解速率	d	0～5	0.01～0.2	—	[61] [70] [71]
有机磷水解速率	d	0～5	0.01～0.2	0～2	[61] [70] [71]
有机磷沉降速率	d	0～2	—	0～1	[61] [70] [71]
大气复氧温度系数	—		0～1.03	1～1.2	[61] [70] [71]
动植物呼吸速率	d	0.05～0.5	0.01～0.2	0～30	[61] [70] [71]
沉积物好氧速率	$g/(m^2 \cdot d)$	—	0.1～4	0～5	[61] [70] [71]
CBOD 水解速率	d	0.02～4.2	0.01～0.3	0～5	[61] [70] [71]

表 3　　　　　　　　　　　不同模型适用情况说明

模型类型	适用水体类型	空间维度	模型扩展	状态变量	参考文献
MIKE11	河流、水库、河口	一维	可与 MIKE21、SWMM、MIKE FLOOD 等模型耦合计算，有限二次开发	水流、泥沙、内嵌 10 多个水质模块，模拟富营养化、细菌微生物、重金属等，允许自定义	[72] [73] [74]
QUAL2K	河流、湖泊、水库	一维	与 ArcGIS 有接口，可二次开发	溶解氧、生化需氧量、化学需氧量、氨氮、总磷、悬浮物等，允许自定义	[72] [75]
HEC - RAS	河流、水库、河口	一维、平面二维（仅水流）	与其他模型无接口，可二次开发	水流、泥沙、水温、溶解态氮、溶解态磷、藻类、碳生化需氧量和溶解氧 8 个水质指标，任意守恒或非守恒物质	[76] [77]
CE - QUAL - 2W	河流、湖泊、水库、河口	一维、垂向二维	与 HSPF 模型有接口，可二次开发	水流、泥沙、粒子追踪、富营养化过程，如温度、营养物、藻类、溶解氧、重金属、泥沙之间的关系，共 29 个状态变量，60 多个水质变量，允许自定义	[78]
MIKE21	河流、湖泊、水库、河口	二维	可与 MIKE11 进行耦合，可二次开发	溶解氧、水温、盐度、悬浮物和氮、磷等营养物质，以及各类水质污染物浓度等，允许自定义	[79] [80] [81]

续表

模型类型	适用水体类型	空间维度	模型扩展	状态变量	参考文献
WASP	河流、湖泊、水库、河口、近海	一维、二维、三维	与 EFDC、LSPC、SWAT 和 SWMM 等模型有接口，可二次开发	水流、泥沙、水温、常规污染物（氮、磷、溶解氧、BOD、底泥需氧量、富营养化）、有毒污染物、有机物、金属、汞、病原体等。大于 26 个水质变量，允许用户自定义	[72][82][83]
EFDC	河流、湖泊、水库、河口、近海、海洋	一维、二维、三维	与 WASP、SWMM 等模型有接口，可二次开发	水流、泥沙、温热、粒子追踪、碳、氮、磷、硅、活性金属、藻类、菌群等 22 个水质变量，沉积成岩等 27 个变量，有毒物质输移模块包括有毒有机物和重金属，允许自定义	[84][85]
Delft3D	河流、湖泊、水库、河口、近海、海洋	一维、二维、三维	与其他模型无接口，可二次开发	水流、泥沙、波浪水质、粒子跟踪生态、动力地貌共 100 个水质变量，允许自定义	[86][87]

3 统计分析与案例研究

3.1 基于 CNKI 的主题词统计与分析

基于 CNKI 数据库检索并经过人工筛选与统计[88]，发现 1987 年开始有了水质模型的研究，1999 年后逐渐增多，2016 年开始研究论文数量呈快速上升的趋势，近五年发表的论文数量逐渐趋于平缓并略微下降（图 1），反映了生态与水质模型的应用研究处于高速发展饱和时期。对以上文献中的 118 个高频关键词进行了聚类分析（图 2），分别得到水质模拟、水质、水质评价、水环境容量、水质模型和数值模拟等聚类标签。大部分论文关注生态补水方面的水质模拟，也有部分论文考虑了植物的水质净化效果，并通过实际工程数据进行模型验证，但对不同植物类型的净化参数研究还不够全面和深入，在一定程度上反映了水质生态净化技术在数值模拟中的应用还有较大研究前景。

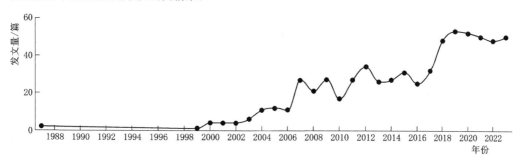

图 1 以"生态"和"水质模拟"为主题词的 CNKI 论文数量年际变化

3.2 案例研究

3.2.1 研究区概况

"十三五"期间，国家对北运河进行了水环境治理，水质已得到一定的改善，案例区域位于武清第七污水处理厂排污口至河道下游 1.1km 范围内，河道主槽宽 40m，建成了北运河城区段立体组合生态修复技术的示范工程，地理区位见图 3。

3.2.2 水质净化技术方法

立体组合生态修复技术主要包含了微纳米曝气技术、植物浮床技术和人工水草技术。

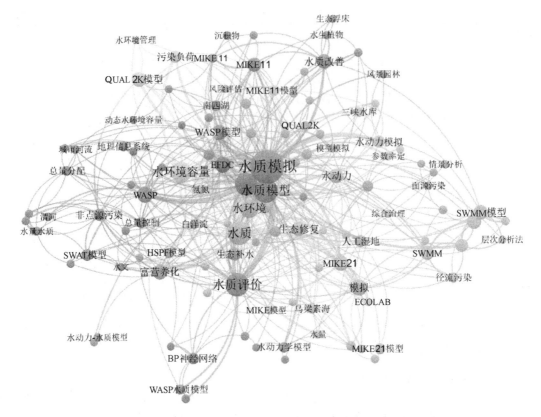

图 2　以"生态"和"水质模拟"为主题词的 CNKI 论文关键词聚类分析结果

1. 微纳米曝气技术

微纳米曝气可对水体进行复氧，减轻水体污染负荷，促进河道生态系统的恢复。作为新一代的高效节能环保技术，与普通曝气相比其产生的气泡直径更小，具有更大的表面积、更高的传氧速率、更长的停留时间，能够提高人工水草、水生植物和水生动物生态生物系统的水体净化能力，保证系统的稳定运行。

2. 植物浮床技术

植物浮床技术是基于无土栽培技术，应用物种间共生关系和充分利用水体空间集成的水面无土种植植物技术。通过植物根系的截留、吸附、吸收及根系上微生物的生理生化作用去除水体中的污染物。植物浮床通过水生植物自身生物代谢，吸收、吸附水中的氮磷、有机物等营养元素，同时水生植物自身拥有的茂盛根须是微生物的附着生长的理想场地，形成较好的好氧-缺氧-厌氧微环境。植物浮床上水生植物通过自身光合作用和生长代谢，分泌有机化合物和泌氧，促进污染物的吸收，浮床植物根系可以很好地降低水体的流动性，保护河堤，并且通过碰撞沉淀作用吸附污染水体中的悬浮颗粒，提高水体的可生化能力。

图 3　地理区位图

3. 人工水草净化技术

人工水草净化技术属于生物生态修复技术，是一种生物膜载体技术，采用耐酸碱、耐污、柔韧性很强的人工仿水草材料（包括碳纤维、高分子纳米合成材料等），通过模仿污水处理中的植物净化原理和优化生物填料以利于生物膜的形成和再生。

针对自净能力差的北运河城区段缓滞型河道，研发河道内原位立体生物组合净化技术具有很好的适用性，并能够起到景观改善的作用。以北运河武清第七污水处理厂排污口向下 1100m 河道作为试验河段，针对试验河段中氨氮（NH₃-N）、总磷（TP）和化学需氧量（COD）的污染特征，开展多种水生植物和人工水草修复技术的试验，筛选优势的水生植物和人工水草进行组合布置。在此基础上，开展立体组合生态修复现场试验，在曝气条件下，水生植物与人工水草的组合净化效果优于单项的人工水草和水生植物净化技术，能够在时间和空间上实现优势互补，由此形成较系统的高效净化技术。

3.2.3 水质净化前后变化

图 4 为立体组合生态修复技术示范前后北运河段水质指标变化。结果表明，北运河示范段上游到下游各取样点的 NH₃-N、TP 和 COD 浓度均逐渐降低，符合对数衰减模式。总体上 2020 年断面 1～断面 4 上的 NH₃-N、TP 和 COD 平均浓度分别下降了 10.4%、15.7% 和 26.3%，说明立体组合生态修复技术对水质有一定的改善作用，且生态浮床后期可不断重复使用，也可以更改植物种植类型及面积，是一种比较高效且灵活的生态净化手段。

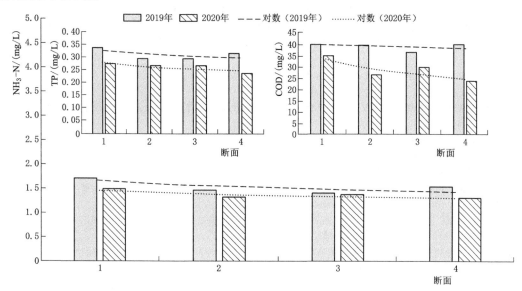

图 4 立体组合生态修复技术示范前后北运河河段水质指标变化

3.2.4 水动力-水质模拟与应用

Qiu 等[88]基于实测数据构建了二维水动力水质模型，对北运河示范段 NH₃-N、TP 和 COD 指标浓度进行了模拟，并用实测值率定和验证了模型参数。在模型验证的基础上，设置不同植物配比的浮床方案进行水质模拟，模型模拟精度较高，该模型可成为研究不同浮床组合方案的重要工具。浮床的植物选择应在兼顾植物吸附污染物能力和适宜生长温度等条件下进行筛选[89-91]，由于不同季节污染物来源及浓度存在差异，为达到较好的净化效果，可随时进行调整。水动力水质模型的构建，为不同季节筛选适宜的生态浮床组合方案提供了便利。后期可通过模型情景模拟，考虑不同季节最优生态浮床布设方案，为工程技术人员针对河道污染严重的水质指标采取相应的方案提供借鉴，也可以为其他相似工程提供理论依据。同时在生态浮床组合制定阶段，可通过引入新的水生植物、灵活变更生态浮床布设面积及位置等来制定更加高效、安全的方案。

4 结论与展望

（1）论述了水质生态净化技术的研究进展，水质生态净化技术中水生植物是生态浮床以及人工湿地的基础，水生植物的适用情况存在差异，通过总结归纳常见水生植物的适用情况，为污染水域水生态修复时水生植物的筛选提供参考。

（2）论述了水动力-水质模型的研究进展，重点总结了 QUAL2K、WASP 和 MIKE 等常见模型在生态净化方面的应用，在此基础上筛选出三个水质模型的主要水质参数取值范围。此外，通过多篇参考文献整理了多种不同水质模型适用情况说明。

（3）基于 CNKI 的"生态"与"水质模拟"主题词统计分析，发现近五年发表的论文数量逐渐趋于平缓并略微下降。通过对立体组合生态修复技术示范与数值模拟的案例研究，发现生态修复技术与数值模型结合可为水环境的可持续发展提供更优的方案，研究人员可根据后期水质污染情况模拟出最佳的调整方案。

解决水环境和水生态问题是未来关注的重点，水质生态净化技术在保护生态环境和实现可持续发展方面发挥着至关重要作用。然而，水质生态净化技术也面临一些挑战，如前期试验的复杂性以及对水体整体水质空间分布了解不够全面。同时，数值模型需要不断改进，数值模型的广泛应用更是需要研究人员对多种方案的模拟和参数经验值的积累。未来可多考虑水文-水动力-水质模型的耦合，进一步完善水质净化方案的预测和效果评估，为相似类型的水环境治理提供借鉴意义，将水质净化方案付诸实施，以促进水环境保护的实际效果，从而实现水生态的可持续发展。

参 考 文 献

［1］夏军，陈进. 长江大保护实践与对策 [J]. 南水北调与水利科技（中英文），2022，20（4）：625-630.

［2］王波，黄津辉，郭宏伟，等. 基于遥感的内陆水体水质监测研究进展 [J]. 水资源保护，2022，38（3）：117-124.

［3］董怡，邹磊，夏军，等. 城市人水系统耦合协调发展及障碍因素识别——以武汉市为例 [J/OL]. 水资源保护：1-12 [2023-07-07].

［4］刘彦随，夏军，王永生，等. 黄河流域人地系统协调与高质量发展 [J]. 西北大学学报（自然科学版），2022，52（3）：357-370. DOI：10.16152/j. cnki. xdbzr. 2022-03-001.

［5］杨希，陈兴伟，方艺辉，等. 基于分段-综合评价法的闽江下游河道健康评价 [J]. 南水北调与水利科技，2019，17（6）：148-155. DOI：10.13476/j. cnki. nsbdqk. 2020.0145.

［6］杨寅群，李子琪，康瑾，等. 基于地理探测器的流域水污染影响因子分析 [J]. 环境科学与技术，2023，46（S1）：176-183. DOI：10.19672/j. cnki. 1003-6504.0656.22.338.

［7］苗飞，张波，刘杨. 在线水质监测无人船的设计与实现 [J]. 船海工程，2022，51（4）：20-24.

［8］李若，尤世界，刘艳彪. 电活性碳纳米管膜水质净化原理与应用研究进展 [J]. 中国给水排水，2022，38（4）：63-70. DOI：10.19853/j. zgjsps. 1000-4602.2022.04.011.

［9］郭炜超，徐斌，王趁义，等. 黑臭河水体治理技术研究现状与进展 [J]. 水处理技术，2018，44（8）：1-5. DOI：10.16796/j. cnki. 1000-3770.2018.08.001.

［10］耿安锋，杨仲韬，李阳阳，等. 兼具水质净化及调蓄功能的组合人工湿地设计 [J]. 中国给水排水，2023，39（4）：59-64. DOI：10.19853/j. zgjsps. 1000-4602.2023.04.010.

［11］雷晓玲，韩程远，牛佳伟，等. 植物-微生物复合强化雨水塘水质净化效果 [J]. 重庆大学学报，2022，45（S1）：85-88.

［12］张文龙，张守红，张建军. 生物滞留系统径流与水质调控效应研究进展 [J]. 应用生态学报，2023，34（1）：264-276. DOI：10.13287/j. 1001-9332.202301.028.

［13］张玉宝，梁宏斌，斯琴图雅，等. 电子束辐照对城市污水中污染物含量的影响 [J]. 应用科技，2012，39（3）：71-74.

［14］VAN GINKEL S W，IGOU T，CHEN Y S. Energy，water and nutrient impacts of California-grown vegetables compared to controlled environmental agriculture systems in Atlanta，GA [J]. Resources，Conservation and Recycling，2017，122：319-325.

［15］梁静波，岳会发，杨振奇，等. MABR+微纳米曝气技术在马厂减河治理中的应用 [J]. 工业水处理，2022，42（12）：160-164.

［16］张勤，王哲晓，李灿. 超磁分离水体净化技术在黑臭水体治理中的应用案例 [J]. 环境工程学报，2021，15（9）：3128-3135.

［17］孟捷. 北方季节性河流生态修复功能下的景观构建研究——以清涧河为例 [D]. 西安：西安建筑科技大学，2017.

［18］曹燕，孙景宽，李田. 基于城市尾水深度净化和湿地生态恢复的水资源循环利用模式 [J]. 水土保持学报，2015（6）：31-34.

［19］陈会娟，张丽娜，沈彦. 基于随机森林的污水处理曝气系统研究与应用 [J]. 给水排水，2023（5）：165-169，177.

［20］王志勇，马静薇，王立帅，等. 校园再生水回用人工湿地景观绩效评价及优化设计——以辽宁公安司法管理干部学院为例 [J]. 生态学报，2019，39（16）：6017-6028.

［21］赵林丽，邵学新，吴明，等. 人工湿地不同基质和粒径对污水净化效果的比较 [J]. 环境科学，2018，39（9）：

4236 - 4241. DOI：10. 13227/j. hjkx. 201712009.

[22]　黄炳彬，何春利，易作明，等．北方地区受污染河湖水体潜流湿地净化技术研究与工程应用 [J]．环境科学学报，2012，32 (1)：19 - 29. DOI：10. 13671/j. hjkxxb. 2012. 01. 013.

[23]　汪仲琼，张荣斌，陈庆华，等．人工湿地植物床-沟壕系统水质净化效果 [J]．环境科学，2012，33 (11)：3804 - 3811. DOI：10. 13227/j. hjkx. 2012. 11. 028.

[24]　蒋跃平，葛滢，岳春雷．人工湿地植物对观赏水中氮磷去除的贡献 [J]．生态学报 2004，24 (24)：1720 - 1725.

[25]　陈永华，吴晓芙，蒋丽娟，等．处理生活污水湿地植物的筛选与净化潜力评价 [J]．环境科学学报，2008，28 (8)：1549 - 1554.

[26]　王庆海，段留生，武菊英，等．北京地区人工湿地植物活力及污染物去除能力 [J]．应用生态学报，2008，19 (5)：1131 - 1137.

[27]　唐漪．基于三维流场数值模拟的生态浮床系统的设计和应用 [D]．济南：山东大学，2016.

[28]　朱思宇．基于河湖水质净化的水生植物快速栽种及优化配置研究 [D]．北京：北京林业大学，2019.

[29]　杜彦良，张双虎，王利军，等．人工湿地植物水质净化作用的数值模拟研究 [J]．水利学报，2020，51 (6)：675 - 684.

[30]　YAN Z，SONG B，LI Z，et al. Effects of submerged plants on the growth of eutrophic algae and nutrient removal in constructed wetlands [J]. Open Access Library Journal，2016，3 (10)：1 - 11.

[31]　李莎莎，田昆．探究不同植物群落配置组合下对湿地水体的净化效果 [J]．生态环境学报，2010，19 (8)：1951 - 1955.

[32]　NIMA S，ANDREA B B，MATTEO T，et al. Variation in contaminant removal efficiency in free - water surface wetlands with heterogeneous vegetation density [J]. Ecological Engineering，2020：105662 - 105674.

[33]　唐伟，许海，詹旭，等．生态浮床对千岛湖水体氮磷净化效果研究 [J]．环境科学研究，2022，35 (4)：926 - 935. DOI：10. 13198/j. issn. 1001 - 6929. 2021. 12. 26.

[34]　崔贺，张欣，董磊．生态浮床技术流域水环境治理中的研究与应用进展 [J]．净水技术，2021，40 (S1)：343 - 350. DOI：10. 15890/j. cnki. jsjs. 2021. s1. 072.

[35]　陈毛华．生态浮床原位修复景观水体的效果研究 [J]．安全与环境学报，2022，22 (2)：1075 - 1083. DOI：10. 13637/j. issn. 1009 - 6094. 2021. 0167.

[36]　白雪梅，何连生，李必才，等．利用水生植物组合净化白洋淀富营养化水体研究 [J]．湿地科学，2013，11 (4)：495 - 498. DOI：10. 13248/j. cnki. wetlandsci. 2013. 04. 008.

[37]　井艳文，胡秀琳，许志兰，等．利用生物浮床技术进行水体修复研究与示范 [J]．北京水利，2003 (6)：20 - 22.

[38]　卢进登，陈红兵，赵丽娅，等．人工浮床栽培 7 种植物在富营养化水体中的生长特性研究 [J]．环境污染治理技术与设备，2006 (7)：58 - 61.

[39]　陈怡，张乔雨，郭春兰，等．5 种水生植物对富营养化水体净化效果研究 [J]．湖南生态科学学报，2023，10 (2)：48 - 54.

[40]　何君．人工湿地中不同水生植物对低污染水的净化效果研究 [J]．环境科学与管理，2022，47 (12)：106 - 110.

[41]　刘晨阳，李绍飞，董立新，等．北运河城区段水生植物水质净化效果研究 [J]．中国农村水利水电，2021，460 (2)：8 - 12.

[42]　陈琳，李晨光，李锋民，等．水生态修复植物水质净化能力综述 [J]．环境污染与防治，2022，44 (8)：1079 - 1084. DOI：10. 15985/j. cnki. 1001 - 3865. 2022. 08. 017.

[43]　巫方才．水生生物对养猪废水降解效果对比研究 [J]．环境科学与管理，2023，48 (1)：140 - 143.

[44]　刘宁，刘洋，续泉平，等．丛枝菌根真菌对人工湿地植物生长及水质净化的影响研究 [J]．生态环境学报，2022，31 (7)：1434 - 1441. DOI：10. 16258/j. cnki. 1674 - 5906. 2022. 07. 016.

[45]　郑汉杰，王子博，朱翔，等．盐度与水位双重波动对芦苇去除水中氮磷的影响机理 [J]．环境科学研究，2023，36 (5)：986 - 994. DOI：10. 13198/j. issn. 1001 - 6929. 2023. 02. 16.

[46]　文科军，孙同谦，屠立伟，等．沉床微生态控制体对水体 TP 及 COD 的去除率研究 [J]．环境科学与技术，2009，32 (6)：53 - 57.

[47]　孔令为，王齐瑞，汪璐，等．新型人工浮岛强化降解污染物机理及应用研究 [J]．水处理技术，2020，46 (5)：81 - 86. DOI：10. 16796/j. cnki. 1000 - 3770. 2020. 05. 016.

[48]　常宝亮，周浩民，上官凌飞，等．氮、磷污染水体中荷花的生态效应和生理响应 [J]．南京农业大学学报，2022，45 (4)：684 - 690.

[49]　孙婷婷，涂耀仁，罗鹏程，等．2008—2022 年上海大莲湖湿地营养盐时空分布特征、水质评价及来源解析 [J]．湖泊科学，2023，35 (3)：886 - 901.

[50]　顾珉嘉，刘佳佳，张逸飞，等．不同水生植物对生活污水尾水净化能力对比研究 [J]．广东化工，2023，50 (7)：

178 – 180，202．

[51]　许明宸，王逸超，张文艺，等．生态沟渠净化稻田排水动力学分析和生物相特征 [J]．环境化学，2021，40（2）：592 – 602．

[52]　Saint – Venant B De. Heories du Movement Non – permannent des seaux avec Applicationauxcures des Rivers el [J]. Pintroduction des maeresdansleurlit, Acad. Sci. Comptesre – kus, 1871, 73 (1)：148 – 154.

[53]　管仪庆，陈玥，张丹蓉，等．平原河网地区水环境模拟及污染负荷计算 [J]．水资源保护，2016，32（2）：111 – 118．

[54]　王潇凯，马昕立，武田诚，等．基于 GIS 的平面二维水质模型构建及其对广域平原河网水系数值模拟的适用性分析 [J]．环境科学学报，2023，43（4）：377 – 390. DOI：10.13671/j. hjkxxb. 2022.0304.

[55]　赖锡军，姜加虎，黄群，等．鄱阳湖二维水动力和水质耦合数值模拟 [J]．湖泊科学，2011，6：893 – 902．

[56]　赵长进，陈钢，杨汉杰，等．南方典型闸控河口水质风险演变及调度策略研究 [J/OL]．中国环境科学：1 – 9 [2023 – 07 – 10]．

[57]　KAMAL N A, MUHAMMAD N S, ABDULLAH J. Scenario – based pollution discharge simulations and mapping using integrated QUAL2K – GIS [J]. Environmental Pollution, 2020, 259：113909.

[58]　杨瑶瑶，王惠惠，沈玉君，等．多级填料床对尿液养分吸附协同水质净化效果及机理 [J/OL]．农业环境科学学报：1 – 16 [2023 – 07 – 07]．

[59]　BOUCHARD D, KNIGHTES C, CHANG X, et al. Simulating multiwalled carbon nanotube transport in surface water systems using the Water Quality Analysis Simulation Program（WASP）[J]. Environmental Science & Technology, 2017, 51 (19)：11174 – 11184.

[60]　陈军．浐灞生态区水环境数值模拟研究 [D]．西安：西安理工大学，2018．

[61]　朱文婷．低污染水生态净化技术方案研究与效果评估 [D]．南京：南京大学，2016．

[62]　张瑞斌，黄玉莹，张宇．应用 QUAL2K 模型模拟优选河道水体生态净化方案 [J]．环境工程技术学报，2018，8（2）：185 – 190．

[63]　XIAO L, CHEN Z, ZHOU F, et al. Modeling of a surface flow constructed wetland using the HEC – RAS and QUAL2K models：A comparative analysis [J]. Wetlands, 2020, 40 (7)：1 – 11. DOI：10.1007/s13157 – 020 – 01349 – 7.

[64]　ZHU W T, NIU Q, ZHANG R B, et al. Application of QUAL2K model to assess ecological purification technology for a polluted river [J]. International Journal of Environmental Research and Public Health, 2015, 12 (2)：2215 – 2229. DOI：10.3390/ijerph120202215.

[65]　陈德坤，朱文博，王洪秀，等．WASP 水质模型在表流人工湿地中的优化与应用 [J]．工业水处理，2018，38（2）：70 – 74．

[66]　裴羽佳，张永祥，蒋泽奇．基于 EFDC 和 WASP 的组合水处理生态工程数值模拟 [J]．水电能源科学，2020，38（9）：87 – 90，100．

[67]　LIANG J, YANG Q, SUN T, et al. MIKE 11 model – based water quality model as a tool for the evaluation of water quality management plans [J]. Journal of Water Supply：Research & Technology – AQUA, 2015, 64 (6)：708 – 718. DOI：10.2166/aqua. 2015.048.

[68]　侯晓辉，周倩，邢宝龙，等．灌河生态修复人工湿地的水动力水质模拟 [J]．人民黄河，2020，42（3）：68 – 72．

[69]　ZHANG T, BAN X, WANG X, et al. Analysis of nutrient transport and ecological response in Honghu Lake, China by using a mathematical model [J]. Science of the Total Environment, 2017, 575 (jan. 1)：418 – 428. DOI：10.1016/j. scitotenv. 2016.09.188.

[70]　朱丹彤．基于内源释放实验及 HSPF – WASP 耦合模型分析环境因子对河流水质的影响 [D]．广州：华南理工大学，2019. DOI：10.27151/d. cnki. ghnlu. 2019.004768.

[71]　冯利忠．黄河呼和浩特段动态性水环境容量研究及风险评价 [D]．呼和浩特：内蒙古农业大学，2016．

[72]　王海涛，金星．水质模型的分类及研究进展 [J]．水产学杂志，2019，32（3）：48 – 52．

[73]　汤维明，付晓花，王盼，等．基于 SWMM 和 MIKE11 的城市河流水质动态模型构建及应用 [J]．西北水电，2023，200（1）：6 – 12．

[74]　刘瑾，田博，项学敏，等．浑河流域沈阳段氨氮污染源核算及水质模拟分析 [J]．水电能源科学，2020，38（1）：40 – 43，4．

[75]　罗波，段庭恒，周敏，等．HEC – RAS 在江津区流域水环境治理中的应用 [J]．中国给水排水，2022，38（19）：35 – 42. DOI：10.19853/j. zgjsps. 1000 – 4602. 2022.19.006.

[76]　胡婷婷，徐刚，苏东旭，等．基于 HEC – RAS 的梧桐山河流域水质模拟及应用 [J]．水文，2022，42（3）：37 – 42. DOI：10.19797/j. cnki. 1000 – 0852. 20200400.

[77] 赖红, 杨延东, 袁嬿, 等. 基于 CE-QUAL-W2 模型的功果桥水库与景洪水库水温模拟对比 [J]. 水电能源科学, 2023, 41 (4): 114-117, 101. DOI: 10.20040/j. cnki. 1000-7709. 2023. 20220976.

[78] 徐存东, 任子豪, 李智睿, 等. 基于 MIKE21 的南浔区河网水动力水质耦合模拟研究 [J]. 环境科学与技术, 2022, 45 (10): 51-59. DOI: 10.19672/j. cnki. 1003-6504. 0926. 22. 338.

[79] 郭振, 汤新武. 基于 MIKE 模型的黄沙河流域水质改善评估 [J]. 水资源开发与管理, 2022, 8 (12): 39-46, 70. DOI: 10.16616/j. cnki. 10-1326/TV. 2022. 12. 07.

[80] 韩玉璞, 王亮, 王世岩, 等. 基于 MIKE21 的城市入河排污口水质影响预测研究——以南方某城市污水处理厂为例 [J]. 四川环境, 2023, 42 (3): 106-114. DOI: 10.14034/j. cnki. schj. 2023. 03. 016.

[81] 李大鸣, 李佩瑶, 栗琪程, 等. 基于 SWAT-WASP 耦合的东洋河流域水质分析 [J]. 安全与环境学报, 2021, 21 (2): 849-857. DOI: 10.13637/j. issn. 1009-6094. 2020. 0198.

[82] 裴羽佳, 张永祥, 蒋泽奇. 基于 EFDC 和 WASP 的组合水处理生态工程数值模拟 [J]. 水电能源科学, 2020, 38 (9): 87-90, 100.

[83] 李亚峰, 伍建伯, 程浩. 基于 EFDC 模型的汤河水库污染物质扩散模拟 [J]. 沈阳建筑大学学报 (自然科学版), 2022, 38 (5): 945-952.

[84] 陈焰, 夏瑞, 王璐, 等. 基于 SWMM-EFDC 耦合模拟的新凤河流域水环境治理工程效应评估 [J]. 环境工程技术学报, 2021, 11 (4): 777-788.

[85] 高文丽, 沈芳, 车越. 基于卫星观测及水质动力模型的感潮河流水质监测分析 [J]. 环境工程学报, 2021, 15 (8): 2821-2830.

[86] 吴凡杰, 吴钢锋, 董平, 等. 基于三维水动力水质数值模型的象山港排污策略研究 [J]. 海洋环境科学, 2021, 40 (1): 24-33. DOI: 10.13634/j. cnki. mes. 2021. 01. 004.

[87] 陈能汪, 余镒琦, 陈纪新, 等. 人工神经网络模型在水质预警中的应用研究进展 [J]. 环境科学学报, 2021, 41 (12): 4771-4782. DOI: 10.13671/j. hjkxxb. 2021. 0343.

[88] QIU L Q, YU P, LI S F, et al. Water purification effect of ecological floating bed combination based on the numerical simulation [J]. Sustainability, 2022, 14 (19): 12276.

[89] 何玉实, 王筱平, 何彤慧, 等. 水深、光照对三种沉水植物生长特征及除氮效果的影响 [J]. 北方园艺, 2022, 517 (22): 81-90.

[90] 陈琳, 李晨光, 李锋民, 等. 水生态修复植物生长特性比较与应用潜力 [J]. 环境污染与防治, 2022, 44 (7): 933-938. DOI: 10.15985/j. cnki. 1001-3865. 2022. 07. 017.

[91] 唐伟, 许海, 詹旭, 等. 生态浮床对千岛湖水体氮磷净化效果研究 [J]. 环境科学研究, 2022, 35 (4): 926-935. DOI: 10.13198/j. issn. 1001-6929. 2021. 12. 26.

日调节梯级水电站工程对四大家鱼产卵场
生态水力影响分析
——以湘江干流梯级水电站为例 *

毛德华[1]　曹艳敏[1,2]　王　婷[1]　王克林[3]　郭瑞芝[4]

（1. 湖南师范大学地理科学学院，长沙 410081；2. 湖南城市学院 土木工程学院，湖南 益阳 413000；
3. 中国科学院亚热带农业生态研究所，长沙 410125；4. 湖南师范大学数学与统计学院，长沙 410081）

摘　要　湘江干流是我国"四大家鱼"三大产卵场之一，在常宁张河铺至衡阳香炉山、云集潭典型江段集中分布有大堡、柏坊、松江和渔市 4 个产卵场。以高流量脉冲作为非恒定边界条件，通过工程建成前后数值模拟，分析日调节梯级水电站工程对 4 个产卵场生态水力的影响。研究结果表明：①梯级水电站工程建成后，4 个产卵场水位均抬高，但大堡、柏坊、松江产卵场流速有较大幅度下降，而渔市产卵场的流速增加，前者不利于四大家鱼产卵，后者利于四大家鱼产卵；柏坊、松江和渔市产卵场的流速脉冲过程提前，涨水历时缩短，流速峰值持续时间变短，不利于刺激家鱼产卵。②上游、中游与下游江段流量变化率在工程建成后均扩大，面积峰值均减少，而有流量变化的河道面积和面积峰值对应的流量变化率分别呈现出减少、增加的变化态势，表明对上游和下游江段家鱼产卵带来综合效应，而对中游江段家鱼产卵带来不利影响。③工程建成后流速低于腰点流速的水域面积增大至 3 倍；位于鱼类感应流速、触发流速、喜好流速范围的水域面积缩小为原有的 15.8%、1.5%、2.0%。刺激家鱼产卵的有效流速面积大幅减少，不利于家鱼产卵。日调节水电站工程对高流速值面积的影响回水区大于下游区，表明将研究范围拓展到回水区的必要性。

关键词　日调节型水电站；高流量脉冲；四大家鱼；产卵场；生态水力；湘江

1　引言

河流和湖泊占地球表面面积不到 1%，却拥有近 18000 种淡水鱼类。鱼类不仅提供了食物安全、生产娱乐和社区文化等方面的功能[1]，也反映了淡水生态系统的健康状况和生物多样性[2]。适宜的栖息地是鱼类生存繁衍的必要条件[3]。产卵是鱼类繁殖的关键环节，产卵场是鱼类经过长期选择完成其繁殖的场所。鱼类产卵场是鱼类栖息地中重要而敏感的场所，逐渐成为河流生态学研究的重点。水坝建设破坏了河流连通性，阻碍了鱼类向索饵场和产卵场移动和迁徙[4]。河流水电工程的开发尤其是梯级开发对鱼类繁衍与生长发育造成了严重的影响。水利工程调控对河流生态水力的影响机制是涉及生态水力学相关的关键科学问题[5]。

从全球尺度来看，目前 397 个经评估的淡水生态区中，约 50% 被大中型水坝阻隔，约 27% 面临额外的下游阻隔。这些受水坝阻隔造成鱼类物种损失的区域均面临不同程度的风险，其中部分区域存在鲥鱼、鳗鱼等物种灭绝的风险[6]。目前，关于水坝建设对生态多样性影响的研究中，近一半围绕水坝对鱼类的影响展开[7]。国外的研究认为水坝不仅阻隔了鱼类洄游迁徙路线[8]，也引起了水库蓄水区和下游河段水温、流速、流量、水位等水文要素的变化[9-11]。使鱼类生境和栖息地在代际更替中更加破碎化[12]，影响鱼类种群产卵和双向基因流动，最终导致鱼类和水生动物丰度和生物多样性的减少[13-15]。国内关于水利工程建设对鱼类影响的研究大多集中在长江上游的金沙江[16]、三峡工程[17-18]和葛洲坝[19]的下游地区，长江中下游的汉江[20-21]、湘江[21]以及珠江流域[23-24]，内容上围绕水库、梯级水电站或航道整治等水利工程建设对鱼类产

---

* 基金项目：国家自然科学基金区域创新发展联合基金项目（U19A2051），湖南省重点研发计划项目（2017SK2301），湖南省重大水利科技项目（湘水科计 [2016] 194 - 13）和湖南省国内一流培育学科建设项目：地理学（5010002）联合资助。

第一作者简介：毛德华（1964— ），男，湖南益阳人，博士，教授，博士生导师，主要从事流域水资源与水生态环境、洪旱灾害研究工作。E-mail：850276407@qq.com

卵场、生境、栖息地的影响[25-28]，对象上以中华鲟、四大家鱼、裂腹鱼类为典型代表。然而，国外的研究较少关注梯级水电站的建设对鱼类综合或长期的影响，国内的研究则集中于多年调蓄型水电站的影响，而日调节型水电站研究较少。班静雅等[29]利用一维非恒定流数学模型，探讨了日调节水电站调峰运行峰荷流量的持续时间对下游鱼类栖息地的影响程度，曹艳敏等[30]评价了湘江干流衡阳站日调节电站库区生态水文情势和生物多样性的变化。已有的研究范围大多聚焦于水库下游地区，对库区回水范围及两梯级之间的影响及其机理尚不清晰，相应数值模拟的开展也常以恒定流作为边界条件，而对真正刺激家鱼产卵的流量脉冲过程较少开展模拟研究。现有研究多从流量、水位等水文条件来分析其对家鱼产卵场生境的影响，较少对刺激家鱼产卵的流速这一关键因素进行模拟分析。在自然界中流量和水位的变化可以直接反映流速的变化，且流量和水位比流速更易直观监测，因此众多学者以流量和水位的变化分析来揭示对家鱼产卵生境的影响。但水电站的运行改变了天然流量、水位及流速的关系，因此单纯分析流量、水位的变化已不能找出流速值真正的变化，只分析流量、水位已不能全面寻找刺激家鱼产卵的特征。虽然日调节型水电站调蓄库容有限，对天然径流的改变程度也相对较小，但拦河坝的阻隔作用，水电站蓄水的回水作用以及由于发电调锋对下游的调节作用都将影响河流天然流速。因此通过建立二维水动力模型来分析日调节型梯级水电站工程建成前后家鱼产卵场生态水力条件的变化程度，以揭示梯级开发对家鱼产卵的影响亟待加强。

2　研究地区与模型建立

2.1　研究区概况

湘江是长江重要支流之一，是湖南省最长的河流，全长856km，流域面积94660km²，多年平均径流量达696.1×10⁸m³，水量充沛而少沙。在湘江干流规划的8大梯级水电站已经全部建好，自上而下分别为潇湘、浯溪、湘祁、近尾洲、土谷塘、大源渡、株洲、长沙水电站（航电枢纽）。湘江干流是我国"四大家鱼"三大产卵场之一[31-33]，其天然鱼苗产量约占全国的1/4，主要分布在从常宁张河铺至衡阳香炉山、云集潭共计达88km的江段上，集中有大堡、柏坊、松江和渔市4个产卵场（图1）。

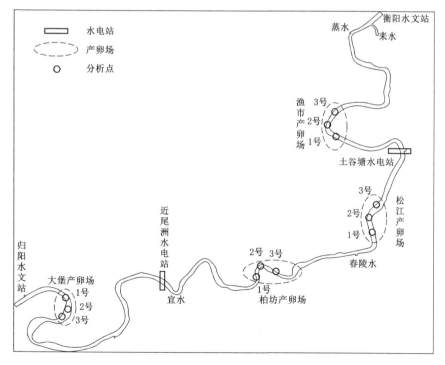

图1　研究范围示意图

2.2　模型的建立

四大家鱼属半洄游性产漂流性卵鱼类，一般在缓水、敞水中育肥，洄游到江河中上游，在江水湍流处产卵,受精卵吸水膨胀后为漂浮性(俗称"腰点"),随水漂流孵化,需要达到一定的流速,保持一定的流程。因此,洄游通道的畅通和适宜的水流可以促进四大家鱼的繁殖,整个孵化过程流速要保持在 0.3m/s 以上,鱼苗"腰点"前不得低于 0.2m/s;否则,受精卵及腰点阶段以前的鱼苗会在静水中沉于水底窒息而亡[31]。据 20 世纪 70 年代以来对湘江干流渔业资源的多次调查[32-34],湘江四大家鱼的产卵期为 4 月下旬至 7 月,主要集中在 6 月,此间水温完全能够满足四大家鱼产卵所需的稳定高于 18℃ 的要求。然而产卵量持续减少、占比持续下降,湘江四大家鱼苗从 20 世纪末的 5 亿尾减少到 2010 年的 0.5 亿尾,占比从 20 世纪 60—70 年代的 18.8% 下降到 2010 年 1.77%[33] 和 2017 年的 1% 以下或未发现[34],渔获量不断减少和四大家鱼占比不断降低,均被定性认为湘江干流梯级水电站建设是产生此后果的主要原因,但究竟有怎样的影响,缺少定量的模拟分析。高流量脉冲尤其是洪水脉冲是四大家鱼洄游和产卵的主要刺激条件,产卵规模与涨水幅度和持续时间呈正相关关系。而湘江高流量和洪水的集中期为 6 月[35],此时也是产卵的集中期。将流量由小到大排列,小于等于 50% 的流量归为低流量过程,大于 67% 的流量归为高流量过程。流量为 50%~67% 时,如果当天流量比前一天流量增加 20% 则认为高流量开始,若后一天流量比当天流量减少 10% 则认为高流量结束,高流量以外的被认为是低流量;高流量中大于平滩流量的水文过程归为洪水脉冲过程[36]。用该方法得出归阳水文站 1961—2017 年 $Q_{低流量}\leqslant461m^3/s$;$764m^3/s\leqslant Q_{高流量}\leqslant7530m^3/s$;$Q_{洪水脉冲}\geqslant7530m^3/s$。

本文利用 MIKE21、Tecplot 软件,以涵盖 4 个产卵场的湘江干流归阳水文站至衡阳水文站为研究范围(图1),研究范围包括中游江段近尾洲水电站(2002 年建成)和土谷塘水电站(2015 年建成)两梯级之间、上游江段近尾洲水电站回水区及下游江段土谷塘水电站下游区域,以 2018 年 6 月 7—13 日高流量脉冲作为非恒定边界条件,建立日调节梯级水电站工程建成前后(以下简称"工程建成前"、"工程建成后")对 4 个产卵场生态水力影响模型,分析日调节梯级水电站工程对产卵场水位、流速、流量变化率及分级流速面积等生态水力要素的影响程度及其对家鱼产卵的效应,以期为湘江鱼类资源保护及梯级水电站生态调度提供科学依据。

2.2.1　地形数据

地形数据来自 2017 年湖南省交通规划勘察设计院有限公司测得 1:2000 水下地形 CAD 图。地形范围为湘江干流归阳水文站至衡阳水文站,共 137km(图1),在每个产卵场范围上游至下游分别选取 1 号、2 号、3 号共 3 个典型点。提取 CAD 图中的河道地形数据,转为 .xyz 格式文件,匹配坐标后导入 MIKE21 软件中,根据高程数据内插得到模拟区域地形(mesh)文件。

2.2.2　网格划分

根据河道地形特点合理布置计算网格,采用三角形网格对计算区域进行网格划分,共计 146440 个三角形网格,计算节点 77725 个。其中,为满足计算精度,在产卵场区域划分较细。

2.2.3　边界条件

(1)闭合边界:沿着陆地边界,垂直于边界的所有流动变量设置为 0,沿着陆地边界的动量方程是完全平稳的。

(2)开边界:模型以归阳水文站逐日流量作为上游边界条件,以衡阳水文站逐日水位作为下游边界条件。

(3)区间有宜水、春陵水、蒸水及耒水 4 条支流汇入,分别按各支流汇入位置,以各支流逐日流量作为源项形式汇入。

(4)干湿边界处理:若网格单元上的水深变浅又未处于露滩情况下,水动力计算采用将该网格单元上的动量通量设置为 0,只考虑质量通量;若网格单元上的水深变浅至露滩状态时,计算过程将忽略该网格单元,直到该网格重新被淹为止。

(5)计算模型过程中,每一时间步计算,要检测所有网格单元水深,并按干点、半干湿点和湿点分类,每个单元的临边都被检测,以便确定水边线位置。

2.2.4　模型的验证条件

采用交通运输部天津水运工程科学研究院编制的《湘江土谷塘航电枢纽工程总体布置优化模型试验研究》中土谷塘水电站(航电枢纽)坝址附近布置的水尺实测值对模拟模型计算结果中的水位进行验证,该报告在研究河段左、右岸共布设 8 把水尺,进行了实际水面线测量,水尺间隔 1.5km。

2.2.5 率定与验证计算成果

由近尾洲至衡阳段（表1）验证结果可以得出，满足《内河航道与港口水流泥沙模拟技术规程》（JTS/T 231-4—2018）中要求的水位允许偏差在±0.1m，水流率定宜包括枯水、中水、洪水流量级要求。因此，本次模拟具有较高的可信度。

表1　　　　　　　　　　　近尾洲至衡阳段模型水位验证　　　　　　　　　　　单位：m

水尺编号		$Q=1250\text{m}^3/\text{s}$			$Q=4380\text{m}^3/\text{s}$			$Q=7060\text{m}^3/\text{s}$		
		模型	实测	差值	模型	实测	差值	模型	实测	差值
右岸	右1	51.02	51.02	0.00	54.78	54.71	0.07	57.27	57.26	0.01
	右2	50.91	50.95	−0.04	54.62	54.61	0.01	57.13	57.12	0.01
	右3	50.80	50.82	−0.02	54.47	54.45	0.02	56.99	56.95	0.04
	右4	50.71	50.73	−0.02	54.29	54.28	0.01	56.85	56.80	0.05
左岸	左1	51.00	51.03	−0.03	54.75	54.72	0.03	57.26	57.27	−0.01
	左2	50.90	50.96	−0.06	54.62	54.62	0.00	57.12	57.18	−0.06
	左3	50.79	50.83	−0.04	54.45	54.45	0.00	56.99	56.96	0.03
	左4	50.71	50.73	−0.02	54.26	54.29	−0.03	56.82	56.84	−0.02

3　结果与分析

3.1　梯级水电站工程建成前后产卵场典型点水位流速变化分析

3.1.1　大堡产卵场水位流速变化分析

大堡产卵场位于归阳水文站下游，近尾洲水电站库区范围内。工程建成前后，该产卵场流量-水位-流速关系基本一致，在高流量脉冲流量高点，水位及流速值最大，从区域范围上对比，产卵场中心处流速值最大。工程建成后，该区域水位明显抬高，抬高范围为0.59~2.01m，并且自上游至下游的水位坡度由工程建成前的0.22m/km减少到工程建成后的0.04m/km。工程建成前，该产卵场1号、2号和3号，流量高点时流速峰值分别为1.01m/s、1.74m/s和0.74m/s；工程建成后，流量高点时流速峰值分别为0.79m/s、1.01m/s和0.52m/s。工程建成后整个产卵场流速明显减少，减少范围为0.15~0.86m/s，产卵场上、中、下游流速分别平均减少了24%、43%和32%左右（图2）。

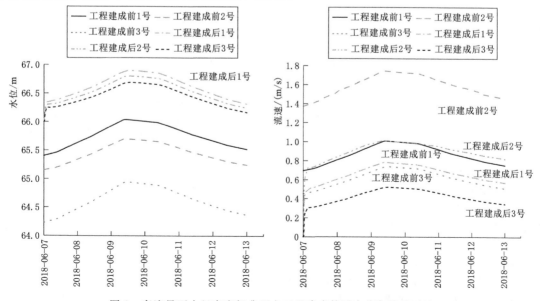

图2　高流量下大堡产卵场典型点工程建成前后水位与流速对比

3.1.2 柏坊产卵场水位流速变化分析

柏坊产卵场位于近尾洲水电站与土谷塘水电站之间。工程建成后，该产卵场流量-水位-流速关系不同于工程建成前。因为位于土谷塘库区回水范围，该区域水位明显抬高，抬高范围为3.72～5.06m，自上游至下游的水位坡度由工程建成前的0.06m/km减少到工程建成后的0.01m/km。工程建成前，该产卵场1号、2号和3号，流量高点时流速峰值分别为0.57m/s、0.94m/s和0.89m/s。工程建成后，流量高点时流速峰值分别为0.46m/s、0.64m/s和0.54m/s。由于上游近尾洲电站的调度调节作用，涨水过程由天然的3天缩短至1.5天。工程建成后，整个产卵场流速减少范围为0.43～0.01m/s，产卵场上、中、下游流速分别平均减少了23%、35%和44%左右（图3），且使流速的脉冲过程变得"尖锐"，涨水时间缩短，高流速峰值持续时间变短，这些都不利于刺激家鱼产卵。

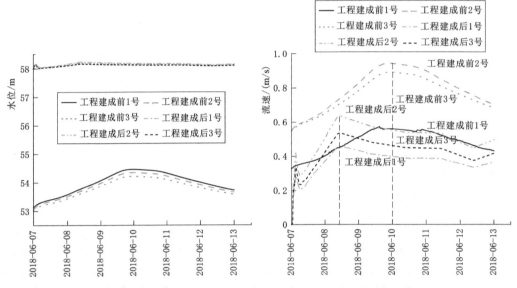

图3　高流量下柏坊产卵场典型点工程建成前后水位与流速对比

3.1.3 松江产卵场水位流速变化分析

松江产卵场位于柏坊产卵场下游，近尾洲水电站与土谷塘水电站之间。同样，工程建成后该产卵场流量-水位-流速关系不同于工程建成前。工程建成后水位明显抬高，抬高范围为5.12～7.66m，自上游至下游的水位坡度基本持平。工程建成前，该产卵场1号、2号和3号，流量高点时流速峰值分别为1.18m/s、1.13m/s和0.56m/s；工程建成后，流量高点时流速峰值分别为0.42m/s、0.37m/s和0.26m/s。由于上游近尾洲电站的调节作用，涨水过程由天然的3天缩短至1.5天。工程建成后整个产卵场流速减少范围为0.81～0.11m/s，产卵场上、中、下游流速分别平均减少68%、71%和56%左右（图4），使流速的脉冲过程变得"尖锐"，涨水时间缩短，高流速峰值持续时间变短，不利于刺激家鱼产卵。

3.1.4 渔市产卵场水位流速变化分析

渔市产卵场位于土谷塘水电站下游，梯级工程建成后该产卵场流量-水位-流速关系不同于工程建成前。工程建成前，该产卵场1号、2号和3号，流量高点时流速峰值分别为0.79m/s、0.65m/s和0.49m/s；工程建成后，流量高点时流速峰值分别为1.02m/s、0.85m/s和0.67m/s。涨水过程由天然的3天缩短至1.5天。整个产卵场流速增加，个别时段流速减少，增加范围为0.51～0.04m/s，上、中、下游流速分别平均增加21%、21%和25%左右（图5）。由于上游电站的调节作用，水位、流速脉冲过程提前，变得"尖锐"，涨水时间缩短，峰值持续时间变短，这些均不利于家鱼产卵，但水位、流速峰值高于天然过程中的峰值，又利于家鱼产卵，因此体现出综合作用。

3.2 梯级水电站工程建成前后流量加速度变化分析

3.2.1 梯级水电站工程建成前后上游河段流量加速度变化分析

梯级工程建成后，上游河段流量加速度的范围由工程建成前的-0.42～0.45(m³/s)/d，扩大到工程建

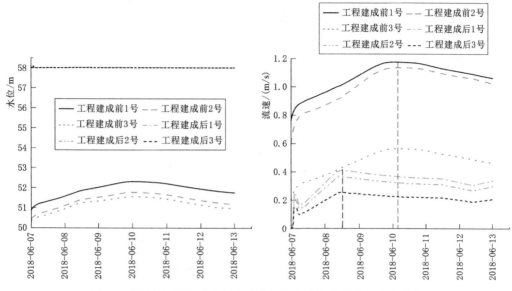

图 4　高流量下松江产卵场典型点工程建成前后水位与流速对比

成后的 $-3.1 \sim 3.01$ （m^3/s）/d，有加速度的河段面积增加，由工程建成前的 $1.66 \times 10^7 m^2$ 增加至工程建成后的 $2.01 \times 10^7 m^2$，增加了 21.5%。工程建成前面积峰值对应的流量加速度为 0.2 （m^3/s）/d，对应面积 $1.12 \times 10^7 m^2$；工程建成后面积峰值对应的流量加速度介于 $0 \sim 0.1$ （m^3/s）/d，对应面积为 $0.96 \times 10^7 m^2$（图 6 和图 7）。这说明在高流量涨水过程中，库区回水范围面积峰值对应的流量加速度减小。

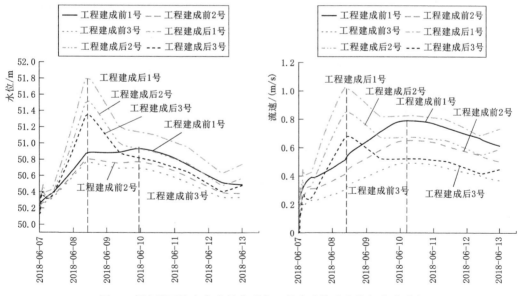

图 5　高流量下渔市产卵场典型点工程建成前后水位与流速对比

3.2.2　梯级水电站工程建成前后中游河段流量加速度变化分析

梯级工程建成后，中游河段流量加速度的范围由工程建成前的 $-0.12 \sim 0.63$ （m^3/s）/d 扩大到工程建成后的 $-0.50 \sim 1.76$ （m^3/s）/d，但有流量加速度的河段面积减少，由工程建成前的 $2.62 \times 10^7 m^2$ 减少至工程建成后的 $2.17 \times 10^7 m^2$，减少了 17%。工程建成前和工程建成后面积峰值对应的流量加速度都为 0.2 （m^3/s）/d，工程建成前面积峰值为 $0.97 \times 10^7 m^2$，工程建成后面积峰值为 $0.91 \times 10^7 m^2$（图 8 ~ 图 10）。

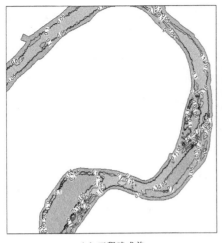

（a）工程建成前　　　　　　　　　（b）工程建成后

图 6　高流量下大堡产卵场工程建成前后流量加速度

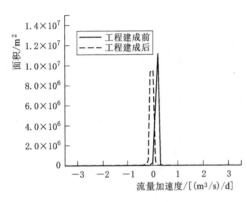

图 7　高流量下工程建成前后上游流量
加速度面积对比

3.2.3　梯级水电站工程建成前后下游河段流量加速度变化分析

因为上游水电站的调节作用，下游河段流量加速度比工程建成前有所增长（图 11），由工程建成前的 $-0.45\sim0.32$（m^3/s）/d 扩大到工程建成后的 $-0.38\sim2.89$（m^3/s）/d；但有流量加速度的河段面积由 $1.81\times10^7\,m^2$ 减少至 $1.76\times10^7\,m^2$，减少了 3%。面积峰值对应流量加速度由 0.2（m^3/s）/d 增加至 0.5（m^3/s）/d，工程建成前面积峰值为 $0.91\times10^7\,m^2$，工程建成后面积峰值为 $0.54\times10^7\,m^2$（图 12）。

3.3　梯级水电站工程建成前后分级流速面积变化分析

通过现场实测观察得出，流速大，刺激产卵所需要时间短；流速小，刺激产卵所需时间长。例如对同一产卵场，当流速为 2m/s 时，家鱼经过 0.5 天开始产卵；当流

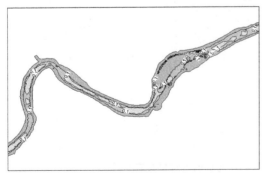
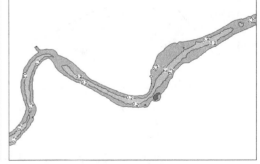

（a）工程建成前　　　　　　　　　（b）工程建成后

图 8　高流量下松江产卵场工程建成前后流量加速度

速为 $1\sim1.2$m/s 时，涨水后 2 天左右，家鱼开始产卵[37]。由此可知较高流速及其持续时间是刺激家鱼产卵的必要条件。进一步论证，不同分级流速对四大家鱼产卵的意义[38-39]："腰点"流速，0.2m/s，家鱼鱼卵和鱼苗需要流速维持在此速度以上；感应流速，$0.86\sim1.11$m/s，流速在此区间亲鱼逐渐发生产卵行为；触发

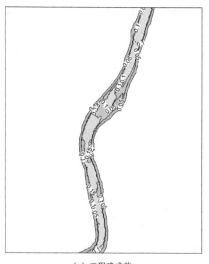
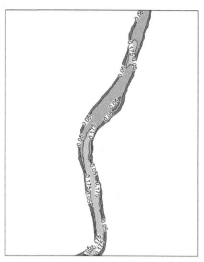

（a）工程建成前　　　　　　　　　　　（b）工程建成后

图 9　高流量下松江产卵场工程建成前后流量加速度

流速，1.11～1.49m/s，亲鱼会逐渐出现产卵活动；喜好流速，1.40～1.60m/s，适宜亲鱼产卵。为此，以高流量脉冲涨水过程为对象，首先得出每个模拟网格流速上涨过程的平均流速，然后统计不同分级流速的水域面积，从总体（基本以工程建成前后流速分级面积折线交叉点为界）和对鱼类产卵意义明确的典型流速分级面积进行分析，进一步揭示工程运行对产卵场生态水力的影响。

　　归阳水文站至近尾洲水电站的上游河段，当 $v \geqslant$ 0.6m/s 时，该流速范围内的累积面积由工程建成前的 $14.13 \times 10^6 \text{m}^2$ 减少至工程建成后的 $3.44 \times 10^6 \text{m}^2$，减少了 75.7%；分级流速面积峰值对应流速由工程建成前的 0.7m/s 下降到工程建成后的 0.3m/s。当 $0 \leqslant v < 0.6 \text{m/s}$

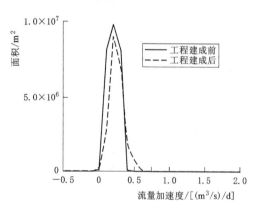

图 10　高流量下工程建成前后中游
流量加速度面积对比

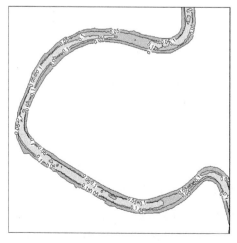
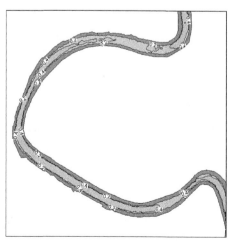

（a）工程建成前　　　　　　　　　　　（b）工程建成后

图 11　高流量下渔市产卵场工程建成前后流量加速度

时，该流速范围内的累积面积由工程建成前的 $4.9×10^6\,m^2$ 增加至工程建成后的 $18.66×10^6\,m^2$，增长了 2.8 倍 [图 13（a）]。

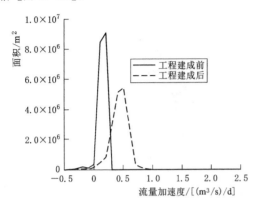

图 12　高流量下工程建成前后下游
流量加速度面积对比

近尾洲至土谷塘水电站中游河段，当 $v{\geqslant}0.5\,m/s$ 时，该流速范围内的累积面积由工程建成前的 $15.63×10^6\,m^2$ 减少至工程建成后的 $3.80×10^6\,m^2$，减少了 75.7%；分级流速面积峰值对应流速由 0.6m/s 降到 0.3m/s。当 $0{\leqslant}v{<}0.5\,m/s$ 时，该流速范围内的累积面积由工程建成前的 $5.08×10^6\,m^2$ 增加至工程建成后的 $20.05×10^6\,m^2$，增长了 2.9 倍 [图 13（b）]。

土谷塘水电站至衡阳水文站下游河段，当 $v{\geqslant}0.5\,m/s$ 时，该流速范围内的累积面积由工程建成前的 $10.77×10^6\,m^2$ 减少至工程建成后的 $6.80×10^6\,m^2$，减少了 36.82%；分级流速面积对应的峰值流速由 0.5m/s 降到 0.4m/s。当 $0{\leqslant}v{<}0.5\,m/s$ 时，该流速范围内的累积面积由工程建成前的 $9.26×10^6\,m^2$ 增加至工程建成后的 $13.04×10^6\,m^2$，增长了 40.8% [图 13（c）]。同时由图 13（b）和图 13（c）对比分析可知，水电站对下游河段高流速面积的影响要小于对回水范围内的影响。

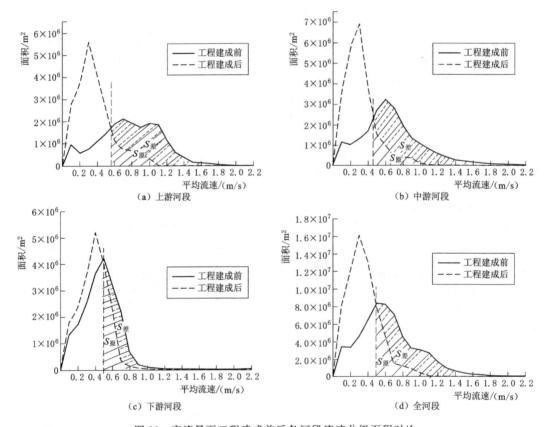

图 13　高流量下工程建成前后各河段流速分级面积对比

针对全河段，当 $v{\geqslant}0.5\,m/s$ 时，该流速范围内的累积面积由工程建成前的 $41.93×10^6\,m^2$ 减少至工程建成后的 $16.55×10^6\,m^2$，减少了 60.5%；分级流速面积峰值对应的流速由 0.5m/s 降到 0.3m/s。当 $0{\leqslant}v{<}$ 0.5m/s 时，该流速范围内的累积面积由工程建成前的 $17.77×10^6\,m^2$ 增加至工程建成后的 $47.21×10^6\,m^2$，增长了 1.66 倍 [图 13（d）]。

梯级工程建成后，上中游河段低于"腰点"流速0.2m/s的水域面积明显增大，下游河段低流速面积变化相对较小；感应流速、触发流速、喜好流速的水域面积梯级运行后下降明显；流速为0.2~0.86m/s的水域面积，在产卵场各区段有升有降。整体来看，梯级工程对高流量脉冲过程的影响较大，枢纽蓄水大大降低了该河段的流速，其中流速低于0.2m/s的水域面积增大至3倍；流速位于感应流速、触发流速、喜好流速范围的水域面积缩小至原有的15.8%、1.5%、2.0%。工程建成后刺激家鱼产卵的有效流速对应面积大幅下降，对家鱼产卵带来不利影响。

4 结论

本文以典型高流量脉冲过程作为模拟边界条件，模拟范围涉及湘江干流梯级水电站库区回水范围、两梯级电站之间及梯级下游区域，对比分析了归阳水文站至衡阳水文站河段的大堡、柏坊、松江和渔市4个四大家鱼产卵场在天然情况和梯级水电站工程建成后水位、流速、流量变化率、流速分级面积的变化，揭示了湘江干流日调节梯级水电站工程对四大家鱼产卵场生态水力的影响及其效应，得出以下结论：

（1）位于近尾洲水电站与土谷塘水电站两梯级水电站之间的柏坊产卵场和松江产卵场，以及位于土谷塘水电站下游的渔市产卵场，工程建成后这些产卵场的流速脉冲过程变得"尖锐"，涨水时间缩短，流速峰值持续时间变短，不利于刺激四大家鱼产卵。位于近尾洲水电站回水区的大堡产卵场与柏坊产卵场和松江产卵场，工程建成后流速均有较大幅度下降，不利于家鱼产卵，而渔市的流速增加，利于家鱼产卵。因此，日调节水电站的建设在流速方面对库区回水区、两梯级之间的家鱼产卵带来不利影响，而对库区下游家鱼产卵表现为有利有弊的综合效应。

（2）梯级水电站工程建成前后4个产卵场所在的上游、中游与下游江段流量加速度表现为范围均扩大，面积峰值均减少的特征，而有流量加速度的河道面积呈现出增加—减少—减少、面积峰值对应的加速度呈现出减少—不变—增加的变化特点，表明对上游和下游江段家鱼产卵带来综合效应，而对中游江段家鱼产卵带来不利影响。

（3）涨水过程平均流速分级面积的统计表明，工程建成后流速低于"腰点"流速的水域面积增大至3倍；流速位于感应流速、触发流速、喜好流速范围的水域面积缩小至原有的15.8%、1.5%、2.0%。低流速对应面积大幅度提升而高流速对应面积大幅度下降，刺激家鱼产卵的有效流速对应面积大幅下降，不利于家鱼产卵。日调节水电站对高流速值面积的影响回水区大于水电站下游区，表明将研究范围拓展到水电站回水区的必要性。

本研究在河流梯级开发的水电站类型、模拟分析范围及模拟的边界条件上，完善了梯级水电站工程对四大家鱼产卵场生态水力的影响研究。总体上，湘江干流日调节梯级水电站工程给四大家鱼的产卵繁殖带来了不利影响，应通过完善梯级水电站联合生态运行调度和加建鱼道等措施来解决。

参 考 文 献

［1］ SU G, LOGEZ M, XU J, et al. Human impacts on global freshwater fish biodiversity [J]. Science, 2021, 371 (6531): 835 - 838. DOI: 10. 1126/science. abd3369.

［2］ World Wide Fund for Nature (WWF), International Union for Conservation of Nature (IUCN), Alliance for Freshwater Life, et al. The World's Forgotten Fishes report [R/OL].

［3］ MOUCHLIANITIS F A, BOBORI D, TSAKOUMIS E, et al. Does fragmented river connectivity alter the reproductive behavior of the potamodromous fish Alburnus vistonicus? [J]. Hydrobiologia, 2021, 848: 4029 - 4044. DOI: 10. 1007/s10750 - 021 - 04621 - x.

［4］ BARBAROSSA V, SCHMITT R, HUIJBREGTS M, et al. Impacts of current and future large dams on the geographic range connectivity of freshwater fish worldwide [J]. Proleedings of the National Academy of Science, 2020, 117 (7): 3648 - 3655. DOI: 10. 1073/pnas. 1912776117.

［5］ 夏军, 张永勇, 穆兴民, 等. 中国生态水文学发展趋势与重点方向 [J]. 地理学报, 2020, 75 (3): 445 - 457.

［6］ REIDY L C, CHRISTER N, JAMES R, et al. Implications of dam obstruction for global freshwater fish diversity [J]. Bioscience, 2012, 62 (6): 539 - 548. DOI: 10. 1525/bio. 2012. 62. 6. 5.

［7］ WU H, CHEN J, XU J J, et al. Effects of dam construction on biodiversity: A review [J]. Journal of Cleaner Production, 2019, 221: 480 - 489. DOI: 10. 1016/j. jclepro. 2019. 03. 001.

［8］ HILBORN R. Ocean and dam influences on salmon survival [J]. Proleedings of the National Academy of Science,

2013, 110 (17)：6618 - 6619. DOI：10. 1073/pnas. 1303653110.

[9] PELICICE F M, POMPEU P S, AGOSTINHO A A. Large reservoirs as ecological barriers to downstream move-
ments of Neotropical migratory fish [J]. Fish and Fisheries, 2015, 16 (4)：697 - 715. DOI：10. 1111/faf. 12089.

[10] COOPER A R, INFANTE D M, WEHRLY K E, et al. Identifying indicators and quantifying large - scale effects of
dams on fishes [J]. Ecological Indicators, 2016, 61：646 - 657. DOI：10. 1016/j. ecolind. 2015. 10. 016.

[11] NORMANDO F T, SANTIAGO K B, GOMES V, et al. Impact of the Três Marias dam on the reproduction of the forage
fish Astyanax bimaculatus and A fasciatus from the Sao Francisco River, downstream from the dam, southeastern Brazil [J].
Environmental Biology of Fishes, 2014, 97 (3)：309 - 319. DOI：10. 1007/s10641 - 013 - 0153 - 3.

[12] MORITA K, MORITA S H, YAMAMOTO S. Effects of habitat fragmentation by damming onsalmonid fishes：Les-
sons from white - spotted charr in Japan [J]. Ecological Research, 2009, 24 (4)：711 - 722. DOI：10. 1007/s11284 -
008 - 0579 - 9.

[13] JOHNSTON C, ZYDLEWSKI G B, SMITH S, et al. River reach restored by dam removal offers suitable spawning habitat
for endangered shortnose sturgeon [J]. Transactions of the American Fisheries Society, 2019, 148：163 - 175. DOI：
10. 1002/tafs. 10126.

[14] ESGUÍCERO A L H, ARCIFA M S. Fragmentation of a Neotropical migratory fish population by a century - old dam [J].
Hydrobiologia, 2010, 638 (1)：41 - 53. DOI：10. 1007/s10750 - 009 - 0008 - 2.

[15] WINANS G A, GAYESKI N, TIMMINS - SCHIFFMAN E. All dam - affected trout populations are not alike：fine scale ge-
ographic variability in resident rainbow trout in Icicle Creek, WA, USA [J]. Conservation Genetics, 2015, 16 (2)：301 -
315. DOI：10. 1007/s10592 - 014 - 0659 - z.

[16] ZHANG P, QIAO Y, SCHINEIDER M, et al. Using a hierarchical model framework to assess climate change and hydropow-
er operation impacts on the habitat of an imperiled fish in the Jinsha River, China [J]. Science of The Total Environment,
2018, 646：1624 - 1638. DOI：10. 1016/j. scitotenv. 2018. 07. 318.

[17] 李朝达, 林俊强, 夏继红, 等. 三峡水库运行以来四大家鱼产卵的生态水文响应变化 [J]. 水利水电技术 (中英文),
2021, 52 (5)：158 - 166.

[18] 郭文献, 王鸿翔, 徐建新, 等. 三峡水库对下游重要鱼类产卵期生态水文情势影响研究 [J]. 水力发电学报, 2011,
30 (3)：22 - 26, 38.

[19] 班璇, 肖飞. 葛洲坝下游河势调整工程对中华鲟产卵场的影响 [J]. 水利学报, 2014, 45 (1)：58 - 64.

[20] 雷欢, 谢文星, 黄道明, 等. 丹江口水库上游梯级开发后产漂流性卵鱼类早期资源及其演变 [J]. 湖泊科学, 2018,
30 (5)：1319 - 1331.

[21] 汪登强, 高雷, 段辛斌, 等. 汉江下游鱼类早期资源及梯级联合生态调度对鱼类繁殖影响的初步分析 [J]. 长江流域
资源与环境, 2019, 28 (8)：1909 - 1917.

[22] 黎小东, 曹艳敏, 王崇宇. 湘江干流四大家鱼产卵期生态水文情势变化分析 [J]. 人民长江, 2021, 52 (4)：81 - 87.

[23] 陈锋, 雷欢, 郑海涛, 等. 珠江干流梯级开发对鱼类的影响与减缓对策 [J]. 湖泊科学, 2018, 30 (4)：1097 - 1108.

[24] 谭细畅, 李跃飞, 李新辉, 等. 梯级水坝胁迫下东江鱼类产卵场现状分析 [J]. 湖泊科学, 2012, 24 (3)：443 - 449.

[25] 王中敏, 樊皓, 刘金珍. 孤山电站对库区鱼类产卵场水文情势的影响研究 [J]. 人民长江, 2017, 48 (1)：20 -
24, 42.

[26] 李建, 夏自强, 戴会超, 等. 三峡初期蓄水对典型鱼类栖息地适宜性的影响 [J]. 水利学报, 2013, 44 (8)：
892 - 900.

[27] 常留红, 徐斌, 张鹏, 等. 深水航道整治丁坝群对鱼类生境的影响 [J]. 水利学报, 2019, 50 (9)：1086 - 1094.

[28] 易亮, 冯桃辉, 刘玉娇. 航道整治水文情势变化对四大家鱼产卵场的影响——以荆江周天河段为例 [J]. 人民长江,
2019, 50 (4)：94 - 99.

[29] 班静雅, 王玉蓉, 谭燕平. 日调节水电站峰荷流量持续时间对鱼类栖息地的影响 [J]. 中国农村水利水电, 2014 (6)：
132 - 140.

[30] 曹艳敏, 毛德华, 邓美容, 等. 日调节电站库区生态水文情势评价——以湘江干流衡阳站为例 [J]. 长江流域资源与
环境, 2019, 28 (7)：1602 - 1611.

[31] 周志中, 尹剑平. 湘江干流航电枢纽群生态联合运行调度研究 [J]. 湖南交通科技, 2013, 39 (1)：90 - 92.

[32] 李成. 湘江四大家鱼捞苗现状与保护对策 [J]. 内陆水产, 2006 (11)：27 - 28.

[33] 丁德明, 廖伏初, 李鸿, 等. 湖南湘江渔业资源现状及保护对策 [C]. 重庆市水产学会等. 中国南方渔业学术论坛第
二十六次学术交流大会论文集 (上册). 2010：122 - 136.

[34] 高万超, 胡可, 顾庆福, 等. 湘江干流衡阳段与长株潭江段鱼类资源调查与保护对策 [J]. 低碳世界, 2019 (7)：
14 - 16.

[35] 毛德华, 李景保, 龚重惠, 等. 湖南省洪涝灾害研究 [M]. 长沙：湖南师范大学出版社, 2000.

[36] 刘晓燕. 黄河环境流研究 [M]. 郑州：黄河水利出版社，2009.

[37] 陈永柏，廖文根，彭期冬，等. 四大家鱼产卵水文水动力特性研究综述 [J]. 水生态学杂志，2009，30（2）：130－133.

[38] 曹文宣，余志堂，许蕴轩. 三峡工程对长江鱼类资源影响的初步评价及资源增殖途径的研究 [C]//中国科学院三峡工程生态与环境科研项目领导小组. 长江三峡工程对生态与环境影响及其对策研究论文集. 北京：科学出版社 1987，3－17.

[39] 张予馨. 长江中游四大家鱼之草鱼产卵行为的生态水力学研究 [D]. 重庆：重庆交通大学，2017.

井冈山航电枢纽工程水环境影响研究

杨寅群[1]　毕 雪[1]　康 瑾[2]

（1. 长江水利委员会 长江水资源保护科学研究所，武汉 430051；

2. 湖北省生态环境科学研究院，武汉 430072）

摘 要　赣江井冈山航电枢纽工程是江西省"十三五"重点建设项目，是一座以航运为主，兼有发电等综合利用效益的大型航电枢纽工程。工程对于加快建设赣江高等级航道、促进水资源综合利用、促进沿江经济发展具有十分重要的意义。工程的实施将改变赣江部分河段水动力条件，从而对水环境产生一定影响。通过构建水环境数学模型，研究井冈山航电枢纽建设对赣江水环境的影响。结果表明：井冈山枢纽建设前后，赣江干流及库区支流水质类别不会发生变化，工程建设对赣江水环境的影响较小。

关键词　水环境；水质模型；影响预测；赣江

　　江西赣江井冈山航电枢纽工程是江西省和交通运输部"十三五"重点建设项目。工程地处赣江中游河段，江西省吉安市境内，坝址右岸位于万安县窑头镇，左岸位于万安县韶口乡与泰和县马市镇交界处[1]。坝址上距万安水电站 35.8km，是一座以航运为主，兼有发电等综合利用效益的大型航电枢纽工程[2]。

　　工程坝址控制集水面积 40481km²，坝址多处年平均流量 1060m³/s，多年平均径流量 333 亿 m³。水库正常蓄水位 67.5m，死水位 67.1m。库区防洪运行控制水位 66m，水库总库容 2.967 亿 m³，具有日调节性能。电站装机容量 133MW，多年平均年发电量 5.071 亿 kW·h，工程总投资 45.56 亿元。工程建成后可保证赣江全线到 2020 年达到Ⅲ级高等级航道标准，实现"千年赣鄱黄金水道"全线通航，进而带动和推进沿江产业合理布局，对促进沿江经济发展具有十分重要的意义。

　　工程建成后，水库正常蓄水位为 67.5m 时回水将抵达万安水库坝址处，库区河段有万安县城及窑头镇，百嘉镇、韶口乡、潞田镇、罗塘乡、五丰镇等乡镇，库区河段水动力条件的变化是否会造成水环境质量下降是工程环境影响评价需分析的重要问题。采用库区整体一维模型和排污口附近局部二维模型相结合的方式，分析预测井冈山枢纽建设对赣江水环境的影响。

1　库区一维水质模型

　　库区一维水质模型选用丹麦水科所（DHI）开发的 MIKE11[3]。MIKE11 是一维河道、河网综合模拟软件，主要包括降雨径流模块 RR、水动力模块 HD、对流扩散模块 AD 和泥沙输移模块 ST 等[4]，主要用于河口、河流、灌溉系统和其他内陆水域的水文学、水力学、水质和泥沙传输模拟，在防汛洪水预报、水资源水量水质管理、水利工程规划设计论证以及环境影响评价中均得到广泛应用[5]。采用 HD 和 AD 模块构建库区一维水质模型。

1.1　模型方程与数值解法

1.1.1　模型方程

　　模型采用带旁侧入流的一维圣维南方程[6] 和一维对流扩散方程[7] 模拟河道水动力学特征和水质变化，即

（1）水流连续方程[8]：

$$\frac{\partial A}{\partial t}+\frac{\partial Q}{\partial x}=q \tag{1}$$

（2）水流动量方程[9]：

$$\frac{\partial Q}{\partial t}+\frac{\partial \frac{Q^2}{A}}{\partial x}+g\times A\times\frac{\partial h}{\partial x}+\frac{gQ|Q|}{C^2A\times R}=0 \tag{2}$$

第一作者简介：杨寅群（1986— ），男，江西南昌人，博士，高级工程师，主要从事流域水资源保护与水利工程环境影响研究工作。Email：yangyinqun@whu.edu.cn

（3）污染物输移扩散方程[10]：

$$\frac{\partial AC_i}{\partial t} + \frac{\partial QC_i}{\partial x} - \frac{\partial}{\partial x}\left(AD\frac{\partial C_i}{\partial x}\right) = -AKC_i + C_2 q \tag{3}$$

式中：x 为距离坐标；t 为时间坐标；A 为过水断面面积，m^2；Q 为流量，m^3/s；q 为区间入流；h 为水位，m；R 为水力半径，m；g 为重力加速度，m/s^2；C 为河床糙率系数；C_i 为模拟水质指标浓度，mg/L；D 为污染物扩散系数，m^2/s；K 为污染物降解系数，d^{-1}；C_2 为源汇项水质指标浓度，mg/L。

1.1.2　数值解法

MIKE11 采用有限差分法来离散水动力学数学方程，进行河道离散时把计算节点分为流量和水位两类，并且流量和水位节点交错分布[11]。对于圣维南方程组中的连续方程和动量方程的数值求解采用六点中心差分显式有限差分格式[12]。描述水质变化的对流扩散方程采用完全时间和空间中心隐式差分格式进行离散，线性方程组的求解采用双重扫描算法，在流量节点和水位节点上都求解模拟变量[13]。

1.2　计算范围与模型概化

根据井冈山航电枢纽工程特点，拟定计算范围为自万安水库坝址到井冈山航电枢纽工程坝址间的赣江干流及主要支流遂川江和土龙水，其中赣江干流计算河长约 34.7km。

模拟范围河网概化见图 1。其中，干流为赣江，0 点处为井冈山航电枢纽工程坝址；土龙水在赣江 19700.6m 处汇入，模拟河长为 7870m；最大的一条支流遂川江在赣江 24893.6m 处汇入，模拟河长为 17153m。

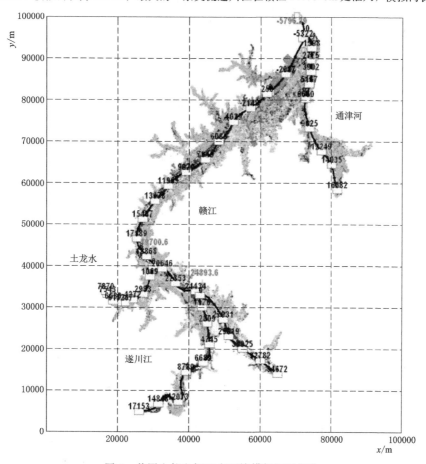

图 1　井冈山航电枢纽水环境模拟河网概化

1.3　模型率定与参数验证

1.3.1　水动力模型验证

采用井冈山航电枢纽工程坝址上游 9.8km 处赣江栋背水文站 2009 年 1 月、5 月和 7 月的水位、流量数据对水动力模型进行验证，具体模拟结果见图 2。

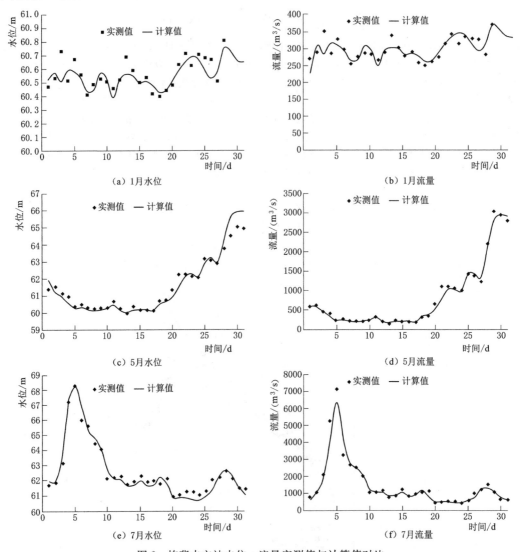

图 2　栋背水文站水位、流量实测值与计算值对比

结果表明：1 月水位平均误差为 0.112%，流量平均误差为 7.141%；5 月水位平均误差为 0.424%，流量平均误差为 6.991%；7 月水位平均误差为 0.428%，流量平均误差为 10.795%。不同水期水位的相对误差在 0.5%之内，流量的相对误差基本在 10%之内，能够满足水动力模拟的精度要求。

1.3.2　水质模型验证

以遂川江汇合口断面（遂川江河口下游 2km 处）作为验证断面对模型模拟结果进行验证，验证结果见表 1，相对误差为 0～8.6%，模拟计算结果与实测结果吻合较好，满足精度要求。

表 1　　　　　　　　　　　　　井冈山航电枢纽工程库区干流一维水质模型验证结果

月份	COD			NH₃ - N		
	实测值/(mg/L)	计算值/(mg/L)	相对误差/%	实测值/(mg/L)	计算值/(mg/L)	相对误差/%
1	6.84	6.85	0.15	0.28	0.26	7.14
5	9.53	8.71	8.6	0.17	0.16	5.88
7	6.81	6.72	1.32	0.16	0.16	0

1.3.3 参数选择

模型中河床糙率系数通过模型的率定与验证来确定，并参照相关研究成果，取值范围为 0.020～0.026。COD 和 NH_3-N 降解系数的取值范围为 0.06～0.10，扩散系数为 $15m^2/s$。

1.4 计算条件

1.4.1 边界条件

以万安水库下泄流量过程及土龙水和遂川江等支流的入流量作为水动力计算的上边界条件；井冈山航电枢纽工程坝址处的水位过程为水动力计算的下边界条件。支流入流过程采用降雨径流相关关系法，取 0.7 为径流系数，根据支流的汇流面积计算得到。

采用水质补充监测成果作为水质边界，分别输入万安水库坝前断面、井冈山航电枢纽工程坝址断面、遂川江井冈山航电枢纽工程水库回水末端上游 1km 处（万安县温家）的水质监测结果。

1.4.2 初值条件

模型计算之前须设定初始条件参数，以保证模型能够平稳启动。本次计算的初始水位为位于井冈山航电枢纽工程水库坝址上游约 2.15km 的烟家山水文站 2016 年 1 月 1 日 8 时水位，初始流量为万安水库 2016 年 1 月 1 日 8 时的出库流量。

1.4.3 模拟工况

井冈山航电枢纽工程建成前后万安水库、遂川江、土龙水和通津河断面流量均按照 95% 保证率最枯月均流量控制。建成前井冈山航电枢纽工程坝址断面水位按照枯水期天然河道水位 57m 控制，建成后井冈山航电枢纽工程坝址断面水位按照正常蓄水位 67.5m 控制。

现状水平年（2015 年）井冈山航电枢纽工程库区共概化为芙蓉镇工业园区排口、万安县污水处理厂排口和万安工业园区排口 3 个污染源。万安县城城镇污水处理厂执行《城镇污水处理厂污染物排放标准》（GB 18918—2002）一级 B 标准，芙蓉镇工业区和万安工业园区主要工业废水排放总量为 112.38 万 t/a，其中主要污染物 COD 排放量为 111.9t/a、NH_3-N 排放量为 11.37t/a。

预测水平年（2025 年）井冈山航电枢纽工程库区污染源数量不变。万安县污水处理厂规模由 5000t/d 扩大到 1 万 t/d，执行《城镇污水处理厂污染物排放标准》（GB 18918—2002）一级 B 标准；芙蓉镇工业区维持现有规模不变；万安工业园区新建污水处理厂，处理能力为 5 万 t/d，执行《城镇污水处理厂污染物排放标准》（GB 18918—2002）一级 B 标准。

由上述水文条件、规划方案和排污条件构成 3 个模拟计算工况，见表 2。万安水库坝址处水质背景浓度选取 2015 年常规监测的最大值。设定 7 个用于比较分析的代表性断面，断面位置见表 3。

表 2　　　　　　　　　　井冈山枢纽库区水质模拟计算工况

序号	模　拟　条　件	备　注
1	井冈山航电枢纽工程建设前，现状水平年污染负荷	现状条件
2	井冈山航电枢纽工程建设前，预测水平年污染负荷	对照条件
3	井冈山航电枢纽工程建设后，预测水平年污染负荷	蓄水条件

表 3　　　　　　　　　　井冈山枢纽库区水质模拟代表性断面位置

序号	断面名称	所在河段	位　置
1	万安县自来水厂河西取水口	赣江	井冈山航电枢纽工程坝址上游 33.2km
2	万安县城	赣江	井冈山航电枢纽工程坝址上游 31.8km
3	万安县污水处理厂	赣江	井冈山航电枢纽工程坝址上游 26.4km
4	遂川江河口	赣江	井冈山航电枢纽工程坝址上游 24.8km
5	土龙水河口	赣江	井冈山航电枢纽工程坝址上游 19.7km
6	井冈山航电枢纽工程坝前	赣江	井冈山航电枢纽工程坝前
7	万安工业园区	遂川江	遂川江河口上游 4.7km

1.5 预测结果

7个代表断面的水质模拟结果见表4。从表4可以看出，井冈山水库成库后干流水质略优于成库前，支流遂川江水质较成库前略有下降，但干、支流水质在成库前后的变化幅度均不大，现状条件及预测水平年排污条件下成库前后水质类别均为Ⅱ类，没有发生改变。井冈山水库的修建及区间入河污染物对库区江段水体水质的影响较小，未对井冈山库区内万安县自来水厂河西取水口水质造成不利影响。

表4　　　　　　　　　　　　　　　井冈山枢纽库区一维水质模拟结果

| 序号 | 断面名称 | COD | | | NH₃－N | | |
		现状	对照	蓄水	现状	对照	蓄水
1	万安县自来水厂河西取水口	9.64	9.64	9.61	0.28	0.28	0.28
	水质类别	Ⅱ	Ⅱ	Ⅱ	Ⅱ	Ⅱ	Ⅱ
2	万安县城	9.51	9.51	9.48	0.27	0.27	0.27
	水质类别	Ⅱ	Ⅱ	Ⅱ	Ⅱ	Ⅱ	Ⅱ
3	万安县污水处理厂	9.20	9.23	9.07	0.25	0.26	0.24
	水质类别	Ⅱ	Ⅱ	Ⅱ	Ⅱ	Ⅱ	Ⅱ
4	遂川江河口	9.22	9.31	9.18	0.26	0.27	0.25
	水质类别	Ⅱ	Ⅱ	Ⅱ	Ⅱ	Ⅱ	Ⅱ
5	土龙水河口	9.00	9.10	8.80	0.24	0.26	0.22
	水质类别	Ⅱ	Ⅱ	Ⅱ	Ⅱ	Ⅱ	Ⅱ
6	井冈山航电枢纽工程坝前	8.34	8.42	6.83	0.20	0.22	0.10
	水质类别	Ⅱ	Ⅱ	Ⅱ	Ⅱ	Ⅱ	Ⅱ
7	万安工业园区	8.84	9.05	9.12	0.26	0.29	0.31
	水质类别	Ⅱ	Ⅱ	Ⅱ	Ⅱ	Ⅱ	Ⅱ

2　局部二维水质模型

井冈山航电枢纽库区有万安县污水处理厂排污口和万安工业园区污水处理厂排污口。排污口附近可能形成岸边污染带，以MIKE11模型的模拟结果作为二维水质模型的边界条件，采用二维稳态混合衰减模型，对井冈山枢纽库区内排污口附近水域的水质进行二维模拟。

2.1　模型方法

2.1.1　模型公式

二维稳态混合衰减模式[14]解析式为

$$c(x,y) = \exp\left(-\frac{K_1 x}{86400u}\right)\left\{c_h + \frac{C_p Q_p}{H(\pi M_y x u)^{1/2}}\left[\exp\left(-\frac{uy^2}{4M_y x}\right) + \exp\left(-\frac{u(2B-y)^2}{4M_y x}\right)\right]\right\} \quad (4)$$

式中：$c(x,y)$ 为预测点 (x,y) 的污染物浓度，mg/L；u 为河流排放口处断面平均流速，m/s；K_1 为降解系数，1/d；Q_p 为污水排放流量，m³/s；C_p 为污水排放浓度，mg/L；x 为排放口到预测点水流方向距离，m；c_h 为河流中污染物背景浓度，mg/L；H 为污染带内平均水深，m；B 为河流宽度，m；M_y 为横向扩散系数，m²/s；y 为预测点垂直水流方向距离，m。

其中，降解系数[15] K_1 的计算公式为

$$K_1 = \frac{u}{\Delta x}\ln\frac{C_1}{C_2} \quad (5)$$

根据井冈山航电枢纽工程水库的形态特征，结合已建水库的经验数据，降解系数 K_1 拟取 0.05～0.2（靠近坝前流速较缓水域取 0.05～0.1，库尾万安县城河段取 0.2）。

扩散系数[15] M_y 采用 Fischer 经验公式估值。其计算公式为

$$M_y = (0.1 \sim 0.2)H(gHI)^{1/2} \tag{6}$$

式中：I 为水力坡降；g 为重力加速度，m/s^2。

2.1.2 预测指标与时段

模型选取 COD、$NH_3 - N$ 作为预测指标进行模拟；根据最不利影响原则，预测时段选枯水期。

2.2 库区赣江干流水质模拟预测

2.2.1 计算条件

库区赣江干流二维水质模拟主要分析预测万安县污水处理厂排污口下游形成的污染带范围。库区赣江干流二维水质模拟的水文条件数据来自 MIKE11HD 模块的输出数据（表5），模拟工况设置与表2相同。

表 5 库区干流水质预测水文参数表

水文参数	污染带内平均水深/m	河流排放口处断面平均流速/(m/s)	河流宽度/m	重力加速度/(m/s²)	水力坡降	横向扩散系数/(m²/s)
建库前	3	0.4	300	9.8	0.0003	0.056
建库后	7	0.08	620	9.8	0.000052	0.084

2.2.2 预测结果

万安县污水处理厂位于赣江万安工业用水区，水功能区水质目标为Ⅳ类；该污水处理厂排污口下游 1.1km 为遂川江汇入口，遂川江汇入口至井冈山枢纽坝址为赣江万安—泰和保留区，水质目标为Ⅲ类水。万安县污水处理厂排污口下游近岸水域水质模拟结果见表6。

表 6 万安县城城镇污水处理厂排污口下游近岸水域水质模拟计算成果汇总

污染物	工况	负荷条件	工程情况	Ⅲ类水范围 长×宽/(m×m)	Ⅳ类水范围 长×宽/(m×m)	达到背景浓度 长×宽/(m×m)
COD	1	现状水平年	建库前	30×1	—	1950×23
	2	预测水平年	建库前	130×3	—	3130×30
	3		建库后	40×3	—	2850×38
$NH_3 - N$	1	现状水平年	建库前	160×4	—	3180×30
	2	预测水平年	建库前	570×7	—	5110×39
	3		建库后	140×8	—	4120×50
《地表水环境质量标准》 (GB 3838—2002)	COD/(mg/L)			≤20	≤30	
	$NH_3 - N$/(mg/L)			≤1.0	≤1.5	

根据表6的模拟计算结果分析，井冈山航电枢纽工程建设前后万安县污水处理厂下游均不会出现超标污染带。与建库前相比，建库后 COD 高于水质背景浓度的污染带长度减少280m，宽度增加8m；建库后 $NH_3 - N$ 高于水质背景浓度的污染带长度减少990m，宽度增加11m。

2.3 遂川江水质模拟预测

2.3.1 计算条件

库区支流遂川江二维水质模拟主要模拟预测万安工业园区污水处理厂排污口下游形成的污染带范围。水文条件数据来自 MIKE11HD 模块的输出数据（表7），模拟情景设置与表2相同。

表 7 库区支流遂川江水质预测水文参数表

水文参数	污染带内平均水深/m	河流排放口处中断面平均流速/(m/s)	河流宽度/m	重力加速度/(m/s²)	水力坡降/m	横向扩散系数/(m²/s)
建库前	2	2	350	9.8	0.001	0.056
建库后	3	1	350	9.8	0.0004	0.065

2.3.2 预测结果

万安工业园区污水处理厂在遂川江汇入赣江的河口上游 4.7km 处，位于遂川江万安工业用水区内，水质目标为Ⅳ类。万安工业园区污水处理厂排污口下游近岸水域水质预测结果见表 8。根据表 8 的模拟计算结果分析，建库前后万安工业园区污水处理厂下游均不会出现超标污染带。

表 8　　　　　万安工业园区污水处理厂排污口下游近岸水域水质预测成果汇总表

污染物	工况	负荷条件	工程情况	Ⅲ类水范围 长×宽 /(m×m)	Ⅳ类水范围 长×宽 /(m×m)	Ⅴ类水范围 长×宽 /(m×m)	达到背景浓度 长×宽 /(m×m)
COD	1	现状	建库前	—	—	—	2330×12
	2	预测	建库前	2140×6	—	—	未达到
	3		建库后	1680×9	—	—	未达到
NH_3-N	1	现状	建库前	—	—	—	4450×17
	2	预测	建库前	4745×12	10×1	—	未达到
	3		建库后	4745×16	10×1	—	未达到
《地表水环境质量标准》 (GB 3838—2002)	COD/(mg/L)			≤20	≤30		
	NH_3-N/(mg/L)			≤1.0	≤1.5		

3　结论与建议

本文采用库区整体一维模型和排污口附近局部二维模型相结合的方式，分析预测井冈山航电枢纽工程建设对赣江水环境的影响。结果表明：①井冈山航电枢纽工程成库后干流水质略优于成库前，支流遂川江水质较成库前略有下降，但干、支流水质在成库前后的变化幅度均不大，现状条件及规划水平年排污条件下成库前后水质类别均为Ⅱ类，水质类别没有发生改变。井冈山航电枢纽工程的修建及区间入河污染物对库区江段水体水质的影响较小，未对井冈山航电枢纽工程库区内万安县自来水厂河西取水口水质造成不利影响。②建库前后万安县污水处理厂下游均不会出现超标污染带。与建库前相比，建库后 COD 高于水质背景浓度的污染带长度减少 280m，宽度增加 8m；建库后 NH_3-N 高于水质背景浓度的污染带长度减少 990m，宽度增加11m。③建库前后万安工业园区污水处理厂下游均不会出现超标污染带。

参　考　文　献

[1]　王鹏，王登武，周闽.航电枢纽生态护岸精致建造关键技术研究 [J].中国水运，2020 (12)：122-124.

[2]　徐艳亮，王志鹏.赣江井冈山航电枢纽总体布置 [J].水运工程，2020 (12)：172-177，190.

[3]　潘增，陈忠贤，范向军，等.向家坝水电站下游河道变化对枢纽运行影响研究 [J].人民长江，2020，51 (S2)：320-324.

[4]　刘莎，刘伟，佟洪金，等.基于 MIKE11 的航电枢纽建设工程水质模拟 [J].四川环境，2020，39 (5)：36-42.

[5]　库勒江·多斯江，刘俊，刘鑫，等.西控工程对望虞河西岸地区防洪的影响 [J].水资源与水工程学报，2016，27 (3)：166-170.

[6]　朱亚峰，李成林，李晓东.基于 MIKE 11 模型的林芝市八一大桥壅水影响研究 [J].高原农业，2022，6 (2)：173-179.

[7]　董金明，石永杰，周文琦，等.基于 APH-EWM 的宜兴城区水系连通方案定量评价 [J].水电能源科学，2022，40 (4)：45-49.

[8]　俞云飞，赵文婧，李云霞，等.MIKE11 水动力水质耦合模型在北方某水源地治理工程的应用 [J].水利水电工程设计，2016，35 (3)：26-28.

[9]　CHI J, SUN Y, ZHANG Y, et al. MIKE11 model in water quality research of Songhua River in Jiamusi City [C] // IOP Conference Series：Earth and Environmental Science. IOP Publishing，2020，526 (1)：012054.

[10]　LIU R, LI Z, XIN X, et al. Water balance computation and water quality improvement evaluation for Yanghe Basin in a semiarid area of North China using coupled MIKE SHE/MIKE 11 modeling [J]. Water Supply，2022，22 (1)：

1062 – 1074.

[11] 张黎明，马小杰，游中琼．一维洪水数值模拟技术在流域防洪规划中的应用 [J]．人民长江，2017，48 (22)：84 – 88.

[12] 李明，李添雨，时宇，等．基于 MIKE 耦合模型的入河污染模拟与控制效能研究 [J]．环境科学学报，2021，41 (1)：283 – 292.

[13] 郑江涛，王丽萍，周婷，等．基于 MIKE 平台的水电工程对水温影响预测评价 [J]．人民长江，2012，43 (7)：63 – 66.

[14] 操文颖，王瑞琳．清江水布垭水利枢纽生态环境影响分析 [J]．人民长江，2007，38 (7)：133 – 134.

[15] 李德旺，李志军，雷晓琴．亭子口水利枢纽建设对嘉陵江水环境影响研究 [J]．人民长江，2012，43 (9)：89 – 92.

广州都市型碧道生态产品价值核算研究

贺新春[1,2]　　伦文希[3]　　叶　咏[4]

(1. 广东财经大学文化旅游与地理学院，广州 510320；

2. 广东财经大学粤港澳大湾区生态安全研究中心，广州 510320；

3. 东莞市生态环境局莞城分局，广东 东莞 523000；

4. 水利部珠江水利委员会水文局，广州 510611)

摘 要　万里碧道是广东省践行生态文明理念的一项创举。碧道生态产品包括物质供给类、调节服务类、文化服务类和生态溢价类等四类生态产品。本文根据碧道生态产品的特点，评估广州都市型碧道生态产品的功能量，在此基础上核算广州都市型碧道生态产品的价值量。研究成果表明：广州都市型碧道生态产品的价值总量为113.90 亿元，碧道两岸土地增值带来的生态溢价类生态产品的价值贡献最大，占比高达99.27%，这与广州都市型碧道的地理位置密切相关，碧道两岸是广州市重点打造的现代化国际大都市窗口地带，碧道建设带动了两岸土地的大幅增值；不考虑生态溢价类生态产品，在物质供给类、调节服务类、文化服务类等三类生态产品的二级产品价值构成中，珠江夜游的贡献最大，占比为38.38%；其次是水源涵养，占比为35.30%；第三是调蓄洪水，占比为11.62%。

关键词　都市型碧道；生态产品；功能量评估；价值量核算

"生态产品"这一概念由中国政府的政策文件提出，具有鲜明的中国特色[1]。生态产品是我国生态文明建设的一个独特概念，国际上与之相近的概念是生态资产和生态系统服务[2-3]。2010 年 12 月，《全国主体功能区规划》首次提出"生态产品"概念，把生态产品定义为维系生态安全、保障生态调节功能、提供良好人居环境的自然要素，包括清新的空气、清洁的水源和宜人的气候等。2021 年 4 月，中共中央办公厅、国务院办公厅印发《关于建立健全生态产品价值实现机制的意见》，明确生态产品是指生态系统为经济活动和其他人类活动提供且被使用的货物和服务贡献，可分为物质供给、调节服务和文化服务三类产品。诸多学者围绕生态产品开展研究，分析研究了生态产品的内涵外延、经济学特征和价值实现路径[1,4]，研究提出了生态产品价值的核算方法并开展核算实践[5-6]。在对生态产品认识的基础上，一些学者还探讨了水生态产品的概念、内涵和分类，研究了水生态产品的价值核算方法和价值实现路径[7-8]。

万里碧道是广东省践行生态文明理念的一项创举。万里碧道是以水为纽带，以江河湖库及河口海岸带为载体，统筹生态、安全、文化、景观和休闲功能建立的复合型廊道[9]。通过优化廊道的生态、生活、生产空间格局，形成江河安澜的行洪通道、水清岸绿的生态廊道、融入自然的休闲漫道、高质量发展的滨水经济带。碧道按所处河段分为都市型、城镇型、乡野型和自然生态型等四种类型[9]。碧道生态产品就是碧道系统提供给人类社会使用和消费的终端产品或服务，包括物质供给类、调节服务类、文化服务类和生态溢价类等四类生态产品。碧道提供的物质供给类生态产品包括淡水养殖产品、供水、发电等，提供的调节服务类生态产品包括水源涵养、洪水调节、水质净化、气候调节、固碳释氧、维持生物栖息地等，提供的文化服务类生态产品包括涉水娱乐、旅游等产品，提供的生态溢价类生态产品包括碧道两岸因生态环境质量提升而增值的农牧产品、土地和物业等。

本文以广州都市型碧道生态产品为研究对象，根据碧道生态产品的特点，评估碧道生态产品的功能量，在此基础上核算碧道生态产品的价值量。本文旨在丰富和发展生态产品价值核算方法和理论，促进广东省万里碧道建设可持续发展。

1　研究区概况

广州都市型碧道位于珠江前航道两岸，核心区为二沙岛至琶洲大桥珠江河段两岸，通过碧道贯通荟萃人

作者简介：贺新春（1977—　），男，湖北当阳人，教授级高级工程师，主要从事生态安全与绿色水经济研究工作。Email：66313663@qq.com

文景观，建设都市宜居、先锋水岸滨江空间，展现广州现代化国际大都市形象。广州都市型碧道规划区域内河道总长度约30km，目前已建成二沙岛碧道、阅江路碧道示范段、临江大道碧道示范段（猎德大桥-科韵路），区域内河道长度约12.90km，区域内绿地总面积为$47 \times 10^4 \, m^2$。

本文以已建成的二沙岛碧道、阅江路碧道示范段、临江大道碧道示范段（猎德大桥-科韵路）为研究区域。研究区域内，二沙岛碧道建设范围6.1km，构建宜居宜业宜游的滨水生活圈；阅江路碧道示范段长约2.6km，串联周边水博苑、会展公园等特色节点，服务会展区、互联网聚集区、总部商务区的功能需求；临江大道碧道示范段（猎德大桥-科韵路）建设范围4.2km，在高品质滨江绿地内打造了广州市第一条面向市民开放的缓跑步道。

2　研究方法与数据来源

本文根据生态产品的内涵和外延，从物质供给、调节服务、文化服务和生态溢价等四个方面对广州都市型碧道生态产品价值进行核算。生态产品价值核算分为两步：第一步评估生态产品的功能量；第二步核算生态产品的价值量。对于广州都市型碧道生态产品功能量评估，物质供给类生态产品重点评估供水功能，调节服务类生态产品重点评估水源涵养、调蓄洪水、水质净化、气候调节等功能，文化服务类生态产品重点评估珠江夜游旅游功能，生态溢价类生态产品重点评估碧道两岸的土地增值溢价功能。对于广州都市型碧道生态产品价值量核算：物质供给类生态产品采用市场价值法估算其价值量；调节服务类生态产品采用替代成本法；文化服务类生态产品采用旅行费用法；生态溢价类生态产品采用统计分析法，统计土地交易市场的成交楼面价价差来核算。广州都市型碧道生态产品价值核算指标和方法见表1。

表1　　　　　广州都市型碧道生态产品价值核算指标和方法

一级指标	二级指标	价值核算方法
物质供给类	供水价值	市场价值法
调节服务类	水源涵养价值	替代成本法
	调蓄洪水价值	替代成本法
	水质净化价值	替代成本法
	气候调节价值	替代成本法
文化服务类	珠江夜游价值	旅行费用法
生态溢价类	土地增值价值	统计分析法

为使得研究成果具有实用性和可操作性，基础数据主要采用易获得的水资源、土地利用、旅游人口、土地价格等数据。水资源数据来源于《广州市水资源公报》和广州市水务局有关设计报告，土地利用数据来源于碧道建设设计报告，旅游人口数据来源于《广州统计年鉴（2023）》，土地价格资料来源于广州土流网。

3　生态产品功能量评估

3.1　物质供给类生态产品功能量评估

物质供给类生态产品是指生态系统为人类提供并被使用的物质产品，对于水生态系统而言，就是基于水的资源属性的产品供给，如淡水养殖产品、供水、发电等。广州珠江前航道曾经作为广州市重要水源地，其物质供给类生态产品主要是为城市生活和工业生产提供的优质淡水。2010年广州西江引水工程通水之后，广州珠江前航道就不再向城市供水，故本文不评估其物质供给类生态产品的功能量。

3.2　调节服务类生态产品功能量评估

调节服务类生态产品是指生态系统为维持或改善人类生存环境所提供的惠益，对于水生态系统而言，调节服务类生态产品包括水源涵养、调蓄洪水、水质净化、气候调节、固碳释氧、维持生物栖息地等。广州都市型碧道建设是一项重要的生态工程，它旨在利用河流水系的生态功能和自然调节能力，建设自然生态廊道和文化休闲漫道，提高河流水系的韧性和安全性，保护和修复水生态环境。本文主要评估广州都市型碧道的水源涵养、洪水调节、水质净化、气候调节等调节服务类生态产品的功能量。

3.2.1　水源涵养

碧道水源涵养主要是通过水域和绿地对降雨的接纳，保持水源，调节河流水循环过程。碧道水源涵养能力可以通过水量平衡法来估算，计算公式见式（1）：

$$W_{HY} = R \times (a_1 \times A_{LD} + a_2 \times A_{SY}) \tag{1}$$

式中：W_{HY} 为碧道水源涵养量，m^3；R 为多年平均年降水量，mm；a_1 为绿地水源涵养系数，取 0.44；A_{LD} 为绿地面积，m^2；a_2 为水域水源涵养系数，取 1；A_{SY} 为水域面积，m^2。

根据式（1），评估广州都市型碧道水源涵养量为 $481.10 \times 10^4 \, m^3$。

3.2.2　调蓄洪水

调蓄洪水是指河流和湖库蓄积洪水、调节洪峰的作用。计算公式见式（2）：

$$W_{TX} = (Z_{SJ} - Z_{ZC}) \times A_{SY} \tag{2}$$

式中：W_{TX} 为河道洪水调蓄量，m^3；Z_{SJ} 为河道设计洪水位，m；Z_{ZC} 为河道正常水位，m。

广州都市碧道的设计洪水水位为 2.5m，正常水位为 1.9m，河段面积为 $264 \times 10^4 \, m^2$。根据式（2）估算得出广州都市型碧道洪水调蓄量为 $158.4 \times 10^4 \, m^3$。

3.2.3　水质净化

河流能对入河污染物起到自然净化作用，污染物在河流中时刻发生着推流迁移、分散作用、衰减与转化作用。河流的水质净化能力评估分为两步：第一步计算河流的水环境容量；第二步根据河流水环境容量和入河特征污染物的排放浓度，计算河流可以接纳的废污水总量。河流水环境容量计算见式（3）：

$$R = 86.4 [(Q_0 + q) C_s \exp(kx/86400u) - C_0 Q_0] \tag{3}$$

式中：R 为河道水环境容量，mg/a；Q_0 为河道上游来水流量，m^3/s；q 为排污流量，m^3/s；C_s 为污染物控制标准浓度，mg/L；k 为污染物综合降解系数；x 为河段长度，m；u 为河水平均流速，m/s；C_0 为污染物环境本底值，mg/L。

根据式（3）计算得出广州都市型碧道河段水环境容量为 $396.77 \times 10^8 \, mg/a$，据此推算得到河道能接纳的废污水总量为 $357.77 \times 10^4 \, m^3$。

3.2.4　气候调节

生态系统的气候调节功能可以从植物蒸腾和水面蒸发两方面来评估，见式（4）[5]：

$$J_{QH} = (Ga \times Ha + Wa \times Ep \times \beta)/3600 \tag{4}$$

式中：J_{QH} 为气候调节功能量，kW·h；Ga 为植被覆盖面积，hm^2；Ha 为单位绿地面积吸收的热量，kJ/hm^2，取 $81.1 \times 10^3 \, kJ/hm^2$；$Wa$ 为水体面积，m^2；Ep 为年蒸发量，mm；β 为蒸发单位体积的水消耗的能量，取 2260J/kg。

广州都市型碧道区域内绿地面积总共为 $47.00 \times 10^4 \, m^2$，水体面积为 $264 \times 10^4 \, m^2$。根据式（4）计算得出气候调节功能量为 $1241.11 \times 10^4 \, kW·h$。

3.3　文化服务类生态产品功能量评估

文化服务类生态产品是指生态系统为提高人类生活质量所提供的非物质惠益，如精神享受、灵感激发、休闲娱乐和美学体验等。对于水生态系统而言，文化服务类生态产品主要包括涉水娱乐、旅游等产品。广州都市型碧道两岸连通着二沙岛文化公园、星海音乐厅、广州塔、海心沙等著名的建筑景点和历史文化节点，形成了滨水休闲带。广州都市型碧道两岸是开放式滨江休闲带，珠江夜游是碧道区域内的重点旅游休闲项目，是观赏广州城市风貌的重要途径。本文采用广州珠江夜游人数来评估文化服务类生态产品的功能量，根据调查统计，2022 年广州珠江夜游人数为 37.54×10^4 人。

3.4　生态溢价类生态产品功能量评估

生态溢价类生态产品是指因良好的生态环境而增值的生态农牧产品、土地和物业等。广州都市型碧道建设增强了两岸生态品质，改善了区域人居环境，从而使其土地价值得到增值。本文统计了 2018—2023 年广州都市型碧道两岸和周边邻近区域的房价，见表 2。从表 2 可以看出，碧道两岸的房价远高于周边邻近区域的房价。

表 2 　　　　　　　　2018—2023 年广州都市型碧道两岸和周边邻近区域房价　　　　　　　单位：元/m²

时　间	碧道两岸		周边邻近区域		
	珠江新城	二沙岛	琶洲	赤岗	东山口
2023 年 1 月	102783	112391	62911	39957	75552
2022 年 1 月	100449	113093	67902	38930	78338
2021 年 1 月	98309	99969	50811	36676	69766
2020 年 1 月	86659	119651	50928	33498	65572
2019 年 1 月	83842	112437	49671	35954	65411
2018 年 1 月	79794	82564	45063	31726	66736

4　生态产品价值量核算

4.1　物质供给类生态产品价值核算

物质供给类生态产品的经济价值采用市场价值法核算，计算公式见式（5）：

$$V_{GJ} = E_{YZ} \times P_{YZ} + E_{GS} \times P_{GS} + E_{FD} \times P_{FD} \qquad (5)$$

式中：V_{GJ} 为物质供给类生态产品的价值，元/a；E_{YZ} 为淡水养殖产品的年生产量，t/a；P_{YZ} 为淡水养殖产品的价格，元/t；E_{GS} 为年供水量，m³/a；P_{GS} 为供水价格，元/m³；E_{FD} 为年发电量，kW·h/a；P_{FD} 为上网电价，元/(kW·h)。

广州珠江前航道曾经作为广州市重要水源地，2010 年广州西江引水工程通水之后就不再向城市供水，也没有水产养殖和发电功能。因此，广州都市型碧道的物质供给类生态产品价值为 0 元/a。

4.2　调节服务类生态产品价值核算

4.2.1　水源涵养价值

水源涵养的经济价值采用替代成本法来核算，以水库工程建设成本来评估水源涵养的价值量[5]。计算公式见式（6）：

$$V_{HY} = W_{HY} \times P_{SK} \qquad (6)$$

式中：V_{HY} 为水源涵养价值，元/a；W_{HY} 为碧道水源涵养量，m³；P_{SK} 为水库工程单位库容的建设成本，元/m³，以单位库容造价计算。

根据前文评估的水源涵养量和式（6），计算得出广州都市型碧道的水源涵养价值为 2939.52×10⁴ 元/a。

4.2.2　调蓄洪水价值

调蓄洪水的经济价值采用替代成本法来核算，以水库工程建设成本来评估调蓄洪水的价值量。计算公式见式（7）：

$$V_{TX} = W_{TX} \times P_{SK} \qquad (7)$$

式中：V_{TX} 为调蓄洪水价值量，元；W_{TX} 为河道洪水调蓄量，元；P_{SK} 为水库工程单位库容的建设成本，元/m³。

根据前文评估的洪水调蓄量和式（7），计算得出广州都市型碧道的调蓄洪水价值为 967.82×10⁴ 元/a。

4.2.3　水质净化价值

水质净化的经济价值采用替代成本法来核算，利用污水处理厂净化处理成本来估算其水质净化的价值量。计算公式见式（8）：

$$V_{JH} = W_{WS} \times P_{JH} \qquad (8)$$

式中：V_{JH} 为水质净化价值量，元；W_{WS} 为根据河道水环境容量测算的允许接纳的废污水量，m³；P_{JH} 为污水处理厂的单位污水量净化处理成本，元/m³。

根据《广州市中心城区污水处理费调整方案》，污水净化处理收费标准按阶梯分为三个阶梯，居民生活类污水第一阶梯为 0.9 元/t、第二阶梯为 1.2 元/t、第三阶梯为 1.5 元/t。本文取第二阶梯 1.2 元/t 作为单位污水量净化处理的平均成本，据此核算广州都市型碧道水质净化价值为 429.32×10⁴ 元/a。

4.2.4 气候调节价值

气候调节的经济价值采用替代成本法来核算，以调节等量热量的家庭空调用电成本来估算其气候调节的价值量[5]。计算公式见式（9）：

$$V_{QH} = J_{QH} \times P_{YD} \tag{9}$$

式中：V_{QH} 为气候调节价值，元/a；J_{QH} 为气候调节功能量，$kW \cdot h$；P_{YD} 为居民用电价格，元/($kW \cdot h$)。

广州市现行居民用电电费标准为阶梯电价，第一阶梯为 0.59 元/($kW \cdot h$)、第二阶梯为 0.64 元/($kW \cdot h$)、第三阶梯为 0.89 元/($kW \cdot h$)，取第二阶梯电费 0.64 元/($kW \cdot h$) 为平均用电电费，计算得出广州都市型碧道气候调节价值为 794.31×10^4 元/a。

4.3 文化服务类生态产品价值核算

文化服务类生态产品的经济价值采用旅行费用法来核算，本文重点核算广州珠江夜游的价值量。计算公式见式（10）：

$$V_{YY} = Pa \times Y \tag{10}$$

式中：V_{YY} 为珠江夜游经济收入，元/a；Pa 为珠江夜游人数，人/a；Y 为珠江夜游人均消费，元/人。

根据式（10）计算得出广州珠江夜游的经济收入为 3196.10×10^4 元/a。

4.4 生态溢价类生态产品价值核算

本文重点核算碧道建设带动的两岸土地增值产生的价值量。计算公式见式（11）：

$$V_{YJ} = A_{TD} \times V_{RJ} \times (P_{LA} - P_{ZB}) \tag{11}$$

式中：V_{YJ} 为土地增值产生的生态溢价值量，元/a；A_{TD} 为碧道两岸可开发的土地面积，m^2；V_{RJ} 为规划的容积率，根据规划的容积率将可开发土地面积折算为计容建筑面积；P_{LA} 和 P_{ZB} 分别为碧道两岸和周边邻近区域的土地价格，元/m^2，实际计算时采用楼面价格，该数据可在土地交易市场获取。

根据 2022 年广州市集中供地拍卖出让成交土地价格统计，广州市海珠区滨江西地块成交楼面价为 42120 元/m^2，广州市海珠区赤沙和石榴岗地块成交楼面价为 23615 元/m^2，二者相差 18505 元/m^2。广州都市型碧道两岸可开发土地面积为 47×10^4 m^2，根据《广州市城乡规划技术规定》容积率取 1.3，根据式（11）计算得出碧道两岸土地溢价值为 113.07×10^8 元。

5　核算成果分析

广州都市型碧道生态产品包括物质供给类、调节服务类、文化服务类和生态溢价类等四类生态产品，根据每一类生态产品的价值核算成果，分析生态产品的价值构成。广州都市型碧道生态产品价值构成见表3、图1和图2。

表3　　　　　　　　　　　　广州都市型碧道生态产品价值构成

指　标		价值/万元	占比/%
物质供给类	供水价值	0	0.00
调节服务类	水源涵养价值	2939.52	0.26
	调蓄洪水价值	967.82	0.08
	水质净化价值	429.32	0.04
	气候调节价值	794.31	0.07
文化服务类	珠江夜游价值	3196.10	0.28
生态溢价类	土地增值	1130700	99.27
总　计		1139027.07	100.00

从表3可以看出，广州都市型碧道生态产品价值总量为 113.90×10^8 元。同时，从表3和图1中可以看出，生态溢价类生态产品的贡献最大，价值为 113.07×10^8 元，占比高达 99.27%；其次是调节服务类生态产品，价值为 5130.97×10^4 元，占比为 0.45%；第三是文化服务类生态产品，价值为 3196.10×10^4 元，占比为 0.28%；物质供给类生态产品的贡献最小，价值和占比是 0。

图 2 为不含生态溢价类生态产品的广州都市型碧道生态产品价值细分构成图，图 2 反映了物质供给类、调节服务类、文化服务类等三类生态产品的二级产品之间的价值比例关系。从图 2 中可以看出，珠江夜游的贡献最大，价值为 3196.10×10^4 元，占比为 38.38%；其次是水源涵养，价值为 2939.52×10^4 元，占比为 35.30%；第三是调蓄洪水，价值为 967.82×10^4 元，占比为 11.62%；第四是气候调节，价值为 794.31×10^4 元，占比为 9.54%；第五是水质净化，价值为 429.32×10^4 元，占比为 5.16%；供水的贡献最小，价值和占比是 0。

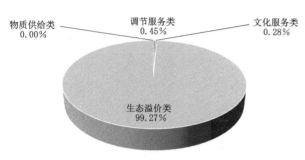

图 1　广州都市型碧道生态产品价值构成图

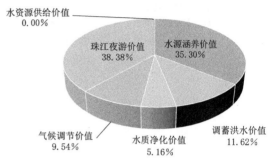

图 2　广州都市型碧道生态产品价值细分构成图
（不含生态溢价类生态产品）

6　结论与讨论

（1）碧道生态产品包括物质供给类、调节服务类、文化服务类和生态溢价类等四类产品。本文评估了广州都市型碧道的生态产品功能量，物质供给类生态产品重点评估供水功能；调节服务类生态产品重点评估水源涵养、调蓄洪水、水质净化、气候调节等功能；文化服务类生态产品重点评估珠江夜游旅游功能；生态溢价类生态产品重点评估碧道两岸的土地增值溢价功能。在生态产品功能量评估的基础上核算生态产品价值量，物质供给类生态产品采用市场价值法估算其价值量，调节服务类生态产品采用替代成本法，文化服务类生态产品采用旅行费用法，生态溢价类生态产品采用土地交易市场的成交楼面价价差来核算，核算得到广州都市型碧道生态产品的价值总量为 113.90×10^8 元。

（2）核算成果分析表明，碧道两岸土地增值带来的生态溢价类生态产品的价值贡献最大，占比高达 99.27%，这与广州都市型碧道的地理位置密切相关，碧道两岸是广州市越秀区、海珠区和天河区的黄金地段，是广州市重点打造的现代化国际大都市窗口地带，碧道建设改善了人居环境、提升了城市品质，带动了两岸土地的大幅增值。不考虑生态溢价类生态产品，只分析物质供给类、调节服务类、文化服务类等三类生态产品的二级产品价值构成，珠江夜游的贡献最大，占比为 38.38%，其次是水源涵养，占比为 35.30%，第三是调蓄洪水，占比为 11.62%。

（3）与产业发展相结合的生态环境治理工程，通过修复生态系统改善了人居环境，带动了周边土地的升值，实现了生态溢价。但是现有生态产品价值核算的研究案例通常都只考虑物质供给类、调节服务类、文化服务类等三类产品，没有核算生态溢价类生态产品。本文探索研究并初步核算了碧道两岸的土地增值带来的生态溢价类生态产品价值，未来还需要进一步研究生态溢价类生态产品的内涵和外延，及其价值核算方法。

（4）有关生态产品价值核算的方法有很多，各种核算方法的评估尺度、核算指标、核算模型有较大差异，有待于采用多种核算方法进行对比分析，对碧道生态产品价值的核算成果进行合理性分析。

（5）生态产品的经济价值不仅取决于其数量更取决于其质量，后续研究应考虑生态产品的质量因素，对同一类型的生态产品根据质量品位进行分类，在此基础上核算生态产品的经济价值。

参　考　文　献

[1] "生态产品价值实现的路径、机制与模式研究"课题组. 生态产品价值实现路径、机制与模式 [M]. 北京：中国发展出版社，2022.

[2] 国家发展和改革委员会.《关于建立健全生态产品价值实现机制的意见》辅导读本 [M]. 北京：人民出版社，2023.

［3］ Daily G C. Nature's Services：Societal Dependence on Natural Ecosystems ［M］. Washington DC：Island Press，1997：75 - 76.

［4］ 石敏俊 . 生态产品价值实现的理论内涵和经济学机制 ［N］. 光明日报，［2020 - 08 - 25］.

［5］ 欧阳志云，朱春全，杨广斌，等 . 生态系统生产总值核算：概念、核算方法与案例研究 ［J］. 生态学报，2013，33（21）：6747 - 6761.

［6］ 欧阳志云，林亦晴，宋昌素 . 生态系统生产总值（GEP）核算研究——以浙江省丽水市为例 ［J］. 环境与可持续发展，2020，（6）：80 - 85.

［7］ 王建华，贾玲，刘欢，等 . 水生态产品内涵及其价值解析研究 ［J］. 环境保护，2020，14：37 - 41.

［8］ 吴浓娣，庞靖鹏 . 关于水生态产品价值实现的若干思考 ［J］. 水利发展研究，2021（2）：32 - 35.

［9］ 广东省河长办 . 广东万里碧道总体规划（2020—2035 年）［R］. 广州：广东省河长办，2020.

基于 SWAT 模型的伊洛河流域非点源污染负荷量化及特征分析[*]

甘　容[1,2]　郑家珂[1,2]　高　勇[1,3]　郭　林[3]

（1. 郑州大学水利科学与工程学院，郑州 450001；

2. 河南省地下水污染防治与修复重点实验室，郑州 450001；

3. 河南省地质研究院，郑州 450001）

摘　要　基于 SWAT 模型，以伊洛河流域为研究区，通过对 2001—2017 年非点源污染负荷的模拟，量化研究区非点源污染负荷，分析影响非点源污染流失的关键水文要素以及不同土地利用类型的多种形式氮、磷负荷贡献。结果表明：研究区 TN，TP 污染多年平均污染负荷量分别为 12011.86t/a 和 482.66t/a，污染强度变化范围分别为 0.03126～1.21858kg/hm² 和 0.00004～0.06170kg/hm²；降雨与地表径流对非点源氮、磷污染入河负荷量有着较大的影响，蒸散发量对非点源氮污染入河负荷量影响较大；耕地、湿地和城镇用地对非点源污染贡献较高，农业种植以及居民生活是非点源污染氮、磷治理的重点。

关键词　非点源污染；SWAT 模型；伊洛河流域；影响因素

1　引言

　　水环境治理是一项长期任务，水资源与人类的生活息息相关，水环境质量也直接关系到人民的生命安全和社会的经济发展。随着点源污染的有效治理，地表水环境问题依旧突显，非点源污染问题在水环境管控方面逐渐突出。由于非点源随机性、广泛性、潜伏性等特点，使得非点源污染被认为是目前对水生生态系统的主要威胁[1-2]。据统计，全球有 30%～50% 的地表水受到非点源污染的影响，其中农业非点源污染贡献最大。美国非点源污染占地表水总污染的 60% 以上，而农业非点源污染就占据了总非点源污染的 80% 左右[3-4]。中国农业非点源总氮和总磷的排放量分别占全国总排放量的 57.2% 和 67.4%[5]。面对如此严峻的水环境问题，国内外研究学者对非点源污染的负荷量化、污染物迁移机制以及其相关影响因素做出了大量的研究。

　　常见的非点源污染研究模型有 CERAMS 模型、ANSWERS 模型、USLE 模型、HSPF 模型和 SWAT 模型等[6-7]。SWAT 模型是由美国农业部农业研究所开发出的流域尺度的分布式水文模型，可以预测长时间尺度下的流域径流、泥沙、污染物质的迁移转化过程；利用空间数据模拟地表水和地下水的水文过程，实施水资源管控；分析不同土地利用类型、不同土壤类型以及不同的土地管理措施和气候变化对于非点源污染的影响[8-9]。SWAT 模型在非点源污染模拟研究中已有 30 多年的应用历史，并在我国多种研究区得到成功应用。向鑫等[10] 建立清溪河流域的 SWAT 模型，研究该流域非点源污染负荷的时空分布规律以及不同土地利用类型负荷量的产生。Yasarer 等[11] 利用 SWAT 模型对 6 种情景 10 个土地利用变化增量进行了 60 次模拟，研究农作物种植情况对污染物养分负荷的影响。耿润哲等[12] 基于 SWAT 模型对研究区近 20 年非点源污染负荷时空变异情况进行模拟，识别影响非点源污染流失的关键因子。在自然环境条件下，非点源氮、磷的流入河道受多种因素影响，例如：气象条件、水文要素、下垫面条件等。在水文要素方面，地表径流作为非点源污染迁移至河道的重要影响因子之一，直接影响着污染物质的入河负荷量。在气象条件方面，降雨、温度等通过影响氮、磷的迁移以及降解进一步影响了污染物质的入河负荷量均有着间接或直接的影响。氮、磷作为非点源污染的主要污染物，其作用机理及迁移过程的影响因素十分复杂，降雨、径流的形成、土壤质地、土地利用、耕作方式等都会影响氮、磷的非点源污染[13-15]。

----

　　[*]　基金项目：河南省重点研发与推广专项（科技攻关）项目（编号 232102320026，232102320032）；国家自然科学基金（51509222，51909091）。

　　第一作者简介：甘容（1983—　），女，湖北随州人，副教授，博士，主要从事水文学及水资源研究工作。Email：ganrong168@163.com

本研究基于 SWAT 模型进行非点源氮、磷污染模拟，量化了非点源污染入河负荷，分析了影响非点源氮、磷污染负荷的相关水文因素，了解了不同土地利用类型下多种形态的非点源氮、磷污染负荷特点，以期对流域水环境治理和优化提供参考依据。

2 方法和材料

2.1 研究区域

伊洛河流域位于黄河流域三门峡—花园口区间，由伊河和洛河交汇而成，流域面积为 18881km²。该流域位于温带季风性气候带，半湿润、半干旱地区交界处，年平均气温为 12～14℃，年降水量分布不均且年际变化较大，山地多雨，河谷及附近丘陵少雨，降水量主要集中在 7—9 月，占全年的 50% 以上，年降水量为 710～930mm，流域控制水文站为黑石关水文站[16]。伊洛河流域地势总体是自西南向东北逐渐降低，具有山脉、丘陵、河谷、平川和盆地等多种地形地貌，其中山地、丘陵、平原分别占流域总面积的 52.4%、39.7%、7.9%。下游为地势平坦的平原区，土质肥沃适宜粮食种植，主要的土壤类型为棕壤土、潮土、普通褐土等，主要的农作物为小麦和玉米[17-18]。

伊洛河流域作为我国中部地区重要的工业基地和连接中西部的重要区域，工业十分发达，下游人口高度密集，农业产值大且农业灌区较多，是河南省重要的粮食产出基地。发达的工业、高度密集的人口以及频繁的农业活动，使得大量的工业废水、生活污水、农药化肥残留随着地表径流及基流进入河流中，致使河流水质受到不同程度的污染。伊洛河作为黄河中下游的一大支流，水资源短缺、水环境污染问题也会破坏黄河的水生态系统，影响当地以及黄河下游人民的生活质量以及生命健康。

2.2 模型构建

SWAT 模型是一种被广泛应用于世界范围的分布式水文模型，也是非点源污染模拟研究的重要工具[19]，主要包含水文过程、土壤侵蚀和营养物迁移三个子模块。首先，将模型所需的空间数据和属性数据输入 SWAT 模型中，借助 DEM 图像自定识别和计算流域集水面积，提取河网，划分子流域，输入土地利用数据、土壤数据，设定土地利用、土壤、坡度阈值，划分水文响应单元（HRU）；之后，对获取的实测气象数据各要素进行分类，制作各个气象站点的数据文件以及各气象要素文件，以文本文件（.txt）形式输入模型中，模型写入气象数据时选取 WGEN_user，并通过执行 Edit SWAT Input - Point Source Discharges 将点源污染添加至模型中，通过设置管理措施 Edit SWAT Input - Subbasins Data - Management（.Mgt），将面源污染数据以无机化肥的形式施用各子流域中；最后，运行模型并输出模型文件，通过对模型参数调整，以达到最优的模拟结果。SWAT 模型建立所需数据及来源见表 1。

表 1　　　　　　　　　　　　　SWAT 模型建立所需数据及来源

数据类型	数据来源	数据说明	数据用途
DEM 高程	地理空间数据云	空间分辨率 12.5m	生成河网及子流域
土地利用	资源环境科学与数据平台	2020 年 30m 精度	构建模型
土壤数据	世界土壤数据库	1：100 万矢量数据	构建模型
气象数据	国家气象科学数据中心	日尺度数据	构建模型
径流数据	水利部黄河水利委员会	黑石关水文站	径流率定及验证
水质数据	中国环境监测总站	龙门镇水文站	污染负荷率定及验证
农业管理数据	河南省统计局、陕西省统计局	人口、禽畜养殖、农业化肥等	构建模型

3 结果和讨论

3.1 模型效果评价

本文采用 SWAT - CUP 对模型模拟结果进行校核和检验，选取纳什效率系数（NSE）、决定系数（R²）进行评价[20-21]。首先，对影响流域产汇流的水文参数进行全局敏感性分析，选取敏感性较高的 13 个参数进行率定验证（表 2），方式 r 表示乘以原始参数值，v 表示该值代替原始值。

表 2　　　　　　　　　　　　　　模 型 敏 感 性 参 数

序号	参数名称	含义	方式	调试终值
1	CN2	SCS 径流曲线数	r	−0.0002
2	SOL_BD	土壤湿容重	r	−0.38
3	SOL_K	土层饱和水导率	r	−0.625
4	SOL_AWC	土壤有效含水量	r	0.13
5	ALPHA_BF	基流消退系数	v	0.36
6	CANMX	树冠截留	v	76.4
7	GWQMN	潜水回流临界深	v	0.12
8	ESCO	土壤蒸发补偿系数	v	0.88
9	GW_REVAP	潜水补给系数	v	0.11
10	CHN_2	主河道曼宁系数	v	0.28
11	GW_DELAY	地下水延迟	v	407.36
12	RREVAPMN	潜水补给阈值	v	378.52
13	SFTMP	降雪气温	v	1.04

　　基于黑石关水文站实测径流数据，选取 2001—2015 年、2016—2017 年作为径流模拟的校准期和验证期（图 1），径流模拟评价指标 R^2 和 NSE 在校准期和验证期分别为 0.87、0.85 和 0.86、0.85。基于 2012—

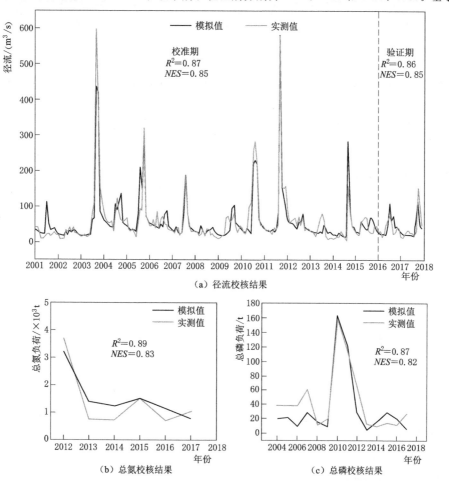

（a）径流校核结果

（b）总氮校核结果

（c）总磷校核结果

图 1　径流、总氮、总磷的率定和校核结果

2017 年、2004—2015 年龙门镇水文站实测水质数据,分别作为模型 TN、TP 的校核数据。得到 TN 模型评价指标 R^2 和 NSE 分别为 0.89、0.83;TP 模型评价指标 R^2 和 NSE 分别为 0.87、0.82。由此可判定,SWAT 模型在伊洛河流域具有一定的适用性,模拟结果较为可靠。

3.2 非点源污染量化

2001—2017 年间,研究区非点源污染 TN 和 TP 的年平均负荷量分别为 12011.86 t/a 和 482.66 t/a。由图 2 可以看出,模拟的流域 TN 和 TP 非点源污染年际变化趋势基本相似,都在 2011 年达到最大值,分别为 26527.23 t/a 和 1741.04 t/a;流域非点源总氮、总磷分别在 2012 年、2008 年达到最低值,分别为 4780.54t/a 和 118.95t/a。TN、TP 污染负荷也表现出明显的季节性。春季、夏季、秋季、冬季的 TN、TP 对全年贡献率的多年平均值分别为 12.01%、35.92%、46.74%、5.13%。

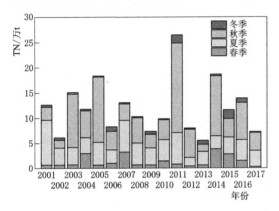 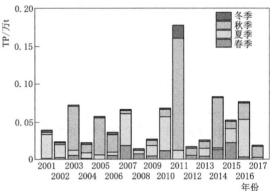

图 2　2001—2017 年研究区非点源 TN、TP 年负荷量

根据对伊洛河流域空间尺度分析,不同子流域非点源污染贡献的 TN 和 TP 多年月平均值变化范围分别为 0.03126~1.21858kg/hm² 和 0.00004~0.06170kg/hm²。其中,非点源 TN 最高的子流域,多年月平均负荷量为 1.21858kg/hm²;非点源 TP 最高的子流域多年月平均负荷量为 0.061701kg/hm²。此类地区多为丘陵平原地区,以耕地和城镇居民用地为主,受人类活动干扰较为强烈,农药残留、禽畜养殖、生活垃圾以及其他人类活动产生的污染负荷较多;且该类地区地势平坦,非点源污染物质在迁移过程中受到的阻碍较小,迁移过程中营养物质降解较少。非点源 TN 污染较低的子流域污染负荷范围为 0.03126~0.11985,非点源 TP 污染较低的子流域污染负荷均在 0.01kg/hm² 以下。此类地区大多数位于伊河上游和洛河上游地区,多为土石山区,山高坡陡,受人类干扰影响相对较小,产生的营养物质较少;且该类地区森林草地覆盖率高,生态环境良好,对营养物质具有一定的拦截作用。

3.3 非点源污染水文影响因素

TN、TP 与 5 个水文变量(降水、蒸散发量、地表水深度、地下水深度和土壤含水量)之间的皮尔逊相关系数(r),见表 3。

表 3　　　　　　　　　　　　　　TN、TP 的皮尔逊相关系数分析

水文变量	TN 相关系数	TP 相关系数	样本数量/个
降水量	0.517**	0.487**	7548
蒸散发量	0.452**	0.136**	7548
地表水深度	0.557**	0.718**	7548
地下水深度	0.233**	0.261**	7548
土壤含水量	0.346**	0.465**	7548

注　**代表在 0.01 级别(双尾),相关性显著。

结果表明,地表水深度和降水量与 TN、TP 入河负荷量显著性最强,这可能是由于研究区降雨和地表径流较为丰沛,且存留在研究区地表上的污染物质更容易迁移到河流中。

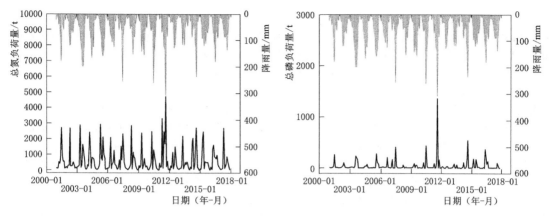

图 3　2001—2017 年伊洛河流域总氮、总磷和降雨量变化图

由图 3 可知，研究区年内总氮、总磷月均负荷量分别为 593.861t/m、40.222t/m，多年月负荷量范围分别为 0.949～4685.438t/m、0～1352.847t/m，年内月污染负荷量各月分布差异很大，呈现出周期性变化，TN、TP 在夏、秋两季入河负荷量较高，春、冬两季入河负荷量较低。研究区降水主要集中在 7—9 月，总氮污染入河负荷量在 5 月、9 月较多，总磷污染入河负荷量也主要集中在 7—9 月。2011 年 9 月，研究区月降雨量为多年最大值（309.8702mm），该月 TN、TP 污染入河负荷量也达到最大值，分别为 4685.438t/m、1352.847t/m。2010 年 7 月，降雨量达到研究区多年第二大值，但总氮污染入河负荷量很低（1285.871t/m），这可能与研究区蒸散发量有关，该月蒸发量在研究年限中的各月蒸散发量中为第二大值，并且蒸散发量与非点源氮污染入河负荷量之间的皮尔逊相关系数较高，这也可以解释总氮污染负荷在 5 月、9 月入河负荷量较高，降雨量虽然较高，但蒸散发量也很大，导致地表径流减少，使得流入河流的污染物相对较少。

地表水深度与 TN、TP 入河负荷量之间的皮尔逊相关系数最强，这是由于地表径流为非点源污染物质的主要迁移途径之一，对污染的运移有着直接影响。经过研究分析发现，地表径流、TN 污染负荷、TP 污染负荷的空间分布较为相似。多年平均地表径流在伊洛河流域东北部较高，平均地表经流深度为 5.9068mm，流域东北部的非点源 TN 入河负荷量也较高，平均入河负荷量为 0.8399kg/m²；流域东北部的非点源 TP 平均入河负荷量为 0.0345kg/hm²。

3.4　不同土地利用类型的氮磷污染负荷的特征分析

土地利用类型是影响非点源污染入河负荷量的重要因素之一，研究区不同土地利用类型所产生的迁移至河道中的不同存在形式的氮、磷负荷量见表 4。

表 4　　　　　2001—2017 年不同土地利用类型的氮、磷污染负荷的特征分析

土地利用类型	面积/km²	有机氮/(t/a)	地表径流中硝酸盐量/(t/a)	地下水硝酸盐/(t/a)	侧向流中硝酸盐量/(t/a)
耕地	7476.03	812.5216	98.5376	92.2515	3584.6850
林地	9382.31	77.5387	0.0025	0.0937	328.1192
草地	716.47	99.3298	0.0122	0	35.4910
湿地和城镇用地	993.44	182.0424	1640.4610	0.3103	175.2266
总　计	18568.25	1171.433	1739.013	92.6555	4123.522
土地利用类型	总氮/(t/a)	有机磷/(t/a)	颗粒磷/(t/a)	可溶性磷/(t/a)	总磷/(t/a)
耕地	4587.9962	93.4253	221.4268	2.2975	317.1495
林地	405.7541	9.4841	27.3777	0.3403	37.2022
草地	134.8330	12.1927	38.0795	0.0594	50.3316
湿地和城镇用地	1998.0399	19.1157	58.2263	1.7650	79.1069
总　计	7126.6230	134.2178	345.1103	4.4622	483.7902

由表 4 可知，流域 2001—2017 年的各主要土地利用类型的 TN、TP 污染入河负荷量分别为 134.8330～4587.9962t/a、37.2022～317.1495t/a。不同土地利用类型 TN、TP 污染入河负荷量大小排序分别为耕地＞湿地和城镇用地＞林地＞草地、耕地＞湿地和城镇用地＞草地＞林地，由此可判断流域 TN 和 TP 主要来源于农业活动和居民生活。2001—2017 年流域氮污染负荷中侧向流中的硝酸盐入河负荷量最大，不同土地利用类型侧向流硝酸盐入河负荷量大小排序为耕地＞林地＞湿地和城镇用地＞草地；磷污染负荷中颗粒磷入河负荷量最大，不同土地利用类型颗粒磷入河负荷量大小排序为耕地＞湿地和城镇用地＞草地＞林地。耕地的侧向流硝酸盐入河负荷以及颗粒磷入河负荷量最大，多年平均侧向流中硝酸盐负荷量和颗粒磷负荷量分别为 3584.6850t/a、221.4268t/a，主要原因可能是农业化肥施肥量过剩，导致土壤中累积大量氮素，土壤表面残留大量的磷肥，在降雨的冲刷作用和地下水迁移作用下迁移至河道中[4]。另外，通过计算各土地利用面积与 TN、TP 污染入河负荷量之间的皮尔逊相关系数，耕地、湿地和城镇用地与总氮之间为正相关关系，表明二者对河流氮污染的贡献具有正面效应；林地、草地与总氮之间为负相关关系，表明二者对河流氮污染的贡献具有负面效应。林地、湿地和城镇用地与总磷之间为负相关关系，耕地、草地与总磷之间为正相关关系，但相关性较弱。

4 结论

(1) 2001—2017 年，研究区非点源污染 TN 和 TP 的年平均负荷量分别为 12011.86t/a 和 482.66t/a；污染强度变化范围分别为 0.03126～1.21858kg/hm² 和 0.00004～0.06170kg/hm²。

(2) 年内总氮月污染负荷各月分布差异较大，呈现出周期性变化，总氮月污染负荷夏秋多，春冬少。降雨与地表径流对非点源氮、磷污染入河负荷量有着较大的影响，蒸散发量对非点源氮污染入河负荷量影响较大。

(3) 流域 2001—2017 年的各主要土地利用类型的 TN、TP 污染入河负荷量分别为 134.8330～4587.9962t/a、37.2022～317.1495t/a；不同土地利用类型 TN、TP 污染入河负荷量大小排序为耕地＞湿地和城镇用地＞林地＞草地、耕地＞湿地和城镇用地＞草地＞林地。

参 考 文 献

[1] 李俊然，陈利顶，傅伯杰，等. 于桥水库流域地表水非点源 N 时空变化特征 [J]. 地理科学，2002 (2)：238-242.

[2] 郑家珂，甘容，左其亭，等. 基于 PNPI 与 SWAT 模型的非点源污染风险空间分布 [J]. 郑州大学学报（工学版），2023，44 (3)：20-27.

[3] WEBER A，FOHRER N，MÖLLER D，Long-term land use changes in a mesoscale watershed due to socio-economic factors-effects on landscape structures and functions [J]. Ecological Modelling，2001，140 (1)：125-140.

[4] 颜小曼，陈磊，郭晨茜，等. 农药非点源模拟研究进展：流失、传输及归趋 [J]. 农业环境科学学报，2022，41 (11)：2338-2351.

[5] LI J，CHEN D，FU B，et al. Spatial and temporal variation characteristics of non-point source N in surface water in Yuqiao reservoir basin [J]. Geoscience，2002 (2)：238-242.

[6] ZHANG S，CHENG G，TAN Q，et al. An agro-hydrological process-based export coefficient model for estimating monthly non-point source loads in a semiarid agricultural area [J]. Journal of Cleaner Production，2023，385：135519.

[7] ZHOU L，ZHAO X，TENG M，et al. Model-based evaluation of reduction strategies for point and nonpoint source Cd pollution in a large river system [J]. Journal of Hydrology，2023，622：129701.

[8] 齐文华，金艺华，尹振浩，等. 基于 SWAT 模型的图们江流域蓝绿水资源供需平衡分析 [J]. 生态学报，2023，43 (8)：3116-3127.

[9] WANG Z，HE Y，LI W，et al. A generalized reservoir module for SWAT applications in watersheds regulated by reservoirs [J]. Journal of Hydrology，2023，616：128770.

[10] 向鑫，敖天其，肖钦太. 基于 SWAT 模型的小流域非点源污染负荷分布模拟研究 [J]. 水电能源科学，2022，40 (6)：41-44.

[11] YASARER L M W，SINNATHAMBY S，STURM B S M，Impacts of biofuel-based land-use change on water quality and sustainability in a Kansas watershed [J]. Agricultural Water Management，2016，175：4-14.

[12] 耿润哲，王晓燕，庞树江，等. 潮河流域非点源污染控制关键因子识别及分区 [J]. 中国环境科学，2016.36 (4)：

1258 - 1267.

[13] 蔡燕秋. 长江上游流域氮磷流失量及其影响因素研究 [D]. 成都：西南交通大学，2021.

[14] 余子贤，钱瑶，李家兵，等. 基于"源-汇"景观的典型半城市化小流域非点源污染风险评价 [J]. 生态学报，2022，42（20）：8276 - 8287.

[15] WANG S，WANG A，YANG D，et al. Understanding the spatiotemporal variability in nonpoint source nutrient loads and its effect on water quality in the upper Xin' an river basin, Eastern China [J]. Journal of Hydrology，2023，621：129582.

[16] HOU J，YAN D，QIN T，et al. Attribution identification of natural runoff variation in the Yiluo River Basin [J]. Journal of Hydrology：Regional Studies，2023，48：101455.

[17] SHAO T，WANG T，Effects of land use on the characteristics and composition of fluvial chromophoric dissolved organic matter（CDOM）in the Yiluo River watershed, China [J]. Ecological Indicators，2020，114：106332.

[18] 曾麒洁，李双权，马玉凤，等. 伊洛河流域土壤保持生态服务功能动态变化 [J]. 水土保持通报，2023，43（2）：350 - 360.

[19] 刘彬. 香溪河流域非点源氮磷污染负荷模型估算及防控对策研究 [D]. 郑州：华北水利水电大学，2020.

[20] 张金萍，王宇昊. 基于 SWAT 模型和降水随机模拟的径流预测 [J]. 中国农村水利水电，2021，465（7）：12 - 18.

[21] 陈长征，甘容，杨峰，等. 基于 SWAT 的径流模拟参数优化方案及不确定性分析 [J]. 人民长江，2022，53（7）：82 - 89.

碳基吸附剂对饮用水中三氯乙醛的吸附实验研究 *

张　洋[1]　李世汨[1]　白　楷[2]

(1. 中交第二航务工程局有限公司，武汉 430040；
2. 浙江大学 环境与资源学院，杭州 310058)

摘　要　为了提高饮用水水质安全保障水平，以三氯乙醛 CH 为研究对象，对活性炭、活性碳纤维、石墨烯三类碳基吸附剂的吸附性能进行考察，筛选出了两种吸附能力较强的碳基吸附剂进行吸附平衡实验，研究了吸附时间、pH 值和初始浓度对碳基吸附剂吸附 CH 的影响，并对两种碳基吸附剂进行热力学研究。结果表明：1-2 椰壳颗粒活性炭和 2-2 活性炭纤维两种的吸附能力较好；吸附平衡实验表明：1-2、2-2 两种碳基吸附剂在前 4h 对 CH 的吸附速率分别为 0.12μg/(g·min)、0.13μg/(g·min)，4h 后对 CH 基本达到吸附平衡；碳基吸附剂对 CH 的吸附热力学符合 Freundlich 模型，拟合系数大于 0.98；碳基吸附过程受 pH 值和 CH 初始浓度的影响，pH 值为 6~8 时，pH 值越高吸附效率越高。

关键词　三氯乙醛；碳基吸附剂；吸附平衡

1 引言

在 20 世纪 80 年代，有国外研究学者在饮用水中检测出三氯甲烷（THMs），从此，饮用水的氯消毒及安全问题受到了各国水处理专家和用户的广泛关注。目前已被发现的消毒副产物（DBPs）超过了 700 种，这些物质可以从饮用、洗浴等途径进入人体，对人体健康产生威胁[1-2]。饮用水在经过氯化消毒处理以后，产生的 DBPs 中生成量及危害性最大的是三氯甲烷（THMs）和卤乙酸（HAAs），所以这是研究人员重点关注的消毒副产物，而三氯乙醛（Chloral Hydrate，CH）的生成量和毒性仅次于这两者[3]。《生活饮用水卫生标准》（GB 5749—2006）对 CH 在饮用水中浓度的标准限值规定是 10μg/L。

我国水源地的污染较严重，水质面临微污染状态，在经过氯化消毒处理后 CH 存在超标风险[4]。Zhang 等[5] 研究发现腐殖酸溶液在经过氯化后，溶液中会产生 CH。Fang 等[6] 采用氯消毒剂处理微囊藻的分泌物后发现有一定量的 CH 生成。刘清雅等[7] 进行实验发现 CH 的生成与氯投加量有关，氯投加量越多，CH 的生成量越大。陈卓华等[8] 对臭氧生物活性炭对 CH 的控制效果进行实验，结果发现该工艺对 UV_{254} 和 COD_{Mn} 的去除率分别为 60.9% 和 41.4%，对 CH 的去除率达 65.3%。

目前国内对三氯乙醛的控制及去除研究较少，去除 CH 的经验不足，因此需要研究出高效、经济的方法，提高对饮用水中 CH 的控制水平。本文以三氯乙醛为研究对象，采用吸附法对其进行去除，筛选了吸附能力较强的吸附剂，进行静态吸附实验，探寻了较适宜的吸附条件，为碳基吸附剂去除饮用水中三氯乙醛的实际应用提供一定的参考。

2 实验材料与方法

2.1 实验材料

2.1.1 碳基吸附剂

为了解不同材质活性炭、活性碳纤维、石墨烯这三类碳基吸附剂的性能差异，选用活性炭、活性碳纤维、石墨烯各 3 种，9 种碳基吸附剂的基本信息见表 1。碳基吸附剂扫描电镜图见图 1。

2.1.2 试剂与仪器

实验试剂：水合氯醛、氯化钠、碘、亚甲基蓝、苯酚、硫代硫酸钠、硝酸、氢氧化钠，药剂均为分析纯。

＊　基金项目：中国交通建设集团有限公司科技研发项目（2019-ZJKJ-01 水环境生态修复关键技术研究及应用推广）。
作者简介：张洋（1996—　　），男，湖北洪湖人，工程师，研究方向为饮用水安全。Email：422685659@qq.com

表1　　　　　　　　　　　　　　　　　9 种 碳 基 吸 附 剂

序号	品　　　种	灰分/%	编　　号
1	木质柱状活性炭	≤4	1-1
2	椰壳颗粒活性炭	≤3	1-2
3	煤质活性炭	≤5	1-3
4	活性碳纤维	≤3	2-1
5	活性碳纤维	≤1.5	2-2
6	活性碳纤维	≤3	2-3
7	氧化石墨烯粉末	≤2	3-1
8	单层氧化石墨烯	≤3	3-2
9	高纯多层氧化石墨烯	≤3	3-3

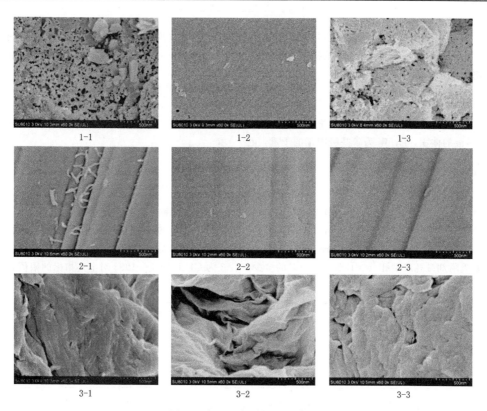

图 1　碳基吸附剂扫描电镜图

实验仪器：气相色谱仪（Agilent 7820）、pH 测试仪（PHS-3）、原子吸收分光光度仪（GF-990）、电子天平（ME104E）、扫描电子显微镜（日本日立）。

2.2　实验方法

2.2.1　CH 检测方法

检测原理：在碱性条件下，CH 易水解生成三氯甲烷（TCM），用加碱后水样 TCM 的浓度和原水样中 TCM 的浓度作差，即可算出 CH 的浓度。

CH 检测仪器：安捷伦气相色谱（带有化学工作站，型号为 7820A），色谱柱为 HP-5（30m×0.32mm×0.25μm）毛细管柱，电子捕获检测器（μ-ECD），采用手动顶空进样，载气为高纯氮。

水样预处理：用移液枪准确量取 5mL 待测水样置于 20mL 螺纹顶空瓶中，密封瓶盖，放置在提前加热到 60℃ 的恒温水浴中，30min 后，用微量注射器从顶空瓶上部气体中准确抽取 $50\mu L$。

2.2.2　分析计算

碘吸附值用下式计算：

$$A = \frac{5(10c_1 - 1.2c_2V_2) \times 126.93}{m} \times D \tag{1}$$

式中：A 为碳基吸附剂的碘吸附值，mg/g；c_1 为碘标准溶液的浓度，mol/L；c_2 为 $Na_2S_2O_3$ 标准溶液的浓度，mol/L；V_2 为 $Na_2S_2O_3$ 溶液消耗的量，mL；m 为碳基吸附剂的质量，g；D 为校正系数。

亚甲基蓝吸附值用下式计算：

$$A = \frac{v_1}{m}c \tag{2}$$

式中：A 为碳基吸附剂的亚甲基蓝吸附质，mg/g；v_1 为亚甲基蓝溶液的使用体积，mL；m 为碳基吸附剂的质量，g；c 为亚甲基蓝溶液的浓度，g/L。

苯酚吸附值用下式计算：

$$A = \frac{15.68c_1(V_1 - V_2) \times 5}{m} \tag{3}$$

式中：A 为碳基吸附剂的苯酚吸附值，mg/g；c_1 为 $Na_2S_2O_3$ 的浓度，mol/L；V_1 为碳基吸附剂试样的 $Na_2S_2O_3$ 标准溶液用量，mL；V_2 为空白试样 $Na_2S_2O_3$ 标准溶液用量，mL；m 为碳基吸附剂的质量，g。

吸附剂的吸附量用下式计算：

$$q = \frac{(C_0 - C)V}{W} \tag{4}$$

式中：q 为吸附量，$\mu g/g$；C_0 为吸附前溶液中吸附质的浓度，$\mu g/L$；C 为吸附后溶液中吸附质的浓度，$\mu g/L$；V 为溶液的体积，L；W 为碳基吸附剂的干重，g。

3　结果与讨论

3.1　碳基吸附剂筛选结果

碳基吸附剂吸附性能指标包括碘吸附值、亚甲基蓝吸附值和苯酚吸附值。碘分子大小为 0.6nm 左右，综合其他因素，通常用碘吸附值表征 1.0nm 孔径的发达程度，它体现碳基吸附剂对小分子杂质的吸附能力。苯酚吸附值也主要表征碳基吸附剂对较小分子的吸附能力。亚甲基蓝的分子比碳分子大，所以亚甲基蓝主要表征碳基吸附剂微孔和中孔（＞1.5nm）数量的多少。表 2 为 CJ/T 3023—1993 对上述指标的限值要求。

表 2　　　　　　　　　　　CJ/T 3023—1993 部分指标限值　　　　　　　　　　单位：mg/g

碳基吸附剂指标	A 级用炭	B 级用炭
碘吸附值	≥1000	≥800
亚甲基蓝吸附值	≥135	≥105
苯酚吸附值	≥120	≥120

图 2～图 4 分别为 9 种碳基吸附剂对碘、亚甲基蓝、苯酚的吸附量。由图 2 可以看出，9 种碳基吸附剂中，2-2 的碘吸附值大于 1000mg/g，符合 A 级用炭要求，1-2、2-1 的碘吸附值为 800～1000mg/g，符合 B 级用炭要求。由图 3 可以看出，1-2、2-2、3-2、3-3 的亚甲基蓝吸附值为 105～135mg/g，符合 B 级用炭要求。由图 3 可以看出，1-2、1-3、2-1、2-2、3-3 的苯酚吸附值大于 120mg/g，符合 A 级用炭要求。综合来看，碳基吸附剂 1-2、2-2 的吸附性能较优，更适用于处理生活饮用水。故选用这两种吸附剂进行后续实验。

3.2　碳基吸附剂静态吸附实验

3.2.1　吸附平衡时间

碳基吸附剂 1-2 与 2-2 对 CH 的吸附量随时间的变化如图 5 所示。实验条件为 25℃，吸附水样体积 50mL，恒温摇床振荡频率 160r/min，CH 初始浓度设定为 $20\mu g/L$。

由图 5 可知，与 1-2 型活性炭相比，2-2 型碳纤维对 CH 的吸附效果更好。从吸附速率来看，吸附过

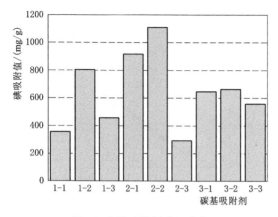

图 2　碳基吸附剂碘吸附值

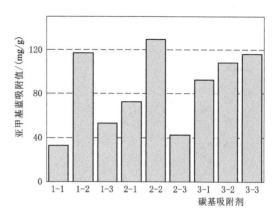

图 3　碳基吸附剂亚甲基蓝吸附值

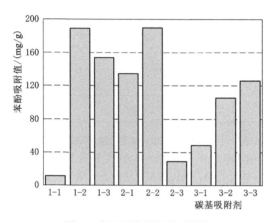

图 4　碳基吸附剂苯酚吸附值

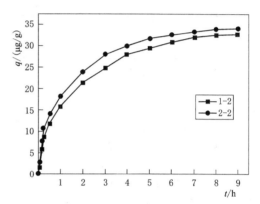

图 5　对 CH 的吸附量随时间的变化

程的前 15min 内，1-2、2-2 对 CH 的吸附速率分别为 0.57μg/(g·min)、0.72μg/(g·min)；吸附过程的前 1h 内，1-2、2-2 对 CH 的吸附速率分别为 0.26μg/(g·min)、0.30μg/(g·min)；吸附过程的前 4h 内，1-2、2-2 对 CH 的吸附速率分别为 0.12μg/(g·min)、0.13μg/(g·min)。从吸附平衡时间来看，吸附开始 4h 后两种碳基吸附剂对 CH 基本达到吸附平衡，6h 后基本不再吸附。

3.2.2　吸附等温线

碳基吸附剂对 CH 的去除采用等温吸附方程来表达，常用的等温吸附模型有 Langmuir 和 Freundlich 两种。

（1）Langmuir 等温方程：

$$\frac{1}{q_e}=\frac{1}{q_m}+\frac{1}{q_m K_L C_e}$$

式中：C_e 为平衡浓度，mg/L；q_e 为平衡时单位树脂吸附量，mg/g；K_L 为 Langmuir 吸附常数；q_m 为最大吸附量，mg/g。

（2）Freundlich 等温方程：

$$\ln q_e=\ln K_F+\frac{1}{n}\ln C_e$$

式中：K_F 为 Freundlich 等温吸附常数；n 为 Freundlich 经验常数。

采用上述方程对实验数据进行线性拟合，Langmuir 和 Freundlich 曲线图如图 6 和图 7 所示。计算相关参数，见表 3。

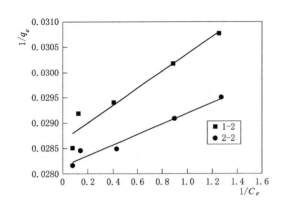

图 6　Langmuir 线性拟合图

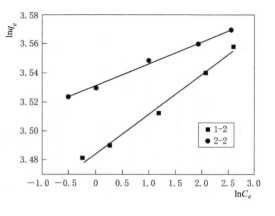

图 7　Freundlich 线性拟合图

表 3　　　　　　　　　　　　　　　碳基吸附剂去除 CH 的吸附等温线方程

碳基吸附剂	Langmuir 模型			Freundlich 模型		
	q_m	K_L	R^2	K_F	$1/n$	R^2
1−2	34.86	16.970	0.9174	32.585	0.027	0.9855
2−2	35.52	26.809	0.9587	34.158	0.015	0.9954

对比表 3 中的参数可知，Freundlich 模型的相关参数 R^2 值均高于 Langmuir 模型的数值，为 0.9855～0.9954。因此 1−2、2−2 两种碳基吸附剂对三氯乙醛的吸附行为更符合 Freundlich 等温吸附模型，说明吸附剂微粒表面的能量分布有差异，表面的位点会被三氯乙醛分子以先抢占能量位点的形式填充，而且以非均相的多分子层吸附为主[9]。在 Freundlich 等温吸附模型中，$1/n$ 的大小可以表示吸附偏离线性的程度，$1/n$ 的值越小，吸附性能更好。由表 3 可知，2−2 对 CH 的吸附性能比 1−2 好。

3.2.3　pH 条件对吸附过程的影响

由以上实验结果选择 2−2 活性碳纤维作为研究对象，探究不同 pH 值条件下，碳基吸附剂对 CH 的连续吸附效果。实验条件为：25℃，160r/min，2−2 吸附剂投加量 0.10g，吸附水样体积 50mL，pH 值设定为 6.0、7.0 和 8.0，CH 初始浓度设定为 20μg/L。

由图 8 可知，pH 在 6.0～8.0 范围内，CH 越高，活性碳纤维 2−2 对 CH 的吸附速率越高，吸附过程前 1h 内吸附速率最大，随后吸附速率逐渐变慢。吸附开始 1h 内，2−2 在 pH 值为 6.0、7.0、8.0 的条件下对 CH 的吸附速率依次为 0.20μg/(L·min)、0.21μg/(L·min)、0.23μg/(L·min)。可以得出，2−2 碳基吸附剂的吸附量随着 pH 值的升高而增大。由于不同 pH 值会使碳基吸附剂的表面电荷和三氯乙醛的形态产生变化，从而对表面吸附活性位点和三氯乙醛的结合难易程度产生影响。pH 值还会影响 CH 的去质子化后的电性，产生排斥作用，减弱吸附剂的吸附能力。而且吸附剂表面含有许多羟基、羰基和羧基等含氧官能团，会与溶液中的氢离子结合，会起到缓冲作用，阻碍对三氯乙醛的吸附[10]。

3.2.4　不同初始浓度对吸附行为的影响

实验条件为：25℃，pH 值不调节，2−2 吸附剂投加量 0.10g，恒温摇床振荡频率 160r/min，吸附水样体积 50mL，CH 初始浓度设定为 5μg/L、10μg/L、20μg/L。

由图 9 可知，CH 的初始浓度越大，活性碳纤维 2−2 对其吸附速率越大，吸附过程前 1h 内吸附速率最大，随后吸附速率逐渐变慢。吸附开始 1h 内，2−2 在 CH 初始浓度为 0.5 倍、1 倍、2 倍国标限值的条件下对 CH 的吸附速率依次为 0.05μg/(L·min)、0.10μg/(L·min)、0.20μg/(L·min)。三氯乙醛的初始浓度越大越利于提高吸附剂与 CH 接触的可能性，增大 CH 与吸附剂表面的吸附位点的碰撞概率，从而体现为吸附速率的增大。

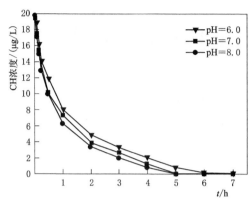
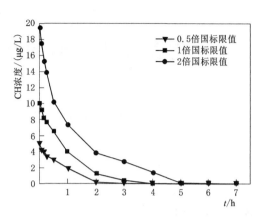

图 8　不同 pH 值下 CH 浓度随时间的变化　　图 9　不同国际限值下 CH 浓度随时间的变化

4　结论

（1）1－2 椰壳颗粒活性炭和 2－2 活性碳纤维的吸附能力最好，1－2 吸附剂的碘吸附值、亚甲基蓝吸附值和苯酚吸附值分别为 812mg/g、117mg/g、189mg/g，2－2 吸附剂的碘吸附值、亚甲基蓝吸附值和苯酚吸附值分别为 1120mg/g、127mg/g、191mg/g。选用这两种碳基吸附剂作为饮用水处理的材料最佳。

（2）吸附过程的前 4h 内，1－2、2－2 对 CH 的吸附速率分别为 0.12μg/(g·min)、0.13μg/(g·min)。从吸附平衡时间来看，吸附开始 4h 后两种碳基吸附剂对 CH 基本达到吸附平衡，6h 后基本不再吸附。

（3）pH 值和 CH 初始浓度会对吸附过程产生影响。初始浓度越大越利于增大 CH 和吸附位点的碰撞概率，pH 值为 6～8 时，pH 值越大越会加速吸附过程。

（4）碳基吸附剂对 CH 的等温吸附过程符合 Freundlich 模型，吸附剂表面的能量分布存在差异，表面位点会被 CH 分子以优先抢占高能量位点的形式进行填充，且以非均相的多分子层吸附为主。

参 考 文 献

［1］　Paparella Susan F. Chloral Hydrate：Safety risks still worth mentioning ［J］. Journal of Emergency Nursing, 2018, 44（1）：81 － 83.

［2］　WEI J R, YE B X, WANG W Y, et al. Spatial and temporal evaluations of disinfection by － products in drinking water distribution systems in Beijing, China ［J］. Science of the Total Environment, 2010, 408（20）：4600 － 4606.

［3］　刘清华，陈卓华，张晓娜，等. 城市饮用水中消毒副产物三氯乙醛生产量的影响因素研究 ［J］. 给水排水, 2016, 52（5）：42 － 45.

［4］　林英姿，林涣，朱洋，等. 饮用水消毒副产物三氯乙醛的研究现状 ［J］. 吉林建筑大学学报, 2019, 36（6）：27 － 31.

［5］　ZHANG X L, YANG H W, WANG X M, et al. Formation of disinfection by － products：Effect of temperature and kinetic modeling ［J］. Chemosphere, 2013, 90（2）：634 － 639.

［6］　FANG J Y, YANG X, MA J, et al. Characterization of algal organic matter and formation of DBPs from chlor（am）ination ［J］. Water Research, 2010, 44（20）：5897 － 5906.

［7］　刘清雅. 南方某市饮用水中三氯乙醛生成特性与控制方法研究 ［D］. 哈尔滨：哈尔滨工业大学, 2013.

［8］　陈卓华，刘清华，巢猛. 臭氧-活性炭深度处理工艺控制三氯乙醛的研究 ［J］. 城镇供水, 2017（3）：74 － 77, 96.

［9］　张彩霞. 生物炭对五氯酚钠和克百威在黄土中吸附行为影响的研究 ［D］. 兰州：西北师范大学, 2014.

［10］　许端平，张春雨，宋昕铭. 玉米秸秆生物炭对铅离子的等温吸附特征研究 ［J］. 应用化工, 2017, 46（6）：1065 － 1070.

遥感技术在湿地水生态监测中的应用

焦海霞

（呼伦贝尔水文水资源分中心，内蒙古 呼伦贝尔 021000）

摘　要　遥感技术在水生态监测中具有广泛的应用，可以提供大范围、快速、动态、连续的监测数据，有效促进水生态监测工作效率和质量的提升。因此文章就对当时遥感技术在湿地水生态环境监测中的技术支持、应用优势进行了分析，并进一步探讨了遥感技术在湿地水生态环境监测中的应用，以供参考。

关键词　遥感技术；湿地水生态；监测应用

呼伦贝尔市位于中国东北部，拥有丰富的湿地资源。根据第三次全国国土调查结果显示，呼伦贝尔市湿地面积为 247.28 万 hm^2，其中森林沼泽、灌丛沼泽、沼泽草地等类型占据了大部分面积。根据调查结果，全市湿地面积 247.28 万 hm^2，其中分布在牙克石市、扎兰屯市、额尔古纳市、根河市、鄂温克族自治旗等地的湿地面积较大，占据了全市湿地面积的一半以上。此外，呼伦贝尔市还有一些规模较小的湿地分布，如沼泽草地、内陆滩涂等。因此，湿地水生态监测工作的难度复杂性和工作量都非常大，迫切需要构建起现代化的高效监测体系，不断提高湿地水生态监测工作的效率和质量。而遥感技术的合理应用就能够有效解决上述问题，更好实现对呼伦贝尔市湿地生态系统的保护。

1　遥感技术应用于湿地水生态环境监测的技术支持

1.1　遥感监测的基本原理

水环境遥感监测是通过遥感技术对水体进行监测和分析的一种方法。基本原理是利用遥感器（如卫星、飞机等）获取水体的遥感图像，通过对图像的处理和分析，提取水体的特征参数，如水体的颜色、透明度、污染程度等，从而达到监测水环境的目的。

1.2　遥感监测常用平台与数据类型

水环境监测主要利用的是卫星遥感和航空遥感平台，其中卫星遥感平台包括美国 LandsatMSS、TM 数据，法国 SPOT - HRV 数据，以及各种航空遥感数据。常用的数据类型包括海洋卫星数据，如 SEASAT 数据和 MOS 数据。SEASAT 数据来源于美国海洋卫星，载有 5 种传感器，其中 4 种是微波传感器，3 种是成像传感器。MOS 数据来源于日本海洋观测卫星，使用全天候测量和成像的微波技术，提供全球重复性观测数据。同时遥感数据又分为可见光、红外、紫外、微波等遥感数据。其中，可见光遥感数据可以提供水体的颜色、形态、纹理等特征信息；红外遥感数据可以提供水体的温度、含水量等信息；紫外遥感数据可以提供水体中的有机物、营养物质等信息；微波遥感数据可以提供水体的水流、风向、风速等信息。不同数据能够为湿地水生态环境监测提供更为直接直观的参照和依据。

1.3　遥感监测水质参数反演方法

在水环境遥感监测中，反演水质参数是关键的一步，通过反演水质参数可以进一步获取水环境中的各种参数，如溶解氧、浊度、营养物质等，为水环境管理和保护提供重要的支持。常用的反演方法包括经验模型法、半经验模型法、理论模型法等。经验模型法是根据历史数据和经验公式来反演水质参数，这种方法主要基于统计规律和经验关系，通过分析历史数据和遥感图像，建立遥感参数和水质参数之间的回归关系，从而反演水质参数。半经验模型法是结合经验模型法和理论模型法的一种方法，通过建立遥感参数和水质参数之间的回归关系来反演水质参数。这种方法既考虑了历史数据和经验公式的影响，又考虑了水体辐射传输模型的作用，具有更高的准确性和适应性。理论模型法是利用水体辐射传输模型来描述水体对遥感信号的响应，

第一作者简介：焦海霞（1982—　）女，内蒙古呼伦贝尔人，高级工程师，从事水文水资源相关工作。Email：56656978@qq.com

从而反演出水质参数。这种方法基于物理模型和数值模拟技术，可以精确反演水质参数，但需要更多的计算资源和数据支持。不同的反演方法具有不同的优缺点和适用范围，在实际应用中需要根据具体情况选择合适的方法和技术，以获得更准确的水环境信息。

2 遥感技术在湿地水生态监测中的应用优势分析

遥感技术在水环境监测中具有多种应用优势。第一，它可以快速获取大范围区域的遥感影像，对整个湿地进行覆盖监测，以获取全面的水环境信息。并且遥感技术所获得的影像具有非常高的分辨率，可以将水环境信息以图像的形式展示出来，使得水环境的变化情况更加直观、形象，便于人们更好地理解和掌握水环境的信息。第二，遥感技术可以实时获取遥感影像，实时监测湿地的变化情况，及时发现湿地水环境的异常情况，为保护和管理湿地提供及时的信息支持。这样可以长期连续监测水环境的变化情况，揭示水环境的长期变化趋势和规律，为水环境的长期监测和研究提供可靠的数据支持。与此同时还能够快速响应突发性的水环境事件，如水体污染、生态灾害等，为决策者提供及时、准确的信息支持[1]。第三，遥感技术可以综合监测湿地的多种要素，如水体面积、水质、生态植被、气候变化等，可以全面了解湿地的水环境状况，为保护和管理湿地提供更加全面的信息支持。第四，遥感技术可以采用自动化处理软件对遥感影像进行处理和分析，减少人工干预和操作，提高监测效率和准确性。并且还可以配合大数据等技术进行自动化智能化的分析监测，从海量的数据中提取有价值的信息，为水环境的分析和预测提供更加精准的支持。因此在现阶段湿地水生态环境监测中，需要加强对遥感技术的研究应用，更好地服务于湿地水生态环境的监测保护。

3 基于遥感技术的湿地水生态环境监测应用分析

3.1 湿地水体和植被遥感指数的确定

内蒙古地区拥有大面积的湿地，对于该地区的湿地水体和植被遥感指数的确定，需要根据湿地的具体情况进行分析和选择。对于湿地水体，遥感监测通常选择水体叶面积指数（WLI）和水体稳定性指数（WSI）等指数算法。水体叶面积指数（WLI）可以用来监测水体的植被覆盖程度，水体稳定性指数（WSI）可以用来监测水体的稳定性和生态健康状况。例如，对于内蒙古地区的湿地水体，可以通过遥感数据提取水体的叶面积指数，再结合湿地的地形、气候等因素进行分析，判断湿地的植被覆盖程度和生态状况。对于湿地植被，遥感监测通常选择植被指数（例如NDVI、NDWI等）作为指标。对于内蒙古地区的湿地植被，可以选择合适的光谱波段和计算方法，得出植被指数，再结合湿地的环境因素和植被类型进行分析，判断湿地的生长状态和生态健康状况。需要注意的是，由于内蒙古地区的湿地类型多样，不同的湿地类型具有不同的水体和植被特征，因此在实际遥感监测中需要根据具体情况选择合适的指数算法和分析方法，以确保结果的准确性和可靠性[2]。此外，还需要考虑遥感数据的空间分辨率、辐射定标等因素对结果的影响，进行综合分析和处理。

3.2 基于遥感影像的湿地水生态信息提取

湿地水生态信息的提取是基于遥感影像的技术，通过一系列的预处理、特征提取和分类等技术手段，从遥感影像中获取湿地水生态信息的过程。这是湿地水生态监测应用遥感技术中最为关键的环节之一。首先，需要对原始遥感影像进行预处理，包括辐射定标、大气校正、几何校正等步骤，以保证影像的精度和准确性。辐射定标是指将遥感影像上的像素值转换为辐射值，以便于进行后续的图像处理和分析。大气校正是指消除大气层对遥感影像的影响，使影像的亮度值更加准确。几何校正是指将遥感影像进行几何精校正，以便于进行后续的图像处理和分析。其次，进行特征提取，选取与湿地水生态相关的特征，如水体面积、形状、纹理等，通过图像处理技术提取这些特征信息。特征提取是利用图像处理技术，从遥感影像中提取出与湿地水生态相关的特征信息，如水体面积、形状、纹理等。这些特征信息将用于后续的分类和识别。再次，进行分类，利用提取的特征信息，采用监督或非监督分类算法，将遥感影像中的水体区域与其他区域进行分类。分类是利用计算机视觉技术和算法，将遥感影像中的水体区域与其他区域进行划分和分类。分类算法可以是监督的或非监督的，根据具体的应用需求进行选择和调整。最后，进行精度评估和后处理，对提取的水体信息进行精度评估，并进行后续的数据分析和应用。精度评估是通过对提取的水体信息进行精度评估，以确定提取的准确性和可靠性。后处理是对提取的水体信息进行后续的数据分析和应用，以获得更深入的认识和了解。

3.3　基于遥感影像的湿地水生态环境监测

3.3.1　遥感技术在湿地水体信息监测中的应用

遥感技术在水环境监测中具有广泛的应用，可以快速、准确地获取水体信息，为水环境管理和保护提供重要的支持。其中，对于湿地水体的监测，遥感技术可以提供多种信息，包括水体面积、水深、富营养化、污染和温度等方面。首先，遥感技术可以快速获取湿地的水体面积信息，通过遥感影像的分析和解译，可以监测湿地的扩张和缩小情况，为湿地保护和管理提供依据。其次，遥感技术可以通过遥感影像的纹理、颜色、形状等特征，推断湿地的水深信息，了解湿地的水文特征和生态状况。同时，遥感技术还可以通过热红外遥感技术测量水体的表面温度，了解湿地的能量平衡情况和生态特征。此外，遥感技术可以通过遥感影像的反射率、辐射值等参数，推断水体的富营养化程度，了解湿地的营养状况和生态健康状况[3]。同时，遥感技术还可以通过遥感影像的异常色调、纹理等特征，推断水体的污染类型和程度，及时发现和跟踪水体污染事件，为污染治理和防范提供依据。

3.3.2　遥感技术在实地气象监测中的应用

湿地气象监测在湿地保护和管理中具有非常重要的意义。湿地是一个非常敏感和复杂的生态系统，受到多种因素的影响，其中气象因素是影响湿地生态系统的关键因素之一。因此，进行湿地气象监测是非常必要的。通过湿地气象监测，可以获取湿地的温度、湿度、风向、风速、降水等指标，及时了解湿地生态系统的变化趋势，为湿地保护和管理提供科学依据。此外，湿地气象监测还可以预测和预警自然灾害，如洪涝、干旱等，及时采取措施进行防范和应对。同时，通过湿地气象监测，可以优化和调控湿地的生态环境，如控制水位、调整水环境等，提高湿地的生态质量和生态稳定性。借助遥感技术进行湿地气象监测，遥感影像可以提供大面积、连续的湿地气象数据，包括温度、湿度、风向、风速、降水等指标，从而对湿地的气象状况进行监测和分析。具体可以通过遥感影像进行湿地温度、湿度、风速、风向以及降水等的反演，从而了解湿地的热状况和变化趋势、水汽交换和蒸发情况、风场特征和变化趋势、水文特征和变化趋势等相关数据，这样就能够帮助科学家和研究人员更好地了解湿地的气象状况和变化趋势，为湿地保护和管理提供科学依据。同时，也可以与其他技术结合，如 GIS 技术、GPS 技术等，实现湿地的精准化和智能化管理，提高湿地保护和管理的效率和精度。

3.3.3　遥感技术在湿地水体灾害监测中的应用

遥感技术在湿地水体灾害监测中具有广泛的应用。首先，遥感技术可以用于洪水监测，通过卫星遥感影像监测洪水的发生区域、范围和程度，为抗洪救灾和灾后恢复提供决策支持。其次，遥感技术可以用于水体灾害监测，通过多种遥感数据综合分析，监测水体的灾害风险和灾害类型，及时发现和预测水体灾害事件，为灾害防范和应对提供依据。再次，遥感技术还可以用于水体污染事件监测，通过遥感影像的异常色调、纹理等特征，推断水体的污染类型和程度，及时发现和跟踪水体污染事件，为污染治理和防范提供依据。此外，遥感技术还可以用于水体生态系统灾害监测，通过多种遥感数据的综合分析，监测水体的生态系统灾害，了解水体的生态系统和生态网络的受损情况，为水资源管理和保护提供依据。

3.3.4　遥感技术在湿地周边人类活动监测中的应用

人类活动是导致湿地减少和退化的主要原因之一，通过遥感技术可以及时发现和监测人类活动对湿地的影响。在具体应用中可以通过卫星遥感影像监测湿地区域的建设开发活动，如道路、房屋、工业设施等，了解人类活动对湿地生态系统的破坏和影响。同时遥感影像还能够监测湿地区域的污染排放，如工业废水、生活污水等，了解污染对湿地生态系统和环境的影响。再者，湿地区域的水资源利用情况，也可以通过遥感技术来获得相关信息，比如水利工程、水田开发等，这样就可以准确实时了解人类活动对湿地水资源的影响和破坏。此外，遥感技术的合理应用，还可以监测湿地范围内生态保护措施的落实情况。

4　结语

遥感技术是一种有效的水生态监测方法，具有广泛的应用前景。通过遥感技术对湿地进行长期监测，可以及时发现和解决湿地面临的问题，为湿地的保护和管理提供科学依据和技术支持。但是为了更好地保护和管理实体生态系统，在今后的应用中，还需要与 GIS 技术、大数据技术等相结合构建起智能化程度更高、灵敏度更强的湿地水生态监测系统。

参 考 文 献

［1］　陈璐，李旺平，李志红，等.基于文献综述方法的卫星遥感湿地信息提取研究进展与展望［J］.卫星应用，2022
　　　（11）：51-57.

［2］　肖江玥.水环境遥感监测系统的应用分析［J］.水电与新能源，2022，36（6）：32-34，41.

［3］　沈茗戈.温州市三垟湿地遥感动态检测与景观分析［J］.现代信息科技，2022，6（2）：139-142.

梯级开发背景下金沙江下游河段水温变化分析

杨梦斐[1]　王俊洲[1]　杨　霞[2]　杨　斗[1]　成　波[1]

（1. 长江水资源保护科学研究所，武汉 430051；

2. 中国长江三峡集团有限公司，武汉 430000）

摘　要　金沙江下游河段梯级水库的建设在长江流域防洪及发电、水资源开发利用过程中发挥了极其重要的作用。但梯级水库的运行会改变原有天然河道径流和水温的时空分布，进而对河流水生生态系统产生一定影响。本文基于长江干流向家坝-寸滩河段长系列水温观测资料，选择向家坝、寸滩、朱沱等典型断面，分析水温年内变化规律，以及梯级水库建成后河道水温延迟情况。结果表明：向家坝、朱沱和寸滩站水温年内变幅在溪洛渡、向家坝蓄水运行后，均有所减小，减幅为 1.8～3.1℃；水库蓄水后，水温延迟效应明显，各站水温相对蓄水前水温平均延后 9～36d，水温相对气温延后 10～39d。金沙江下游梯级水库蓄水运行后下游河道水温存在明显"滞温"和"滞冷"效应。

关键词　金沙江；水温；溪洛渡；向家坝；梯级水库

水温是重要的水化学因素和生态因子，一方面水温与水质要素有密切的联系，如生化耗氧和复氧过程都与水温有关；另一方面水温与水生生态，特别是鱼类的生长繁殖、种群结构分布有着更加密切的关系。大型深水库蓄水后较天然河道在水深、水面面积方面均发生了巨大改变，水库形成新的生态系统平衡，水库水温空间分布特征发生改变[1]。水库水温的分层会使水库下泄水流的温度较天然状况发生较大改变，而梯级水库的运行将进一步增大下泄水温的累积影响[2-6]。

向家坝下游河段是长江上游珍稀特有鱼类国家级自然保护区，分布有多种珍稀特有鱼类，春夏季水温下降可能导致鱼类的产卵繁殖期推迟，秋冬季下泄水温的升高可能导致鱼类生长期延长，性腺发育提前[7-9]。目前向家坝和溪洛渡水电站已蓄水运行十余年，基于河道水温实测资料，研究金沙江下游梯级建设运行条件下水温变化情况，可以为水库分层取水设施的运行调度优化提供参考。

1　研究范围、数据资料与研究方法

1.1　研究范围

金沙江下游的溪洛渡水电站于 2013 年 5 月下闸蓄水，正常蓄水位 600m，回水长度 199km，水库总库容 129.1 亿 m³，具有不完全年调节能力；向家坝水电站于 2012 年 10 月下闸蓄水，正常蓄水位 380m，回水长度 156km，总库容 51.86 亿 m³，调节库容 9.3 亿 m³，具有季调节能力，本次研究考虑溪洛渡和向家坝蓄水运行后下游河段水温的变化情况，研究范围为向家坝坝下至寸滩水文站间的金沙江干流江段。

1.2　数据资料

采用向家坝水文站 1960—2019 年水温观测资料（其中 1960—2011 年为屏山水文站观测资料）、朱沱水文站 1981—2019 年水温观测资料和寸滩水文站 1989—2019 年水温观测资料（缺 1994 年资料）。

考虑向家坝水电站于 2012 年 10 月下闸蓄水，溪洛渡水电站于 2013 年 5 月下闸蓄水，将资料系列划分为 1960—2012 和 2013—2019 两个时段，对溪洛渡和向家坝蓄水前、蓄水后的水温情况进行对比分析。

1.3　研究方法

采用水温年内变幅和水温滞温效应对工程运行前后水温变化进行研究。其中，水温年内变幅采用下列公式计算：

$$T_{Range} = T_{max} - T_{min}$$

式中：T_{max} 为年内最高旬均水温；T_{min} 为年内最低旬均水温。

第一作者简介：杨梦斐（1986—　），女，湖北人，高级工程师，博士，主要从事环境影响评价、流域水资源保护研究等工作。Email：mfyangwh@foxmail.com

水温滞温效应采用相位分析法进行研究。将一年 365 天看作 360°的圆周，各月水温看作向量，其大小为该月水温矢量的模。通过各月水温矢量求和，所得的合矢量方向即为水温集中期，反映全年水温集中的重心所出现的时间。相位偏移指标定义为河流水温与基准年温度集中期的差值。通常在水库作用下水温表现为滞迟效应，即相位偏移指标值为正，其表达式为

$$I_{PS} = D_c - D_n$$

$$D = \tan^{-1}(T_x / T_y)$$

$$T_x = \sum_{i=12}^{12} T_i \sin\theta_i ; \quad T_y = \sum_{i=12}^{12} T_i \cos\theta_i$$

式中：I_{PS} 为相位偏移指标，d；D_c 为向家坝（屏山）河道水温集中期（将方位角换算成天数）；D_n 为向家坝水库运用前多年平均河道水温集中期或历年气温集中期；T_x、T_y 分别为河道水温在水平方向和垂直方向上的合成矢量值，℃；T_i 为河道水温第 i 月的温度，℃；θ_i 为河道水温第 i 月的矢量角度。

2　结果与分析

2.1　年内水温过程变化分析

图 1～图 3 分别为溪洛渡和向家坝蓄水运行前后向家坝站、朱沱站、寸滩站多年平均旬均水温变化图。蓄水后，向家坝站 2 月下旬至 8 月中旬的旬均水温低于蓄水前，平均降温 1.9℃，8 月下旬至次年 2 月水温高于蓄水前，平均升温 2.2℃；朱沱站 3 月下旬至 8 月中旬水温低于蓄水前，平均降温 0.6℃，8 月下旬至次年 3 月中旬水温高于蓄水前，平均升温 1.5℃；寸滩站 3 月下旬至 7 月中旬的旬均水温低于蓄水前，平均降温 0.5℃，7 月下旬至次年 3 月上旬水温高于蓄水前，平均升温 1.0℃。从年内水温变化过程来看，溪洛渡-向家坝蓄水运行后春夏季河道水温"滞冷"和秋冬季河道水温"滞热"效应较为明显。

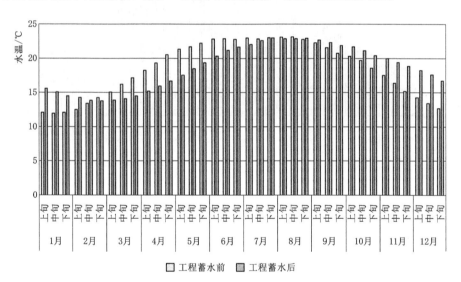

图 1　向家坝站多年平均旬均水温变化

2.2　年内水温变幅分析

由图 4～图 6 可以看出，蓄水前，向家坝站所在河段的旬水温年内平均变幅为 12.7℃，蓄水前，向家坝站的旬水温年内平均变幅为 9.7℃，蓄水后较蓄水前向家坝站水温年内变幅减小约 3.0℃；朱沱站在蓄水前旬水温的年内平均变幅为 15.6℃，蓄水后朱沱站的旬水温年内平均变幅为 12.5℃，减小约 3.1℃；寸滩站在蓄水前旬水温的年内平均变幅为 15.9℃，蓄水后朱沱站的旬水温年内平均变幅为 14.1℃，减小约 1.8℃。从年内水温变幅来看，溪洛渡-向家坝蓄水运行，使得河道水温年内变幅减小，水温趋于均化，但随着河道距离的增加，影响在逐渐减弱。

2.3　水温滞温效应分析

图 7 为溪洛渡-向家坝蓄水后，向家坝站水温过程相对蓄水前多年平均水温过程的相位偏移指标，可以

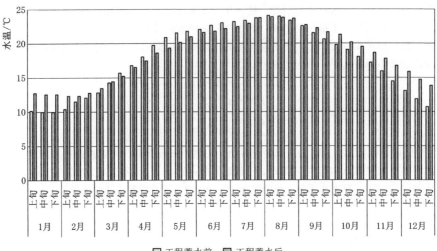

图2 朱沱站多年平均旬均水温变化

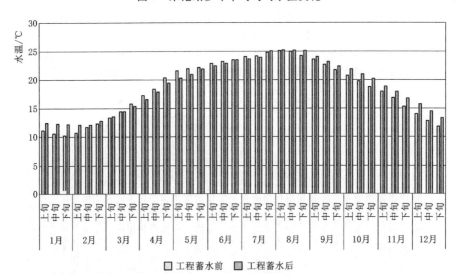

图3 寸滩站多年平均旬均水温变化

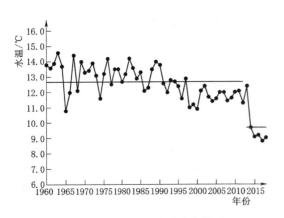

图4 向家坝站水温年内变幅情况

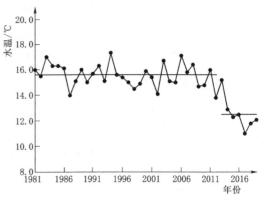

图5 朱沱站水温年内变幅情况

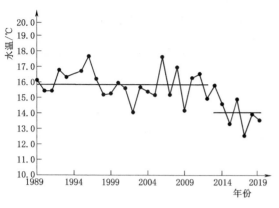

图 6　寸滩站水温年内变幅情况

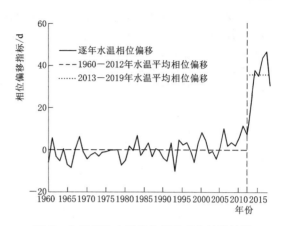

图 7　向家坝站水温相位偏移变化计算结果

看出,蓄水前,历年水温过程相位偏移为−10~12d;蓄水后水温相对蓄水前相位偏移值明显增加,历年水温相位偏移值为 20~47d,平均延后约 36d。图 8 为溪洛渡—向家坝蓄水前后,向家坝河道水温过程相对气温过程的相位偏移指标计算结果,可以看出,蓄水前水温相对气温相位偏移年际间有所波动,相位偏移值为−8~10d,多年平均相位偏移值为 1,可认为蓄水前水温相对气温基本不存在滞后现象,蓄水后水温相对气温相位偏移指标明显增加,蓄水后历年水温相对气温相位偏移为 27~47d,平均延后约 39d。

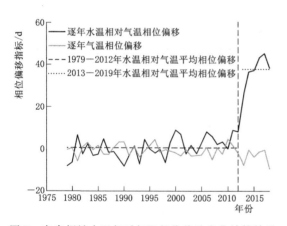

图 8　向家坝站水温相对气温相位偏移变化计算结果

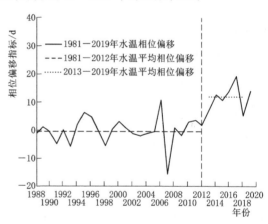

图 9　朱沱站水温相位偏移变化计算结果

图 9 为溪洛渡-向家坝蓄水后,朱沱站水温过程相对蓄水前多年平均水温过程的相位偏移指标,可以看出,蓄水前,朱沱站历年水温过程相位偏移为−15~11d;蓄水后水温相对蓄水前相位偏移值明显增加,历年水温相位偏移值为 8~20d,平均延后约 13d。图 10 为溪洛渡-向家坝蓄水前后,朱沱站河道水温过程相对气温过程的相位偏移指标计算结果,可以看出,朱沱站蓄水前水温相对气温相位偏移年际间有所波动,相位偏移值为−5~17d,多年平均相位偏移值为 9,蓄水后水温相对气温相位偏移指标明显增加,蓄水后历年水温相对气温相位偏移为 20~28d,平均相位偏移约 23d,相较蓄水前延后了 14d。

图 11 为溪洛渡-向家坝蓄水后,寸滩站水温过程相对蓄水前多年平均水温过程的相位偏移指标,可以看出,蓄水前,寸滩站历年水温过程相位偏移为

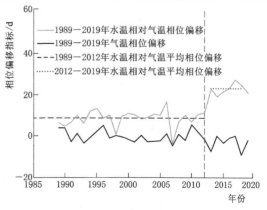

图 10　朱沱站水温相对气温相位偏移变化计算结果

—6～13d；蓄水后相对蓄水前水温相位偏移值明显增加，历年水温相位偏移值为4～14d，平均延后约9d。图12为溪洛渡-向家坝蓄水前后，寸滩站河道水温过程相对气温过程的相位偏移指标计算结果，可以看出，寸滩站蓄水前水温相对气温相位偏移年际间有所波动，相位偏移值为—3～16d，多年平均相位偏移值为7，蓄水后水温相对气温相位偏移指标明显增加，蓄水后历年水温相对气温相位偏移为15～20d，平均相位偏移约17d，相较蓄水前延后了10d。

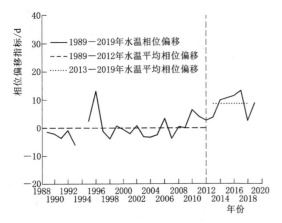 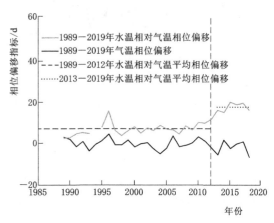

图11　寸滩站水温相位偏移变化计算结果　　　　图12　寸滩站水温相对气温相位偏移变化计算结果

3　结论

本文基于长江向家坝-寸滩江段代表性站点的水温长系列观测数据，研究了溪洛渡-向家坝梯级水库蓄水运行对下游河道水温变化的影响，结果表明：

（1）溪洛渡-向家坝蓄水运行后，下游河道水温春夏季"滞冷"和秋冬季"滞热"效应较为明显。春夏季平均温降为0.5～1.9℃，秋冬季平均升温为1.0～2.2℃。

（2）向家坝站、朱沱站和寸滩站水温年内变幅在溪洛渡-向家坝蓄水运行后，均有所减小，减幅为1.8～3.1℃，水温均化作用较为显著。

（3）向家坝-溪洛渡蓄水运行后，各站水温相对蓄水前相位偏移值明显增加，向家坝站、朱沱站和寸滩站水温过程平均滞后约36d、13d和7d，水温相对气温滞后约39d、14d和10d。

目前，乌东德、白鹤滩水电站已相继投产运行，金沙江下游和长江上游河段水温累积影响将进一步增加。基于本文研究结论，建议持续开展水温观测，进一步优化金沙江下游梯级水电站分层取水调度运行方式，降低梯级水库调度运行对河道水温的影响。

参 考 文 献

[1] 曹永强，倪广恒，胡和平. 水利水电工程建设对生态环境的影响分析[J]. 人民黄河，2005（1）：56-58.

[2] 邓云，李嘉，李克锋，等. 梯级电站水温累积影响研究[J]. 水科学进展，2008，83（2）：273-279.

[3] 周孝德，宋策，唐旺. 黄河上游龙羊峡—刘家峡河段梯级水库群水温累积影响研究[J]. 西安理工大学学报，2012，28（1）：1-7. DOI：10.19322/j.cnki.issn.1006-4710.2012.01.001.

[4] 姜文婷，逄勇，陶美，等. 下泄低温水对下游水库水温的累积影响[J]. 水资源与水工程学报，2014，25（2）：111-117.

[5] 张士杰，闫俊平，李国强. 流域梯级开发方案调整的水温累积影响研究[J]. 水利学报，2014，45（11）：1336-1343.

[6] 脱友才，周晨阳，梁瑞峰，等. 水电开发对大渡河瀑布沟以下河段的水温影响[J]. 水科学进展，2016，27（2）：299-306.

[7] 郭文献，王鸿翔，夏自强，等. 三峡-葛洲坝梯级水库水温影响研究[J]. 水力发电学报，2009，28（6）：182-187.

[8] 王俊娜. 基于水文过程与生态过程耦合关系的三峡水库多目标优化调度研究[D]. 北京：中国水利水电科学研究院，2011.

[9] 骆辉煌，李倩，李翀. 金沙江下游梯级开发对长江上游保护区鱼类繁殖的水温影响[J]. 中国水利水电科学研究院学报，2012，10（4）：256-259.

水资源节约集约利用

碳中和背景下资源利用与高质量发展：
测度、评估和识别 *

张志卓[1,2]　　左其亭[1,2,3]　　马军霞[1,3]

（1. 郑州大学水利与交通学院，郑州 450001；
2. 河南省水循环模拟与水环境保护国际联合实验室，郑州 450001；
3. 郑州大学黄河生态保护与区域协调发展研究院，郑州 450001）

摘　要　资源能源高效利用是实现地区高质量发展的重要支撑。本研究开发了测度-评估-识别三阶段集成框架，用于定量探究资源利用和高质量发展状态及二者之间的适配关系。面向碳中和目标，在测算模块中集成三种主流数据包络分析模型优点，创新性地构建能够同时满足多种测算场景的组合模型——Super - W - SBM 模型。在评估模块，多维度构建高质量发展评估体系以实现高质量发展水平量化评估和空间非均衡性来源分解。基于 Tapio 脱钩理论，在识别模块探讨资源利用和高质量发展适配关系的识别方法。将测度-评估-识别三阶段集成框架应用于黄河流域研究，结果表明：①黄河流域九省（自治区）的资源利用效率在研究时段内均呈上升趋势，但上游省（自治区）的投入冗余度较高，效率提升的协同性差，不利于黄河流域均衡协调发展。②九省（自治区）的高质量发展水平逐年递增，区域间基尼非均衡性是黄河流域高质量发展空间差异性的主要来源，贡献率为 67.6%。③由于资源、环境功能等投入冗余，各省资源利用与高质量发展之间存在不同程度的脱钩关系，资源利用效率的改善整体落后于高质量发展水平的提升。研究结果可为地区制定高质量发展战略，实现资源可持续利用提供参考。

关键词　资源利用；高质量发展；数据包络分析；碳中和；黄河流域

1　引言

　　资源利用方式和经济社会发展密不可分。水资源和能源是保障人类福祉、维护生态健康、促进经济发展的基础性自然资源，是可持续发展的核心资源，但目前全球的水资源和能源需求依然在不可持续地增长。以目前的经济社会发展速度和资源利用水平，2030 年预计有 7 亿人口因缺水而流离失所[1]，化石能源消耗在 2030 年也会远超《巴黎协定》的限定目标[2]。既然不同地区的资源先天禀赋无法改变，那么提升资源利用效率、实现资源利用与经济发展的和谐平衡，就成为世界各国尤其是发展中国家实现可持续发展亟须打破的瓶颈。近年来中国等发展中国家经济发展虽取得成就，但随着人口压力和气候变化影响的加剧，资源供需矛盾也越发突出，已深刻影响到发展中国家的可持续发展[3]。中国是人口大国，解决中国日益复杂的资源矛盾，关键途径在于实现水资源和能源的高效利用，用较少的资源投入保证经济社会平稳发展。为应对气候变化带来的挑战，中国政府于 2020 年提出了"碳达峰，碳中和"目标，力争在 2060 年实现二氧化碳的"相对零排放"。如何在碳排放约束下提高资源利用效率，也是实现碳中和目标亟待回答的问题。因此，面向碳中和目标，综合测度地区资源利用效率，量化评估高质量发展水平，并探索资源利用与高质量发展之间的适配关系，有利于可持续发展目标的实现。

　　水资源和能源是支撑经济社会发展的两大基础性资源，由于自身的不可替代性，国际上对水-能资源高

＊基金项目：国家自然科学基金"'双碳'目标下水资源行为作用定量描述及调控方法研究"（项目编号：52279027）；国家重点研发计划课题"区域水平衡机制与水资源安全评价"（项目编号：2021YFC3200201）。

作者简介：张志卓（1997—　），男，河南开封人，博士研究生，主要研究方向为资源利用与可持续发展。Email：zhangzhizhuozzu@163.com

通讯作者：左其亭（1967—　），男，河南固始人，教授，博士生导师，主要从事水文学及水资源研究工作。Email：zuoqt@zzu.edu.cn

效利用越发关注。宏观尺度下常见的资源利用效率的测算方法有随机前沿方法（SFA）[4] 和数据包络分析方法（DEA）。其中，数据包络分析方法不用假设投入产出函数关系，作为一种非参数方法在相关研究中应用非常广泛。研究尺度涵盖国家[5]、流域[6]、省区[7]、城市[8] 等。研究对象包括工业用水效率[9]、农业用水效率[10]、污水利用效率[11] 等。在能源利用效率研究方面，DEA 方法同样受到多数研究者的青睐。Yu 等[12] 通过文献计量方法分析了科睿唯安科学引文数据库中基于 DEA 的能源效率研究出版物，结果显示，基于 DEA 的能效研究同样涉及了多种研究对象和不同研究尺度；Mardani 等[13] 对 144 篇应用 DEA 方法进行能源效率研究的权威期刊文献进行了全面综述，认为 DEA 方法将会是未来能源效率分析的良好测算工具。值得关注的是，近年对水-能，水-能-粮等耦合系统效率的研究开始增多[14]，这是计量经济学方法在应用上的扩展，也是学科交叉的一种体现。近年来，绿色、协调、可持续的发展理念得到国际社会的普遍认同。作为以和谐、绿色、持续为目标的经济社会发展新模式，高质量发展与可持续发展、绿色发展在思想上是一脉相承的。2019 年，中国政府将"推动黄河流域高质量发展"作为黄河重大国家战略的主要目标任务，此后，黄河流域的高质量发展受到了广泛关注[15]。针对不同系统之间的关系识别，近年来已有学者开展了较多的研究。研究对象涉及水资源利用与可持续发展的关系[16]、能源消耗与经济增长的关系[17]、温室气体排放与经济发展关系[18] 等多个方面。比如：Aldieri 等[19] 将 DEA 模型和 Tobit 回归模型用于探究能源效率和二氧化碳排放及能源转型能力之间的关系。一些经典的统计学、经济学分析方法在相关研究中得以不断改进和扩展。

但目前大多数相关研究采用的是 DEA 截面模型，只能对特定时期的效率值进行横向比较，无法分析效率值在时间序列上的演变特征。而在采用 DEA 传统面板模型的研究中，往往存在有效决策单元（DMU）不具有可比性、未考虑松弛变量的问题。此外，高质量发展水平作为衡量地区发展的新的综合性指标，目前大多数研究停留在量化评估层面，但就结果的参考价值而言，对其空间异质性等深层次原因开展进一步探索是有必要的。虽然已有学者对资源利用和经济发展之间的关系进行了探讨，但针对类似问题并未形成系统的、具有一定普适性的方法框架，且在碳中和背景下，针对水-能资源利用和高质量发展之间的适配关系还没有得到充分的探索。因此，本研究以实现对资源利用和高质量发展关系的量化分析为主线，提出一个涵盖测算、评估和识别模块的集成框架。研究成果能够在一定程度上促进资源能源可持续利用，助力地区高质量发展。

2　测度-评估-识别三阶段方法框架

本研究提出一种测度-评估-识别三阶段方法框架（图 1），用于系统探讨资源利用和高质量发展之间的关系。一定程度上，该框架同样适用于其他系统间关系的量化研究。测度模块是对资源利用效率（RUE）的量化研究。本研究将 RUE 定义为：宏观意义上，水资源和能源在支撑地区经济发展中的综合利用水平。集成三种主流数据包络分析模型的优点，在测度模块构建一种组合模型（Super－W－SBM 模型），对 RUE 进行测算。评估模块用于对高质量发展水平及其空间非均衡性进行定量分析，具体包括指标体系构建、节点值划定、权重确定、SMI－P 集成计算、Dagum 分解等步骤。在此模块引入了高质量发展指数（HQDI），用于表征高质量发展水平。识别模块是对资源利用和高质量发展适配关系的定量识别，根据 RUE 和 HQDI 计算 Tapio 脱钩指数（TDI），判断资源利用和高质量发展之间的脱钩状态。

2.1　Super－W－SBM 动态测度模型

DEA 是一种非参数的效率测算方法，它没有假设投入和产出指标之间的函数关系，尽可能地降低了主观因素的影响，因此近年来该方法在不同行业、不同领域的效率评估研究中应用广泛[20]。本研究集成 SBM－DEA、Super－DEA、Window－DEA 三种模型的优点，提出一种新的组合模型——Super－W－SBM 模型，能够同时满足非径向、有效 DMU 可比、动态测算三种需求。

假设共有 n 个 DMU，p 个时期，窗口宽度为 d（$d \leqslant p$），则窗口的数量为 $p-d+1$，每个窗口内 DMU 的数量为 nd。每个 DMU 有 m 种投入，记为 $x_i (i=1, 2, \cdots, m)$，q 种产出，记为 $y_r (r=1, 2, \cdots, q)$，被评价的决策单元记为 k，则一个窗口期内的投入导向的 Super－W－SBM 模型可以表示为

$$\min\rho = 1 + \frac{1}{m}\sum_{i=1}^{m} s_i^- / x_{ik} \tag{1}$$

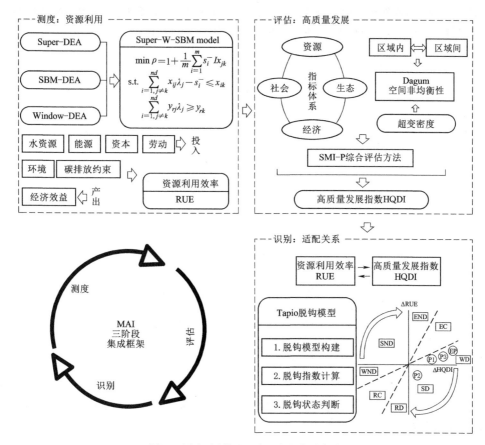

图1　测度-评估-识别三阶段方法框架

$$
\begin{cases}
\text{s. t.} \sum\limits_{j=1,j\neq k}^{nd} x_{ij}\lambda_j - s_i^- \leqslant x_{ik} \\[2mm]
\sum\limits_{j=1,j\neq k}^{nd} y_{rj}\lambda_j \geqslant y_{rk} \\[2mm]
\lambda, s^- \geqslant 0 \\[1mm]
i = 1,2,\cdots,m; r = 1,2,\cdots,q; j = 1,2,\cdots,nd\,(j\neq k)
\end{cases}
\tag{2}
$$

式中：ρ 为效率值，s^- 为投入指标的松弛变量，λ 为 DMU 的线性组合系数。

将某个 DMU 在第 a 个窗口下第 t 个时期的效率值记为 $\rho_{(t,a)}$，则该 DMU 在第 t 个时期的最终效率 ρ_t 可以表示为

$$
\rho_t = \begin{cases}
\dfrac{1}{t}\sum\limits_{a=1}^{t}\rho_{(t,a)}, & 1\leqslant t\leqslant d \\[3mm]
\dfrac{1}{d}\sum\limits_{a=t-d+1}^{t}\rho_{(t,a)}, & d<t\leqslant p-d+1 \\[3mm]
\dfrac{1}{p-t+1}\sum\limits_{a=t-d+1}^{p-d+1}\rho_{(t,a)}, & p-d+1<t\leqslant p
\end{cases}
\tag{3}
$$

式中：ρ_t 为不同 DMU 在第 t 个时期的效率，在本研究中，ρ_t 即为不同省区在第 t 年的资源利用效率 RUE。

2.2　SMI－P综合评估模型

单指标量化-多指标综合-多准则集成综合评估模型（SMI－P）采取自下而上、分级评价的思路，可以明晰指标层与准则层、准则层与目标层之间的定量关系，评价结果准确、客观，在水资源管理、河流评价、水质评价等多领域得到广泛应用[21]。

　　不同指标之间不可避免地存在量纲差异，因此需要利用模糊隶属度函数来计算每个指标的隶属度，将各指标统一映射到 [0，1] 上，进而实现单指标量化。隶属度计算公式如下：

$$
S_i^{(p)} = \begin{cases}
0, & x_i \leqslant a_i \\
0.3\left(\dfrac{x_i-a_i}{b_i-a_i}\right), & a_i < x_i \leqslant b_i \\
0.3+0.3\left(\dfrac{x_i-b_i}{c_i-b_i}\right), & b_i < x_i \leqslant c_i \\
0.6+0.2\left(\dfrac{x_i-c_i}{d_i-c_i}\right), & c_i < x_i \leqslant d_i \\
0.8+0.2\left(\dfrac{x_i-d_i}{e_i-d_i}\right), & d_i < x_i \leqslant e_i \\
1, & e_i < x_i
\end{cases}
\tag{4}
$$

$$
S_i^{(n)} = \begin{cases}
1, & x_i \leqslant e_i \\
0.8+0.2\left(\dfrac{d_i-x_i}{d_i-e_i}\right), & e_i < x_i \leqslant d_i \\
0.6+0.3\left(\dfrac{c_i-x_i}{c_i-d_i}\right), & d_i < x_i \leqslant c_i \\
0.3+0.2\left(\dfrac{b_i-x_i}{b_i-c_i}\right), & c_i < x_i \leqslant b_i \\
0.3\left(\dfrac{a_i-x_i}{a_i-b_i}\right), & b_i < x_i \leqslant a_i \\
0, & a_i < x_i
\end{cases}
\tag{5}
$$

　　式（5）和式（6）分别用于正向指标和负向指标的隶属度计算，其中，x_i 为第 i 个指标的原始值；S_i 为第 i 个指标的隶属度值即单指标量化结果，$S_i \in [0，1]$；a_i，b_i，c_i，d_i，e_i 为第 i 个指标的 5 个节点值，分别代表最差值、较差值、及格值、较优值和最优值。

　　将单指标隶属度与对应权重加权计算得到准则层指数以实现多指标综合。计算公式如下：

$$
M_k = \sum_{i=1}^{n_k} W_{ki} \cdot S_{ki}
\tag{6}
$$

式中：S_{ki} 为第 k 个准则层下第 i 个指标的隶属度值；W_{ki} 为第 k 个准则层下第 i 个指标的权重，$\sum W_{ki} = 1$；n_k 为第 k 个准则层下的指标个数；M_k 为第 k 个准则层指数，即第 k 个准则层的多指标综合结果，$M_k \in [0，1]$，越接近于 1，代表地区在 k 准则层下的水平越高。

　　在得到全部准则层指数之后，将不同准则层指数与对应权重加权计算得到最终的目标层指数，实现多准则集成。计算公式如下：

$$
G = \sum_{k=1}^{m} W_k \cdot M_k
\tag{7}
$$

式中：W_k 为第 k 个准则层的权重，$\sum W_k = 1$；m 为准则层个数；G 为目标层指数，即多准则集成结果，在本研究中 G 即为高质量发展指数 HQDI，HQDI $\in [0，1]$，越接近于 1，代表地区高质量发展水平越高。

2.3　Dagum 基尼系数

　　Dagum 基尼系数是 Dagum 对经典基尼系数的改进，克服了经典基尼系数和泰尔指数等传统差异性测度指标对子样本间的交叉重叠考虑不充分的缺点[22]。本文将 Dagum 基尼系数作为研究黄河流域 HQDI 空间非均衡性及其来源的核心工具。Dagum 将总基尼系数 G 分解为区域内基尼系数 G_w、区域间基尼系数 G_{nb} 和区域间超变密度 G_t，以探究空间分均衡性的来源，具体计算公式为

$$
G = \frac{\sum_{j=1}^{k}\sum_{h=1}^{k}\sum_{i=1}^{n_j}\sum_{r=1}^{n_h} |y_{ji}-y_{hr}|}{2n^2 \overline{y}} = G_w + G_{nb} + G_t
\tag{8}
$$

$$G_w = \sum_{j=1}^{K} G_{jj} p_j s_j \tag{9}$$

$$G_{nb} = \sum_{j=2}^{k} \sum_{h=1}^{j-1} G_{jh} (p_j s_h + p_h s_j) D_{jh} \tag{10}$$

$$G_t = \sum_{j=2}^{k} \sum_{h=1}^{j-1} G_{jh} (p_j s_h + p_h s_j)(1 - D_{jh}) \tag{11}$$

式中：k 为区域个数，本研究中 $k=3$（上游区域、中游区域和下游区域）；n 为省区总数，本研究中 $n=9$〔黄河流域九省（自治区）〕；j 和 h 为区域的序号；i 和 r 为省（自治区）的序号；n_j 和 n_h 分别为 j 和 h 区域内省（自治区）的个数；$\overline{y}$ 为 HQDI 的平均值。G_{jj} 为区域 j 内的基尼系数〔式（12）〕，G_{jh} 为区域 j 和区域 h 之间的基尼系数〔式（13）〕，D_{jh} 为区域 j 和区域 h 之间高质量发展水平的相对影响力〔式（14）〕。

$$G_{jj} = \frac{\frac{1}{2\overline{y}} \sum_{i=1}^{n_j} \sum_{r=1}^{n_j} |y_{ji} - y_{hr}|}{n_j^2} \tag{12}$$

$$G_{jh} = \frac{\sum_{i=1}^{n_j} \sum_{r=1}^{n_h} |y_{ji} - y_{hr}|}{n_j n_h (\overline{y_j} - \overline{y_h})} \tag{13}$$

$$D_{jh} = \frac{d_{jh} - p_{jh}}{d_{jh} + p_{jh}} \tag{14}$$

$$d_{jh} = \int_0^\infty dF_j(y) \int_0^y (y-x) dF_h(x) \tag{15}$$

$$p_{jh} = \int_0^\infty dF_h(y) \int_0^y (y-x) dF_j(x) \tag{16}$$

式中：d_{jh} 为区域 j 和区域 h 之间 HQDI 的差值，是在 $y_{ji} - y_{hr} > 0$ 条件下，两区域 HQDI 差值加和的数学期望；p_{jh} 为超变一阶矩，是在 $y_{hr} - y_{ji} > 0$ 条件下，两区域 HQDI 差值加和的数学期望；F_j 和 F_h 分别为区域 j 和区域 h 的累计密度分布函数。

2.4 Tapio 脱钩模型

Tapio 脱钩理论可用于探究不同对象在多种时间尺度下的适配程度，判别其脱钩状态，在碳排放、经济增长、城市发展、能源利用等多领域的耦合关系探究方面得到广泛应用。本文基于 Tapio 弹性脱钩理论[23]，构建资源利用效率与高质量发展指数间的弹性适配模型，用于探究资源利用与高质量发展之间的适配程度。模型构建如下：

$$TDI = \frac{\Delta RUE / RUE_{t-1}}{\Delta HQDI / HQDI_{t-1}} = \frac{(RUE_t - RUE_{t-1}) / RUE_{t-1}}{(HQDI_t - HQDI_{t-1}) / HQDI_{t-1}} \tag{17}$$

式中：TDI 为资源利用效率与高质量发展指数之间的脱钩指数，用于量化资源利用与高质量发展之间的适配程度；ΔRUE、$\Delta HQDI$ 分别为某时段资源利用效率变化率和高质量发展指数变化率；RUE_{t-1}、$HQDI_{t-1}$ 分别为时段初的资源利用效率和高质量发展指数；RUE_t、$HQDI_t$ 分别为时段末的资源利用效率和高质量发展指数。参考相关研究成果[23]，确定本文的脱钩状态界定标准见表 1。

表 1　　　　　　　　　　　　　脱 钩 状 态 界 定 标 准

脱钩状态	ΔRUE	$\Delta HQDI$	TDI
扩张性负脱钩（END）	>0	>0	>1.2
强负脱钩（SND）	>0	<0	<0
弱负脱钩（WND）	<0	<0	$[0, 0.8)$
衰退性脱钩（RD）	<0	<0	>1.2
强脱钩（SD）	<0	>0	<0
弱脱钩（WD）	>0	>0	$[0, 0.8)$

脱钩状态	ΔRUE	$\Delta HQDI$	TDI
扩张性连接（EC）	>0	>0	$[0.8，1.2)$
衰退性连接（DC）	<0	<0	$[0.8，1.2)$

3 研究区和数据

3.1 研究区概况

黄河是中国第二长河，也是中国北方最大的地表水供水水源。黄河流域涉及九个省级行政区，包含多个水源涵养区和重点能源基地，是保障中国水资源、能源和粮食安全的重要区域。由于气候变化和人类活动的影响，目前黄河流域面临着水资源短缺、能源消耗强度大、经济发展不均衡等诸多挑战[24]。尤其是近 20 年来，在经济社会迅速发展的大背景下，黄河流域发展对水资源和能源的需求也急剧上升，全面实现资源高效利用成为黄河流域高质量发展亟须打破的瓶颈。

3.2 指标选择与描述

3.2.1 投入产出指标选择

基于 RUE 的定义和数据包络分析投入产出指标选取原则，从资源投入、资本投入、劳动投入、环境约束和承载投入四个方面选取 RUE 的投入指标。选取用水总量和能源消费总量指标反映自然资源投入，选取固定资产投资指标反映资本要素投入，选取从业人员数量指标反映劳动投入。为了更全面地评估地区资源利用效率，需要考虑生态环境约束。本文将环境因素纳入新的投入视角，即将废水排放量和 CO_2 排放量作为反映环境承载约束的投入指标参与模型计算，实现投入指标多元化的同时，避免了不同产出指标的权重分配合理性问题。经济效益是地区资源利用水平的最直观表现，因此选取 GDP 作为产出指标。最终的 Super–W–SBM 模型投入产出指标体系选取结果见表 2。

表 2　　　　　　　　　　Super–W–SBM 模型投入产出指标体系

类　　型	指　　标	作　　用
投入指标	用水总量	反映资源投入
	能源消费总量	
	固定资产投资	反映资本投入
	就业人员数量	反映劳动投入
	废水排放量	反映环境约束和承载投入
	CO_2 排放量	
产出指标	GDP	反映经济产出

3.2.2 高质量发展评估指标体系

结合联合国大会发布的 2030 年可持续发展目标[25]、中国政府发布的《中华人民共和国国民经济和社会发展第十四个五年规划和 2035 年远景目标纲要》[26] 以及相关研究，以高质量发展为目标，以资源安全、生态健康、经济增长、社会和谐为准则，共选择 21 个代表性指标来表征九省（自治区）的 HQDI。建立以目标层-准则层-指标层为框架的高质量发展水平评价指标体系，见表 3。

表 3　　　　　　　　　　高质量发展综合评估的多维指标体系

维度	指　　标	属性
资源	A_1 资源供给普及率/%	＋
	A_2 水资源开发利用率/%	－
	A_3 废水回用率/%	＋

续表

维度	指标	属性
资源	A_4 单位 GDP 能耗/(吨标准煤/万元)	-
	A_5 工业固体废物综合利用率/%	+
生态	B_1 单位 GDP 废水排放量/(t/万元)	-
	B_2 环境治理投资占 GDP 比重/%	+
	B_3 废水处理率/%	+
	B_4 垃圾无害化处理率/%	+
	B_5 建成区绿地覆盖率/%	+
经济	C_1 人均 GDP/元	+
	C_2 第三产业产值占 GDP 比重/%	+
	C_3 城乡人均收入比/%	-
	C_4 科技人员全时当量/(人/a)	+
	C_5 进出口占 GDP 比重/%	+
社会	D_1 恩格尔系数/%	-
	D_2 城镇化率/%	+
	D_3 社会保障支出占 GDP 比重/%	+
	D_4 未就业人数比重/%	-
	D_5 人均受教育年限/a	+
	D_6 文化产业增加值占 GDP 比重/%	+

4 结果分析

4.1 碳排放约束下资源利用效率测度

参考相关研究[27]，选定 Super-W-SBM 模型窗口宽度为 3 年，本研究时间序列长度为 11 年，因此本研究共建立了 9 个窗口。对不同窗口下的效率结果进行整理，得到黄河流域九省（自治区）在 11 年间的资源利用效率，如图 2 所示。九省（自治区）整体资源利用效率在 11 年间得到较大提升，从 2009 年的 0.703 提升至 2020 年的 0.798。近年来中国对黄河流域水资源和能源管理的重视和政策落实，在资源利用效率变化趋势中得到了体现[28]。

RUE 存在显著差异性，山东、内蒙古、山西的资源利用效率较高，多年平均效率值在 0.75 以上，其中山东省 11 年间有 10 年处于生产前沿面（RUE>1），RUE 多年平均值高达 1.034。山东省产业现代化水平较高，能够以较低的资源投入获得较高的经济效益，资源利用效率处于黄河流域领先水平。河南、陕西、四川三省的资源利用效率在黄河流域九省（自治区）中处于中等水平，多年平均效率值在 0.55 以上，波动幅度较小，变化相对稳定。相关研究认为中国西部地区的水资源利用水平与其产业结构有密切关系[29]。Super-W-SBM 模型结果显示甘肃、青海、宁夏三省（自治区）RUE 在九省（自治区）中处于低水平，多年平均效率值均低于 0.45。其中宁夏的 RUE 多年平均值低于 0.4，与生产前沿面偏离程度最大。这和当地的用水和能耗结构不无关系，同时，较高的环境承载投入也是甘肃和宁夏两省（自治区）RUE 落后的重要原因。

4.2 高质量发展水平及空间非均衡性

4.2.1 高质量发展水平评估

九省（自治区）整体 HQDI 在研究期内逐年递增，11 年间提升了接近一倍（图 3）。河南在其他三个准则层指数稳定提升的条件下，快速提高其经济发展水平，实现了 HQDI 的最明显提升。宁夏的 HQDI 提升速度在九省（自治区）中处于末位，HQDI 值在多个年份出现负增长，资源准则层指数从 2014 年的 0.484 降低到 2017 年的 0.375，这与宁夏 RUE 的长期低迷有很大关系。黄河流域 HQDI 与 RUE 和人口密度空间

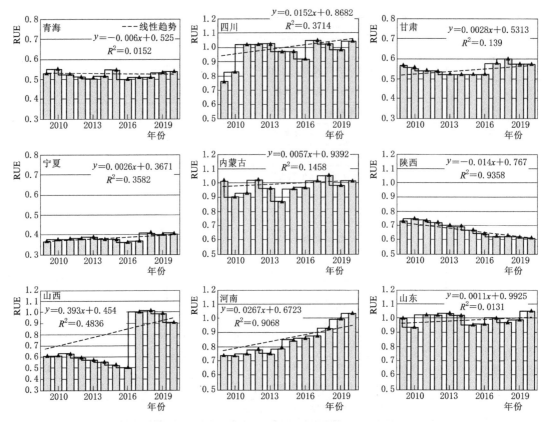

图 2 　九省（自治区）资源利用效率测度结果

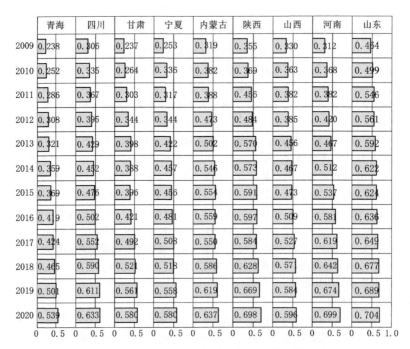

图 3 　九省（自治区）高质量发展指数评估结果

分布特征具有相似性。山东的高质量发展水平处于领先位置（HQDI多年均值＞0.6），河南、内蒙古、陕西的发展质量处于黄河流域的一般水平（0.5＜HQDI多年均值＜0.6），山西、四川、甘肃、宁夏、青海的HQDI相对落后（HQDI多年均值＜0.5）。

青海、甘肃的经济准则层和生态准则层比较落后（图4），资源准则层则是宁夏的最大短板；山西的资源准则层指数要低于陕西，其余三个准则层两省相差不大；山东的经济准则层和生态准则层要高于河南，尤其是经济准则层。上游省区的四个准则层均落后于中下游省区。中游省区和下游省区的资源准则层、生态准则层、社会准则层指数相差很小，但中上游省区的经济发展水平与下游省区存在较大差距，这也是HQDI空间差异产生的最主要原因。

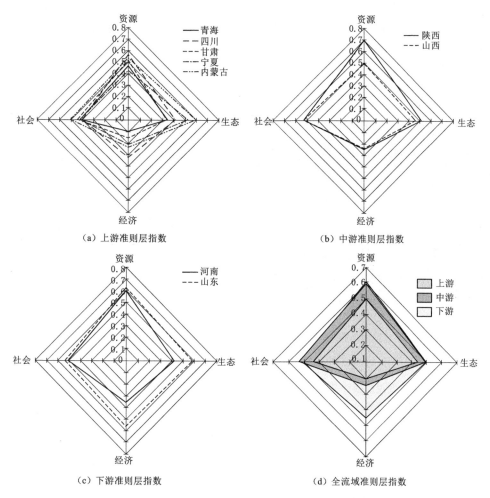

图 4　四个准则层指数的空间分布特征

4.2.2　高质量发展空间非均衡性分解

基于Dagum基尼系数及其分解思想，将高质量发展整体基尼系数分解为区域内基尼系数、区域间基尼系数以及区域间超变密度，分析了黄河流域九省（自治区）2009—2020年高质量发展水平空间非均衡性的来源（图5）。九省（自治区）高质量发展的整体基尼系数呈现明显下降趋势，从2009年的0.113降低至2020年的0.051，仅在2010—2011年间出现轻微提升，说明黄河流域高质量发展的空间差异性在12年间得到了有效缩减。"区域协调发展战略"是近年来指导中国发展的基本战略，黄河流域九省（自治区）地理跨度大，是中国区域协调发展战略的重点实施地区。HQDI基尼系数的缩减，也进一步体现了该战略在黄河流域近年来的发展进程中得到了有效落实。

上游省区和下游省区的高质量发展空间非均衡性均呈现下降趋势，上游省（自治区）下降最为明显，其基尼系数从 2009 年的 0.098 下降至 2020 年的 0.002。黄河流域上游-中游、上游-下游、中游-下游省（自治区）的高质量发展基尼系数均呈现下降趋势，且下降趋势不断加快［图 5（b）］。与一般性认知相同，上游-下游省（自治区）的基尼系数是三个区域间基尼系数当中最高的，由于地理环境和历史发展定位等多方面的原因，二者资源利用和经济发展水平的差异非常明显。同时，上游-下游省（自治区）的基尼系数也是下降最快的，从 0.18 降低至 0.083，12 年间降低了 54％，上游、下游高质量发展水平之间的差距正在不断缩小。整体而言，黄河流域上中下游之间的差距是逐渐减小的，不同区域间高质量发展水平趋于协调。

图 5（c）展示了不同因素对黄河流域高质量发展空间非均衡性的贡献。区域间基尼非均衡性的贡献率最高，12 年间的平均贡献率高达 67.6％，变动区间为［58.42％，72.83％］。区域间超变密度的贡献率最小，平均贡献率仅为 6.17％，研究期内的变动区间为［2.47％，12.53％］。这说明黄河流域上中下游省区确实存在区域间交叉重叠问题。但是样本交叉重叠问题对 HQDI 整体空间非均衡性的贡献较小。区域内基尼非均衡性的贡献率相对稳定，平均贡献率为 26.23％，变动区间为［22.40，29.74］，并非造成黄河流域 HQDI 空间非均衡性的主要原因。

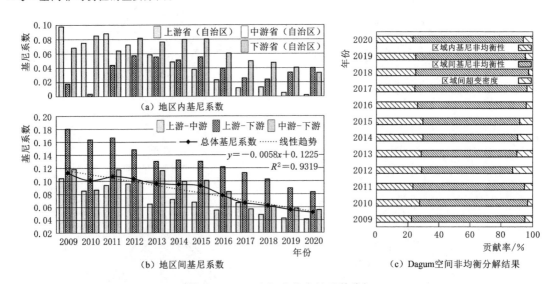

图 5　Dagum 空间非均衡性及其分解

4.3　资源利用与高质量发展的适配关系

4.3.1　脱钩指数年际变化分析

不同时期九省（自治区）的脱钩指数见表 4。2009—2012 年，河南、山东、陕西、宁夏四省（自治区）的 RUE 与 HQDI 适配状态均为弱脱钩，即二者在时间尺度上的演变规律存在一定协同性，但资源利用水平的提升速度要低于高质量发展水平的提升速率；四川的 RUE 和 HQDI 呈现扩张性连接状态，资源利用与高质量发展实现了协同性增长，可以认为是九省（自治区）中相对最优的状态。甘肃、青海、山西和陕西为强脱钩状态，RUE 提升的速率要远远低于 HQDI 的提升速率，资源利用和高质量发展的动态协同性最差。2013—2016 年，除甘肃、内蒙古、河南是弱脱钩状态，其余省（自治区）的 TDI 均小于 0，均为强脱钩状态，导致该结果的原因是：在 2012—2014 年，青海、四川、宁夏、陕西等大多数省（自治区）均未能超越

表 4　　　　　　　　　　　　　　　　　**不同时期脱钩指数**

省（自治区）	时期 1		时期 2		时期 3	
	TDI	状态	TDI	状态	TDI	状态
青海	−0.10	SD	−0.02	SD	0.22	WD
四川	1.17	END	−0.60	SD	−0.03	SD
甘肃	−0.12	SD	0.02	WD	−0.05	SD

省（自治区）	时期 1		时期 2		时期 3	
	TDI	状态	TDI	状态	TDI	状态
宁夏	0.10	WD	−0.46	SD	0.73	WD
内蒙古	0.01	WD	0.06	WD	−0.01	SD
陕西	−0.03	SD	−1.95	SD	−0.09	SD
山西	−0.15	SD	−0.92	SD	−0.72	SD
河南	0.17	WD	0.55	WD	1.34	END
山东	0.09	WD	−0.98	SD	0.58	WD

生产前沿面的推移，RUE 出现负增长。2017—2020 年，四川、陕西、山西仍保持强脱钩状态，研究时段内未能实现 RUE 和 HQDI 协同发展，不可否认近年来上述省份的生态文明建设取得了优秀成绩，但在推动高质量发展的同时，需加快资源利用水平的进一步提升；其他省（自治区）的适配关系在该阶段均有所改善，尤其是河南呈现出扩张性负脱钩状态，这也是黄河流域一种理想适配状态。

4.3.2　整体适配关系识别

由图 6 可知，11 年间，九省（自治区）的 RUE 与 HQDI 的时间适配关系呈现出显著空间差异，共涉及强脱钩、弱脱钩、扩张性连接三种脱钩状态。内蒙古和陕西为强脱钩状态，推动资源能源节约集约利用势在必行；其余七省（自治区）为弱脱钩适配状态，RUE 和 HQDI 之间仍保持正向的关联。根据九省（自治区）整体的 TDI 识别整体适配关系在不同时期的状态，整个研究期内，黄河流域九省（自治区）整体处于弱脱钩状态，呈现弱脱钩-强脱钩-弱脱钩的波动变化特征。虽然 RUE 和 HQDI 存在一定协同性，但整体仍表现为"脱钩"。针对黄河流域水能粮系统关系的一项研究也得到了相似结论[30]。

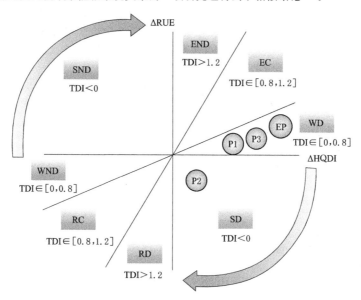

图 6　整个时段的识别结果

可以发现，资源利用效率最高、长期处于生产前沿面的山东，其 RUE 和 HQDI 依然是弱脱钩状态。这表明在较长的研究时段内，黄河流域资源利用的提升水平整体落后于高质量发展的提升水平。结合 4.2 节高质量发展准则层结果可以发现，在资源、生态、经济、社会四个准则层中，资源准则层指数的提升速率是最慢的，11 年间仅提升了 28.7%，远落后于其他三个准则层指数。该结果进一步表明，虽然存在一定协同性，但黄河流域尤其是上游地区的资源能源利用和高质量发展并未达到良好的适配关系，仍有较大改善空间。

5　结语

　　本文提出的 MAI 三阶段集成框架为资源利用效率测度、高质量发展水平评估以及二者适配关系识别提供了一种可行方案。特别地，在测度模块中构建了组合模型——Super‐W‐SBM 模型，用于动态测量资源利用效率。在评价高质量发展水平及其空间非均衡性的基础上，在不同时间尺度下定量识别了资源利用与高质量发展的适配关系。主要结论如下：

　　（1）黄河流域九省（自治区）的 RUE 在 2009—2020 年有所提升，但提升的协同性较差，不利于黄河流域的均衡协调发展。黄河上游省（自治区）的投入冗余较高，需要对资源能源利用结构和模式进行整体性优化。

　　（2）九省（自治区）整体高质量发展水平在 2009—2020 年呈逐年递增趋势，山东的 HQDI 在多年间均处于领先地位，河南的 HQDI 提升最快，宁夏回族自治区由于资源利用水平的长期低迷，其 HQDI 提升最慢。HQDI 总体基尼系数呈下降趋势，区域间基尼非均衡性是黄河流域高质量发展空间差异性的主要来源。重点关注区间的协调发展，尤其是缩小上游‐下游省（自治区）之间的差距，是降低高质量发展空间非均衡性的最有效手段。

　　（3）资源利用与高质量发展的适配关系具有随时间变化的阶段性特征，九省（自治区）整体适配关系为弱脱钩，资源利用的提升水平整体落后于高质量发展的提升水平。九省（自治区）的 RUE 和 HQDI 均存在脱钩关系，需要在保证经济增长、生态安全、社会进步的同时，推动资源利用方式的深层次变革。

　　然而，本研究仍存在一定局限性。比如，在资源利用效率投入产出指标体系中，对生产要素的考虑可能不够完善。实际上，资源利用过程非常复杂，涉及的生产要素也远比本研究中描述的广泛[31]。如何在保证不过多增加指标数量的同时，不断提高投入产出指标体系对资源利用水平的代表性，是下一步重点研究的方向。此外，本研究未考虑资源利用效率的空间溢出效应，考虑不同地区之间的相互作用的结果通常会更加接近实际情况。因此，经验模型和实证模型的有效结合是未来研究中的增量[32]。MAI 框架适用于在有完善数据条件支撑下对系统或系统间的历史和现状状态的研究，并不能实现对未来状态的预判和模拟。将合适的模拟模块（比如系统动力学模型，机器学习预测模型）嵌入到现有框架中，探索未来不同发展情景下资源利用和高质量发展间的互馈机制，将会进一步增强研究结果对地区发展战略制定和生产实践的指导价值。

参 考 文 献

[1]　DE FRAITURE C, WICHELNS D. Satisfying future water demands for agriculture [J]. Agricultural Water Management, 2010, 97 (4): 502 - 511.

[2]　SOERGEL B, KRIEGLER E, WEINDL I, et al. A sustainable development pathway for climate action within the UN 2030 Agenda [J]. Nature Climate Change, 2021, 11 (8): 656 - 664.

[3]　BABEL M S, SHINDE V R, SHARMA D, et al. Measuring water security: A vital step for climate change adaptation [J]. Environmental Research, 2020, 185: 109400.

[4]　张凯, 陆海曙, 陆玉梅. 三重属性约束的承载力视角下中国省际水资源利用效率测度 [J]. 资源科学, 2021, 43 (9): 1778 - 1793.

[5]　IBRAHIM M D, FERREIRA D C, DANESHVAR S, et al. Transnational resource generativity: Efficiency analysis and target setting of water, energy, land, and food nexus for OECD countries [J]. Science of The Total Environment, 2019, 697: 134017.

[6]　左其亭, 张志卓, 马军霞. 黄河流域水资源利用水平与经济社会发展的关系 [J]. 中国人口·资源与环境, 2021, 31 (10): 29 - 38.

[7]　廖虎昌, 董毅明. 基于 DEA 和 Malmquist 指数的西部 12 省水资源利用效率研究 [J]. 资源科学, 2011, 33 (2): 273 - 279.

[8]　任俊霖, 李浩, 伍新木, 等. 长江经济带省会城市用水效率分析 [J]. 中国人口·资源与环境, 2016, 26 (5): 101 - 107.

[9]　JIN W, ZHANG H, LIU S, et al. Technological innovation, environmental regulation, and green total factor efficiency of industrial water resources [J]. Journal of Cleaner Production, 2019, 211: 61 - 69.

[10]　佟金萍, 马剑锋, 王圣, 等. 长江流域农业用水效率研究: 基于超效率 DEA 和 Tobit 模型 [J]. 长江流域资源与环境, 2015, 24 (4): 603 - 608.

［11］ HU Z, YAN S, YAO L, et al. Efficiency evaluation with feedback for regional water use and wastewater treatment ［J］. Journal of Hydrology, 2018, 562：703 – 711.

［12］ YU D, HE X. A bibliometric study for DEA applied to energy efficiency：Trends and future challenges ［J］. Applied Energy, 2020, 268：115048.

［13］ MARDANI A, ZAVADSKAS E K, STREIMIKIENE D, et al. A comprehensive review of data envelopment analysis (DEA) approach in energy efficiency ［J］. Renewable and Sustainable Energy Reviews, 2017, 70：1298 – 1322.

［14］ HAN D, YU D, CAO Q. Assessment on the features of coupling interaction of the food – energy – water nexus in China ［J］. Journal of Cleaner Production, 2020, 249：119379.

［15］ JIANG L, ZUO Q, MA J, et al. Evaluation and prediction of the level of high – quality development：A case study of the Yellow River Basin, China ［J］. Ecological Indicators, 2021, 129：107994.

［16］ SUN Y, LIU N, SHANG J, et al. Sustainable utilization of water resources in China：A system dynamics model ［J］. Journal of Cleaner Production, 2017, 142：613 – 625.

［17］ RAZA S A, SHAH N, SHARIF A. Time frequency relationship between energy consumption, economic growth and environmental degradation in the United States：Evidence from transportation sector ［J］. Energy, 2019, 173：706 – 720.

［18］ 李振冉, 宋妍, 岳倩, 等. 基于 SFA – CKC 模型评估中国碳排放效率 ［J］. 中国人口·资源与环境, 2023, 33 (4)：46 – 55.

［19］ ALDIERI L, GATTO A, VINCI C P. Is there any room for renewable energy innovation in developing and transition economies? Data envelopment analysis of energy behaviour and resilience data ［J］. Resources, Conservation and Recycling, 2022, 186：106587.

［20］ 左其亭, 张志卓, 姜龙, 等. 全面建设小康社会进程中黄河流域水资源利用效率时空演变分析 ［J］. 水利水电技术, 2020, 51 (12)：16 – 25.

［21］ 左其亭, 郝明辉, 姜龙, 等. 幸福河评价体系及其应用 ［J］. 水科学进展, 2021, 32 (1)：45 – 58.

［22］ 刘华军, 赵浩. 中国二氧化碳排放强度的地区差异分析 ［J］. 统计研究, 2012, 29 (6)：46 – 50.

［23］ TAPIO P. Towards a theory of decoupling：Degrees of decoupling in the EU and the case of road traffic in Finland between 1970 and 2001 ［J］. Transport Policy, 2005, 12 (2)：137 – 151.

［24］ ZHANG Z, ZUO Q, LI D, et al. The relationship between resource utilization and high – quality development in the context of carbon neutrality：Measurement, assessment and identification ［J］. Sustainable Cities and Society, 2023, 94：104551.

［25］ SACHS J D, SCHMIDT – TRAUB G, MAZZUCATO M, et al. Six transformations to achieve the sustainable development goals ［J］. Nature Sustainability, 2019, 2 (9)：805 – 814.

［26］ 中华人民共和国国民经济和社会发展第十四个五年规划和 2035 年远景目标纲要 ［J］. 中国水利, 2021, 912 (6)：1 – 38.

［27］ HALKOS G E, TZEREMES N G. Exploring the existence of Kuznets curve in countries' environmental efficiency using DEA window analysis ［J］. Ecological Economics, 2009, 68 (7)：2168 – 2176.

［28］ XIE P, ZHUO L, YANG X, et al. Spatial – temporal variations in blue and green water resources, water footprints and water scarcities in a large river basin：A case for the Yellow River basin ［J］. Journal of Hydrology, 2020, 590：125222.

［29］ OUYANG X, WEI X, SUN C, et al. Impact of factor price distortions on energy efficiency：Evidence from provincial – level panel data in China ［J］. Energy Policy, 2018, 118：573 – 583.

［30］ WANG Y, SONG J, SUN H. Coupling interactions and spatial equilibrium analysis of water – energy – food in the Yellow River Basin, China ［J］. Sustainable Cities and Society, 2022：104293.

［31］ LI D, ZUO Q, ZHANG Z. A new assessment method of sustainable water resources utilization considering fairness – efficiency – security：A case study of 31 provinces and cities in China ［J］. Sustainable Cities and Society, 2022, 81：103839.

［32］ KIZILTAN M. Water – energy nexus of Turkey's municipalities：Evidence from spatial panel data analysis ［J］. Energy, 2021, 226：120347.

河南省工业用水二氧化碳排放及绿色水资源效率分析

赵晨光[1]　　左其亭[1,2,3]　　马军霞[1,2]

（1. 郑州大学水利与交通学院，郑州 450001；
2. 河南省水循环模拟与水环境保护国际联合实验室，郑州 450001；
3. 郑州大学黄河生态保护与区域协调发展研究院，郑州 450001）

摘　要　测算工业用水二氧化碳排放及科学评估工业绿色水资源效率水平，是化解水资源供需矛盾、推动工业绿色转型、推进区域生态保护和高质量发展的基础。本文以河南省 18 个地级市为研究对象，基于地级市面板数据，采用二氧化碳排放当量分析（CEEA）方法计算 2011—2019 年河南省工业用水二氧化碳排放量；通过超效率 SBM 模型，将工业用水二氧化碳排放量视为非期望产出纳入模型，测算 2011—2019 年河南省工业绿色水资源效率，评估工业绿色水资源效率水平；利用 Global Malmquist-Luenberger（GML）指数对其工业绿色水资源效率动态变化进行分析。研究表明：①河南省工业用水二氧化碳排放量在整体上呈现"先小幅增加，后稳步减少"的趋势，大部分地级市工业用水二氧化碳排放量呈现"先小幅度波动增加，后波动减少"的走向；②河南省工业用水在 2012 年产生了最多的二氧化碳排放量（2492.34 万 t），其中豫中地区占比较高；③河南省工业绿色水资源效率整体呈波动上升态势，工业绿色水资源效率水平在不断提高，其中济源最高、南阳最低，地级市间的效率水平空间差异"先在不断增大，后在不断减小"；④河南省工业绿色水资源效率 GML 指数的提高是技术效率变化指数和技术进步变化指数共同推动的作用。研究结果可为促进河南省工业绿色转型发展提供一定参考。

关键词　二氧化碳排放当量分析（CEEA）方法；超效率 SBM 模型；Global Malmquist-Luenberger 指数；工业绿色水资源效率

随着全球气候变化的严重性逐渐显现，二氧化碳排放问题引起了国际社会的广泛关注。工业部门作为二氧化碳的主要排放源[1]，其用水过程中的碳排放对环境产生了极大的影响。在中国，河南省是一个典型的工业化快速发展地区，工业用水占全省用水总量的比例较大[2]。因此，分析河南省工业用水二氧化碳排放量及绿色水资源效率具有重要的理论和现实意义。

近年来，国内外关于工业及其用水二氧化碳排放量、工业绿色水资源效率的研究成果比较丰富。在工业及其用水二氧化碳排放量研究方面，国内外常用的量化方法有基于 IPCC 指南的排放因子法[3] 和二氧化碳排放当量分析（Carbon Dioxide Emission Equivalent，CEEA）方法[4] 等。比如，方佳敏等[5] 基于排放因子法计算了中国工业行业的二氧化碳排放量；韩媛媛等[6] 通过排放因子法测算分析了京津冀地区工业的能耗碳排放；Zuo 等[4] 基于 CEEA 方法对中国 31 个省级行政区的工业用水二氧化碳排放量进行核算。在工业绿色水资源效率研究方面，常采用数据包络分析（Data Envelopment Analysis，DEA）方法[7] 及 Malmquist-Luenberger 指数分解法[8]，比较常见的 DEA 模型有 EBM[9]、SBM[10]、超效率 SBM 模型[11] 等。比如，汪克亮等[12] 将工业用水与水污染排放纳入 EBM 效率模型中，分析了长江经济带工业绿色水资源效率的时空分异特征与影响因素；苗峻瑜[13] 基于非期望产出的超效率 EBM 模型，测算了 2010—2019 年黄河流域工业绿色水资源效率，并利用 Global Malmquist-Luenberger（GML）指数分析了其动态变化情况；张峰等[14] 利用考虑非期望产出的 SBM 模型测算了中国不同省级行政区的工业绿色水资源效率；王纪凯等[15] 选取考虑非期望产出的 SE-SBM 模型对黄河流域各地级市的工业绿色水资源效率进行测算；王保乾[16] 将灰水足迹作为非期望产出变量，运用三阶段超效率 SBM 模型和 Malmquist-Luenberger 指数分解法对 2009—

基金项目：国家自然科学基金（52279027），国家重点研发计划项目（2021YFC3200201）。

第一作者简介：赵晨光（1999—　），男，河南封丘人，主要从事水文学及水资源研究工作。Email：zhaochenguang0413@163.com

通讯作者：左其亭（1967—　），男，河南固始人，博士，教授，博士生导师，主要从事水文学及水资源研究工作。Email：zuoqt@zzu.edu.cn

2019 年长江经济带 11 个省级行政区的工业水资源绿色效率进行测算。

综上所述可发现，目前虽有大量学者对工业及其用水二氧化碳排放量、工业绿色水资源效率三方面进行了大量研究，也有学者将工业废水、废气纳入 DEA 模型中对工业绿色水资源效率进行测算，但是将工业用水二氧化碳排放量考虑其中的研究较为缺乏。因此，本文基于 2011—2019 年河南省地级市面板数据，首先采用 CEEA 方法计算了河南省 18 个地级市的工业用水二氧化碳排放量，再将其纳入超效率 SBM 模型中对河南省工业绿色水资源效率进行分析，并通过 GML 指数分解法探讨河南省工业绿色水资源效率的动态变化情况及驱动因素。研究结果可为河南省提高工业用水绿色效率、降低二氧化碳排放量提供一定参考。

1　研究区概况

河南省位于中国中东部、华北平原南部的黄河中下游地区，地域辽阔，总面积 16.7 万 km^2，包括豫中（郑州、平顶山、许昌、漯河）、豫东（开封、商丘、周口）、豫西（三门峡、洛阳）、豫南（南阳、信阳、驻马店）、豫北（济源、焦作、新乡、鹤壁、安阳、濮阳）5 个分区 18 个地级市。河南省不仅是中国重要的农业生产基地，还是新兴的经济大省和工业大省。全省多年平均水资源量 403.5 亿 m^3，人均水资源量不足400 m^3、不到全国平均水平的 1/5，低于国际公认的人均 500 m^3 的严重缺水标准，属于极度缺水地区。另外，由于火电、机械、纺织、化工、冶金、煤炭等高耗水行业的集中[17]，使得河南省水资源供需矛盾更为突出。与此同时，河南省工业"高投入、高消耗、高排放"的发展模式仍未完全突破，自 2011—2019 年，全省二氧化碳排放量虽在逐年减少，但总体排放量依旧较高，多年平均二氧化碳排放量高达 5.51 亿 t。因此，研究其工业用水二氧化碳排放量及绿色水资源效率十分必要。

2　研究方法

2.1　二氧化碳排放当量分析（CEEA）方法

二氧化碳排放当量分析（CEEA）提供了一套相对完整的函数表[18]，用于量化不同水资源行为直接或间接产生的二氧化碳排放和吸收效应，计算不同水资源行为的二氧化碳排放当量。本文基于 CEEA 方法从二氧化碳排放当量分析函数表中选择工业用水行为的计算方法[18] 来计算河南省工业用水的二氧化碳排放量，具体计算公式如下：

$$E = Q \times EI \times EF \tag{1}$$

$$EF = \frac{\sum_i (FC_{i,y} \times NCV_{i,y} \times EF_{CO_2,i,y})}{EG_y} \tag{2}$$

式中：E 为工业用水的二氧化碳排放量，kg；Q 为工业用水量，m^3；EI 为工业用水能源强度（单位工业用水的能源消耗量），(kW・h)/m^3；EF 为电力系统的二氧化碳排放因子（消耗单位电能所排放的二氧化碳量），kg/(kW・h)，其取值可根据研究区域实际情况统计得到，也可以参考中国生态环境部发布的不同区域电网排放因子，还可以根据式（2）计算得到；EG_y 为电力系统计算时段 y 内的总净发电量，kW・h；$FC_{i,y}$ 为计算时段内发电机组对燃料 i 的总消耗量，质量或体积单位；$NCV_{i,y}$ 为计算时段 y 内燃料 i 的平均低位发热量，GJ/kg 或 GJ/Nm^3；$EF_{CO_2,i,y}$ 为计算时段 y 内燃料 i 的二氧化碳排放因子（单位能量排放的二氧化碳量），kgCO$_2$/GJ。其中，EI 的取值参考相关研究中[19] 中国典型城市的工业用水能源强度 5.033(kW・h)/m^3。

2.2　超效率 SBM 模型

数据包络分析（DEA）[7] 是一种非参数效率分析方法，它能够避免主观因素对评价结果的影响，被广泛应用于水资源效率的测算。传统的 DEA 模型属于径向和角度的度量，未考虑投入产出变量的松弛，为将其考虑其中，Tone[10] 提出了 SBM 模型，但也存在不足，即当多个决策单元（DMU）同时达到有效状态时则无法进一步比较有效决策单元效率的高低。因此，Tone 在 SBM 模型的基础上，结合超效率模型再次进行改进，于 2002 年提出了超效率 SBM 模型[11]，它能有效区分决策单元之间的差异，并将环境污染等非期望产出纳入其中，使计算结果相对更加精确。因此，本文选择包含非期望产出的超效率 SBM 模型来测算河南省工业绿色水资源效率，同时将工业用水二氧化碳排放量视为非期望产出纳入模型，模型计算公式如下：

$$\min\rho = \frac{1 + \dfrac{1}{m}\sum_{i=1}^{m}\dfrac{S_i^-}{x_{ik}}}{1 - \dfrac{1}{c_1+c_2}\left(\sum_{p=1}^{c_1}\dfrac{S_p^+}{y_{pk}} + \sum_{q=1}^{c_2}\dfrac{S_q^{b-}}{y_{qk}^b}\right)} \tag{3}$$

$$s.t.\begin{cases} \sum_{j=1,j\neq k}^{n} x_{ij}\lambda_j - S_i^- \leqslant x_{ik} \\[2mm] \sum_{j=1,j\neq k}^{n} y_{pj}\lambda_j + S_p^+ \geqslant y_{pk} \\[2mm] \sum_{j=1,j\neq k}^{n} y_{qj}^b\lambda_j - S_q^{b-} \leqslant y_{qk}^b \\[2mm] \left[1 - \dfrac{1}{c_1+c_2}\left(\sum_{p=1}^{c_1}\dfrac{S_p^+}{y_{pk}} + \sum_{q=1}^{c_2}\dfrac{S_q^{b-}}{y_{qk}^b}\right)\right] > 0 \\[2mm] \lambda, S^+, S^- \geqslant 0 \end{cases} \tag{4}$$

式中：ρ 为地级市的工业绿色水资源效率值；n 为 DMU 个数，即地级市个数；每个 DMU 由 m 个投入、c_1 个期望产出和 c_2 个非期望产出构成；S_i^-、S_p^+、S_q^{b-} 分别为投入、期望产出、非期望产出的松弛变量；x_{ik}、y_{pk}、y_{qk}^b 分别为第 k 个决策单元的第 i 个投入变量、第 p 个期望产出变量和第 q 个非期望产出变量；λ_j 为权重系数。其中，$i=1, 2, \cdots, m$；$j=1, 2, \cdots, n$；$p=1, 2, \cdots, c_1$；$q=1, 2, \cdots, c_2$。

特别指出，为更好地反映工业绿色水资源效率水平的高低，参考相关研究[13]，根据 ρ 的数值大小，主观地将工业绿色水资源效率水平划分为 5 个等级，见表 1。

表 1　　　　　　　　　　　工业绿色水资源效率水平等级划分标准

取值范围	(0, 0.400)	[0.400, 0.600)	[0.600, 0.800)	[0.800, 1.000)	[1.000, +∞)
水平等级	低效率	中低效率	中效率	中高效率	高效率

2.3　Global Malmquist‐Luenberger（GML）指数

DEA 模型测算出的效率结果是基于固定时间点的静态效率，但是随着时间的推移和科技的进步，工业生产技术也在不断发生变化，因此有必要结合 Malmquist－Luenberger（ML）指数[8] 对工业绿色水资源效率的动态变化情况进行分析。ML 指数是非期望产出与 Malmquist 指数的结合，也是距离函数与 DEA 计算中常用的指数，经常运用于探讨分析生产效率的动态变化情况；但该指数存在不具有传递性和线性规划无可行解的缺陷。为解决这一问题，Oh 等[20] 对其进行了改进，将含非期望产出的方向距离函数与全局生产可能集相结合构建了 Global Malmquist－Luenberger（GML）指数，其优势是可兼顾环境污染等负面效应导致的非期望产出影响，还能弥补传统 ML 指数的缺陷。因此，本文选择 GML 指数用以分析河南省工业绿色水资源效率从 t 期到 $t+1$ 期的动态变化，具体计算公式如下：

$$I_{GML}^{t,t+1}(x^t, y^t, b^t, x^{t+1}, y^{t+1}, b^{t+1}) = \frac{1 + D^G(x^t, y^t, b^t)}{1 + D^G(x^{t+1}, y^{t+1}, b^{t+1})} \tag{5}$$

式中：$I_{GML}^{t,t+1}$ 为 t 期到 $t+1$ 期的河南省各地级市的工业绿色水资源效率变化指数。$I_{GML}^{t,t+1}>1$ 表示 $t+1$ 期的工业绿色水资源效率大于 t 期的工业绿色水资源效率，即该段时间内的效率有所提升；$I_{GML}^{t,t+1}<1$ 则相反，表示该段时间内的效率有所降低。D^G 为依赖于全局生产可能性集合的方向性距离函数。

GML 指数可以进一步分解为技术效率变化（Global Effeciency Change，GEC）和技术进步变化（Global Technological Change，GTC）指数之积，二者分别用于反映技术效率改进和技术进步对效率变化的影响。具体表达式如下：

$$I_{GML}^{t,t+1} = I_{GEC}^{t,t+1} \times I_{GTC}^{t,t+1} \tag{6}$$

$$I_{GEC}^{t,t+1}(x^t, y^t, b^t, x^{t+1}, y^{t+1}, b^{t+1}) = \frac{1 + D^t(x^t, y^t, b^t)}{1 + D^{t+1}(x^{t+1}, y^{t+1}, b^{t+1})} \tag{7}$$

$$I_{GTC}^{t,t+1}(x^t,y^t,b^t,x^{t+1},y^{t+1},b^{t+1}) = \frac{\dfrac{1+D^G(x^t,y^t,b^t)}{1+D^t(x^t,y^t,b^t)}}{\dfrac{1+D^G(x^{t+1},y^{t+1},b^{t+1})}{1+D^{t+1}(x^{t+1},y^{t+1},b^{t+1})}} \tag{8}$$

式中：$I_{GEC}^{t,t+1}$、$I_{GTC}^{t,t+1}$ 分别为技术效率变化指数和技术进步变化指数。与 GML 指数相类似，$I_{GEC}^{t,t+1}>1$ 表示技术效率水平有所提升，$I_{GEC}^{t,t+1}<1$ 表示技术效率水平有所减弱；$I_{GTC}^{t,t+1}>1$ 表示决策单元的技术有所改善，$I_{GTC}^{t,t+1}<1$ 表示决策单元的技术有所退步。D^t、D^{t+1} 分别为依赖于全局生产可能性集合的第 t 期、第 $t+1$ 期的方向性距离函数。

2.4 指标选取与数据来源

2.4.1 指标选取

通过对现有相关研究文献的阅读和分析，可以发现，学者们关于工业绿色水资源效率的指标选取思路存在相同之处，即在考虑劳动力、资本、资源等要素投入的条件下，追求 GDP 等期望产出尽可能大，废水、废气等非期望产出尽可能小。因此，在参考现有相关研究的基础上，基于对河南省工业具体情况、数据可获得性及模型要求的综合考量，分别选择第二产业从业人员数量、工业固定资产投资、工业用水量作为劳动力投入、资本投入及水资源投入指标，以工业增加值作为期望产出指标；与以往其他研究不同的是对非期望产出指标的选取，为探讨二氧化碳排放在工业绿色水资源效率中的影响，同时考虑指标与工业绿色水资源效率的相关程度，选择工业废水排放量、工业用水二氧化碳排放量作为废水、废气非期望产出指标。综上所述，河南省工业绿色水资源效率的投入产出指标体系见表 2。

表 2　　　　　　　　　　　河南省工业绿色水资源效率投入产出指标体系

指标类型	一级指标	二级指标
投入指标	劳动力投入	第二产业从业人员数量/万人
	资本投入	工业固定资产投资/亿元
	水资源投入	工业用水量/万 t
产出指标	期望产出	工业增加值/亿元
	非期望产出	工业废水排放量/万 t
		工业用水二氧化碳排放量/万 t

2.4.2 数据来源

研究区高程数据来源于地理空间数据云，为 ASTER GDEM 30m 分辨率数字高程数据；水系及河湖水域栅格数据来源于中国科学院资源环境科学数据中心。

研究区工业相关指标数据来源于《河南统计年鉴》（2011—2020 年）、各地级市统计年鉴（2011—2020 年）、《河南省水资源公报》（2011—2019 年）、《河南省环境统计年报》（2011—2019 年）、《中国城市建设统计年鉴》（2011—2019 年）、各地级市水资源公报（2011—2019 年）以及 EPSDATA 数据库等统计资料。其中，各地级市工业废水排放量的缺失数据采用线性插值法进行补充。

3　结果与分析

3.1　河南省工业用水二氧化碳排放量分析

通过 CEEA 方法和河南省工业相关指标数据，计算得到 2011—2019 年河南省 18 个地级市工业用水的二氧化碳排放量，结果见表 3。

从时间角度分析，自 2011—2019 年，河南省工业用水二氧化碳排放量在整体上呈现"先小幅度增加，后稳步减少"的趋势；省内 5 大分区及大部分地级市工业用水二氧化碳排放量呈现出"先小幅度波动增加，后波动减少"的走向。2011—2012 年，河南省工业用水的二氧化碳排放量处于小幅度增加阶段，且在 2012 年产生了最多的二氧化碳排放量，达到了近年的最高值，2492.34 万 t。2012—2019 年为二氧化碳排放量稳步减少阶段，河南省工业用水的二氧化碳排放量在 2019 年减少至 1672.56 万 t。作为新兴的经济大省和工业大省，河南省在工业用水方面能取得如此大的碳减排成效，一方面受益于国家近年来不断出台并持续推行的节能减排政策；另一方面也得益于河南省自身在节能减排道路上的积极探索和实践。自 2012 年以来，河南省相继出台了多项节能减排规划及办法，比如《河南省"十二五"能源发展规划》[21]、《河南省节能减排综合工作方案》[22] 等，这些政策的有效实施对河南省工业用水的二氧化碳排放量减少起到了重要作用。

表 3 　　　　　　　　　　2011—2019 年河南省各地级市工业用水二氧化碳排放量 　　　　　　　　　单位：万 t

分区	地级市	工业用水二氧化碳排放量								
		2011 年	2012 年	2013 年	2014 年	2015 年	2016 年	2017 年	2018 年	2019 年
豫中	郑州	235.59	234.12	236.05	224.43	213.70	212.31	207.98	198.35	184.52
	平顶山	208.72	331.64	322.60	252.23	276.82	228.97	229.93	215.48	115.72
	许昌	127.89	128.81	113.84	104.41	102.30	101.65	102.23	101.38	94.11
	漯河	85.73	85.60	70.30	29.88	51.46	54.30	56.16	56.30	45.26
豫东	开封	93.18	91.91	98.78	97.21	80.51	85.39	84.38	84.92	65.02
	商丘	96.32	102.67	102.63	77.81	84.21	84.89	93.25	83.79	68.46
	周口	115.91	113.97	116.93	108.13	102.22	107.63	105.71	106.31	101.73
豫西	洛阳	301.94	302.53	282.76	224.99	206.45	206.73	206.03	202.34	200.47
	三门峡	94.02	95.04	83.54	84.05	76.45	57.17	41.75	51.82	46.56
豫南	南阳	279.51	251.61	281.58	249.47	248.92	220.93	215.02	214.92	201.80
	信阳	106.87	111.00	101.46	97.57	102.22	97.58	93.48	91.92	89.78
	驻马店	57.68	58.02	58.65	45.65	52.57	49.72	51.23	44.17	45.19
豫北	安阳	88.49	91.95	82.29	80.33	78.30	65.36	67.52	69.44	66.06
	鹤壁	30.22	32.24	29.04	26.96	28.53	24.53	26.30	23.84	23.83
	新乡	128.43	128.52	119.53	106.49	98.16	99.25	103.04	94.26	87.86
	焦作	168.20	170.25	158.36	151.74	128.03	121.99	127.27	125.48	117.35
	濮阳	129.77	129.88	130.29	114.02	114.59	108.68	110.87	106.20	94.67
	济源	29.64	32.57	25.79	28.44	24.04	25.46	26.42	26.29	24.17
河南省合计		2378.13	2492.33	2414.42	2104.25	2069.48	1952.54	1948.57	1897.21	1672.56

　　从空间上看，在地级市层面，相较于省内其他地方，郑州、平顶山、洛阳、南阳、焦作等地的工业用水二氧化碳排放量较高，原因在于省内的纺织、机械、冶金、煤炭、化工及建材等高耗水行业主要集中于这几大工业型城市。其中，平顶山在 2012 年的工业用水二氧化碳排放量最高，达到 331.64 万 t，占当年全省的 13.3%；洛阳次之，302.53 万 t。在 2018 年之前，平顶山的工业用水二氧化碳排放量一直位居首位；郑州、洛阳、南阳等地位居前 4。在 2018 年之后，郑州、洛阳、南阳等地的工业用水二氧化碳排放量在排名上不相上下，平顶山降至三者其后。这是其深入贯彻落实"蓝天保卫战三年行动计划"，不断优化调整产业结构、促进工业企业绿色升级的良好结果[23]。在分区层面，2011—2019 年工业用水二氧化碳排放量排名第一的为豫中地区，且其在 2012 年产生了最高的工业用水二氧化碳排放量，780.17 万 t；其次为豫北、豫南地区；末两位的豫西、豫东地区一直不相上下，如图 1（a）所示。值得注意的是，结合图 1（a）和图 1（b）一同分析可发现，虽然豫中地区的工业用水二氧化碳排放量领先，但是其占比呈波动下降趋势，这也就意味着其工业的绿色发展速度比其他 4 个地区更快；相反，豫西、豫东地区的二氧化碳排放量虽然也在降低，但两地区的占比波动在增大，说明其工业绿色发展速度相对缓慢。

3.2 河南省工业绿色水资源效率静态分析

　　基于 2011—2019 年河南省各地级市的面板数据，采用超效率 SBM 模型测算得到 2011—2019 年河南省 18 个地级市、河南省及省内 5 大分区工业绿色水资源效率。

　　从河南省整体来看，由图 2 可知，河南省工业绿色水资源效率均值由 2011 年的 0.543 提升至 2019 年的

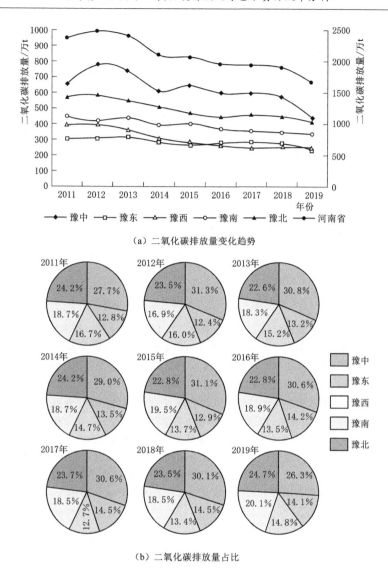

（a）二氧化碳排放量变化趋势

（b）二氧化碳排放量占比

图 1　2011—2019 年河南省 5 大分区工业用水二氧化碳排放量变化趋势及占比图

［注：图 1（a）中各分区以左侧纵坐标为基准，河南省以右侧纵坐标为基准］

0.622，整体呈波动上升态势，说明河南省工业经济与水资源绿色利用间的协调发展水平在不断提高。其中，2011—2014 年呈 U 形，原因在于经济的快速发展和工业污染物的大量排放对生态环境造成严重破坏，影响了工业绿色水资源效率水平；2015—2019 年呈现波动增长趋势，说明河南省工业绿色水资源效率水平在稳步提高。但在此有必要说明的是，2011—2019 年河南省工业绿色水资源效率的均值只为 0.553，且多数年份处于中低效率水平和中效率水平，工业绿色水资源效率水平还有待进一步提高。

从省内 5 大分区来看，2011—2019 年，豫中、豫东、豫南、豫北 4 大地区工业绿色水资源效率值呈现波动增长趋势，说明这 4 大地区的工业绿色水资源效率水平在不断提高；豫西地区呈现"M"右斜型，反映该地区工业绿色水资源效率水平在波动降低；从整体上看，5 大地区未有地区达到高效率水平。进一步分阶段进行地区间分析比较可知，在 2014 年之前，豫西地区工业绿色水资源效率水平一直位居第一，处于中效率及中高效率水平；豫中、豫北地区效率在 2011—2013 年基本持平，在 2014 年差距较大，豫中地区为中效率水平，豫北地区为中低效率水平；豫东、豫南地区处于低效率水平，且豫东略逊于豫南地区。在 2014—2018 年，豫西地区呈先下降、又提升、又下降的波动变化趋势，但依然处于中效率和中高效率水平之间；其余 4 大地区处于稳步提升阶段，工业绿色水资源效率水平整体在逐渐提高。2018 年以后，5 大地区均处于

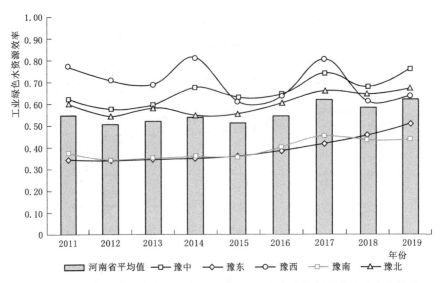

图 2　2011—2019 年河南省及省内 5 大分区工业绿色水资源效率均值变化趋势

提升阶段；豫中、豫北地区反超豫西地区，位居前两位，处于中效率水平；豫东、豫南地区上升至中低效率水平，且豫东略高于豫南地区。另外，与河南省整体相比来看，2011—2019 年，豫中、豫西、豫北三者工业绿色水资源效率水平均高于河南省平均水平，整体处于中低效率水平及以上；豫东、豫南两地区均低于河南省平均水平，处于低效率水平及中低效率水平。

从省内地级市来看，由表 4 可知，2011—2019 年河南省 18 个地级市的工业绿色水资源效率均值都小于 1，距离高效率水平都仍存在一定差距。对比工业绿色水资源效率水平等级表（表 4）可发现，在 18 个地级市中，2011—2019 年工业绿色水资源效率值处于中高效率水平的地级市有 4 个，分别为济源、郑州、三门峡、鹤壁；中效率水平的地级市较少，只有许昌；中低效率水平的地级市较多，占比高达一半，有漯河、焦作、洛阳等 9 个地级市；处于低效率水平的地级市数量与中高效率水平的相同，分别为开封、信阳、商丘、南阳。其中，济源效率均值最高（0.904），排名第 2、第 3 的分别是郑州（0.895）、三门峡（0.862），效率均值最低的为南阳（0.309）。

表 4　　　　　　　　　　2011—2019 年河南省各地级市工业绿色水资源效率

分区	地级市	工业绿色水资源效率及其均值										排名
		2011 年	2012 年	2013 年	2014 年	2015 年	2016 年	2017 年	2018 年	2019 年	均值	
豫中	郑州	0.806	0.808	0.852	0.851	0.880	0.920	1.187	0.819	0.928	0.895	2
	平顶山	0.533	0.423	0.399	0.385	0.366	0.398	0.415	0.421	0.479	0.424	13
	许昌	0.612	0.577	0.634	0.654	0.713	0.698	0.793	0.903	1.011	0.733	5
	漯河	0.520	0.488	0.496	0.803	0.553	0.561	0.555	0.557	0.635	0.574	6
豫东	开封	0.363	0.360	0.359	0.354	0.366	0.391	0.409	0.429	0.489	0.391	15
	商丘	0.322	0.303	0.302	0.322	0.314	0.345	0.363	0.444	0.512	0.359	17
	周口	0.342	0.347	0.367	0.386	0.396	0.420	0.469	0.488	0.530	0.416	14
豫西	洛阳	0.535	0.553	0.517	0.475	0.468	0.476	0.553	0.584	0.615	0.531	8
	三门峡	1.005	0.864	0.859	1.147	0.745	0.790	1.055	0.635	0.660	0.862	3
豫南	南阳	0.344	0.331	0.308	0.294	0.297	0.323	0.363	0.248	0.270	0.309	18
	信阳	0.357	0.295	0.311	0.327	0.355	0.410	0.451	0.459	0.462	0.381	16
	驻马店	0.426	0.408	0.434	0.457	0.412	0.473	0.542	0.584	0.586	0.480	10

续表

分区	地级市	工业绿色水资源效率及其均值										排名
		2011 年	2012 年	2013 年	2014 年	2015 年	2016 年	2017 年	2018 年	2019 年	均值	
豫北	安阳	0.506	0.497	0.508	0.470	0.433	0.484	0.575	0.401	0.453	0.481	9
	鹤壁	0.684	0.673	0.721	0.702	0.706	0.773	0.812	1.147	1.001	0.802	4
	新乡	0.418	0.422	0.399	0.389	0.391	0.441	0.432	0.434	0.498	0.425	12
	焦作	0.568	0.510	0.524	0.512	0.496	0.523	0.594	0.696	0.693	0.568	7
	濮阳	0.433	0.427	0.446	0.444	0.458	0.481	0.530	0.272	0.343	0.426	11
	济源	1.003	0.734	0.895	0.758	0.835	0.921	1.016	0.940	1.035	0.904	1
均值		0.543	0.501	0.518	0.541	0.510	0.546	0.617	0.581	0.622	0.553	/

为更加直观地探讨 2011—2019 年河南省工业绿色水资源效率水平的演变过程，本文采用 ArcGIS 软件对 2011 年、2013 年、2015 年、2017 年和 2019 年各地级市工业绿色水资源效率水平进行可视化表达。2011 年，三门峡和济源达到了高效率水平，郑州为中高效率水平，中低效率水平地级市占比最大。2013 年，三门峡和济源下降至中高效率水平，与郑州处于同一水平；新乡、平顶山下降至低效率水平，导致低效率水平地级市占比增加。2015 年，郑州和济源仍处于中高效率水平，三门峡退步至中效率水平，其他地级市水平未发生变化。2017 年出现明显变化，各地市效率值均在增加，其中郑州、三门峡、济源三市齐头并进，均达到高效率水平；与此同时，中低效率水平地级市有所增加，低效率水平地级市减少至 2 个。2019 年，许昌、鹤壁提高至高效率水平，郑州、三门峡有所退步，但中效率水平地级市在不断增加，整体水平还在朝着良好的发展方向前进。

3.3　河南省工业绿色水资源效率动态分析

基于 GML 指数分解法测算和分解 2011—2019 年河南省投入产出数据，整理得到 2011—2019 年河南省、5 大分区及各地级市平均工业绿色水资源效率 GML 指数及分解结果，进一步分析河南省工业绿色水资源效率的动态变化特征，明晰相邻时段效率的内部变化情况，具体结果分别见表 5、表 6 及图 3。

表 5　　　　　2011—2019 年河南省工业绿色水资源效率 GML 指数及其分解

区　域	年份	I_{GML}	I_{GEC}	I_{GTC}
河南省	2011—2012	0.936	0.982	0.989
	2012—2013	1.026	0.957	1.075
	2013—2014	1.040	1.114	0.952
	2014—2015	0.970	0.925	1.066
	2015—2016	1.076	1.083	1.023
	2016—2017	1.117	0.970	1.175
	2017—2018	0.962	1.024	0.962
	2018—2019	1.097	0.999	1.098
	均值	1.028	1.007	1.043

表 6　　　　2011—2019 年河南省 5 大分区工业绿色水资源效率 GML 指数及其分解

年　份	豫　中			豫　东			豫　西			豫　南			豫　北		
	I_{GML}	I_{GEC}	I_{GTC}	I_{GML}	I_{GEC}	I_{GTC}	I_{GML}	I_{GEC}	I_{GTC}	I_{GML}	I_{GEC}	I_{GTC}	I_{GML}	I_{GEC}	I_{GTC}
2011—2012	0.919	1.004	0.932	0.982	0.993	0.993	0.947	1.047	0.903	0.916	0.800	1.280	0.932	1.032	0.907
2012—2013	1.028	0.959	1.071	1.017	0.964	1.056	0.965	0.903	1.070	1.016	0.974	1.044	1.055	0.963	1.105
2013—2014	1.154	1.352	0.869	1.035	1.034	1.000	1.127	1.041	1.073	1.019	1.031	0.991	0.948	1.062	0.925

续表

年　份	豫　中			豫　东			豫　西			豫　南			豫　北		
	I_{GML}	I_{GEC}	I_{GTC}	I_{GML}	I_{GEC}	I_{GTC}	I_{GML}	I_{GEC}	I_{GTC}	I_{GML}	I_{GEC}	I_{GTC}	I_{GML}	I_{GEC}	I_{GTC}
2014—2015	0.941	0.862	1.132	1.012	0.978	1.036	0.818	0.865	0.937	1.000	0.952	1.048	1.006	0.947	1.090
2015—2016	1.031	0.935	1.105	1.075	1.122	0.972	1.039	0.987	1.056	1.130	1.361	0.903	1.091	1.054	1.043
2016—2017	1.115	1.042	1.073	1.071	0.926	1.159	1.248	1.060	1.177	1.124	0.838	1.422	1.094	0.979	1.128
2017—2018	0.962	1.090	0.888	1.105	1.119	1.003	0.829	0.827	1.026	0.925	0.854	1.075	0.954	1.084	0.912
2018—2019	1.164	1.004	1.163	1.126	1.047	1.076	1.047	0.983	1.065	1.034	0.968	1.069	1.085	0.994	1.090
均值	1.039	1.031	1.029	1.053	1.023	1.037	1.003	0.964	1.038	1.021	0.972	1.104	1.021	1.014	1.025

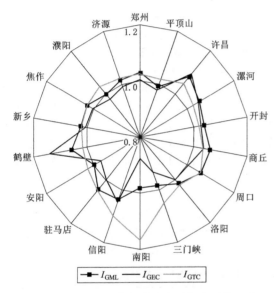

图 3　2011—2019 年河南省各地级市平均工业
绿色水资源效率 GML 指数及其分解

从河南省整体来看，由 2011—2019 年河南省工业绿色水资源效率在不同年份间的 GML 指数及其分解指数的测算结果（表 5）可知，2011—2019 年间河南省 GML 指数均值为 1.028，表明河南省工业绿色水资源效率总体呈现上升趋势，但增长幅度不大，年平均增长 2.8%。另外，9 年间河南省的 GML 指数值在发生波动性变化，工业绿色水资源效率的增长率分别为 -6.4%、2.6%、4.0%、-3.0%、7.6%、11.7%、-3.8%、9.7%，其中 2011—2012 年、2014—2015 年、2017—2018 年间表现出下降趋势，其余年份均为增长态势。从 GML 指数的分解指数来看，2011—2019 年间各分解指数均呈现波动变化趋势，其中技术效率变化指数（I_{GEC}）均值为 1.007，年均增长率为 0.7%，技术进步变化指数（I_{GTC}）均值为 1.043，年均增长 4.3%。由此可知，技术效率和技术进步变化指数共同推动了河南省工业绿色水资源效率 GML 指数的提高，其中技术进步变化是主要来源，工业绿色水资源效率的提升主要依靠技术进步，即通过引进先进的工业生产设备及生产技术、扩大技术设备规模以提高工业绿色水资源效率水平。

从省内 5 大分区来看，由表 6 结果可发现，豫中、豫东、豫西、豫南、豫北 5 大地区的 GML 指数均呈上升趋势，年均增长分别为 3.9%、5.3%、0.2%、2.1%、2.1%，表明 5 大地区的工业绿色水资源效率均在上升，且存在较大的区域差异，整体上增幅呈豫东>豫中>豫南=豫北>豫西的规律。其中，豫东地区的 GML 指数增速稳定，增长趋势明显，多数年份的 GML 指数大于 1，工业绿色水资源效率稳步提升；豫中地区的 GML 指数呈现波动式增长态势，波动范围大，工业绿色水资源效率提高较快；豫南、豫北工业绿色水资源效率的 GML 指数波动幅度较小，且多数年份大于 1，稳步提升；豫西地区 GML 指数波动较大且增长幅度较小，工业绿色水资源效率提高不明显。从各地区 GML 指数的分解指数来看，豫中、豫东、豫北地区的技术效率变化指数年均增长率分别为 3.1%、2.3%、1.4%，说明技术效率变化促进 3 个地区的 GML 指数增长，促进作用明显；豫西、豫南地区的技术效率变化指数分别年均下降 3.6%、2.8%，表明技术效率变化与 GML 指数增长成反比，存在一定的抑制作用。豫中、豫东、豫西、豫南、豫北 5 大地区的技术进步变化指数年均增长率分别为 2.9%、3.7%、3.8%、10.4%、2.5%，表明技术进步值对 5 大地区的 GML 指数上升均具有显著的促进作用。因此，可发现，豫中、豫东、豫北地区 GML 指数的增长是技术效率和技术进步变化的共同推动作用；豫西、豫南地区则主要来源于技术进步的变化。

从省内地级市来看，由图 3 可知，除平顶山、三门峡、南阳、安阳、濮阳 5 个地级市外，其余地级市工业绿色水资源效率 GML 指数均大于 1，表明河南省大部分地级市工业绿色水资源效率有所提升；其中，许昌、商丘、鹤壁 GML 指数年均增长较多，年均增长率分别为 8.3%、6.3%、5.9%，南阳 GML 指数年均下降较多，年均增长率为 -2.0%。从各地级市 GML 指数的分解指数来看，由图 3 可明显发现，南阳工业绿色水资源效率 GML 指数的提高主要来源于技术进步，许昌、鹤壁则主要来源于技术效率的提升。进一步分析可知，18 个地级市的技术进步变化指数均大于 1，表明技术进步均推动了各地级市工业绿色水资源效率 GML 指数的提高，对工业绿色水资源效率的提升起到促进作用。平顶山、洛阳、三门峡、南阳、驻马店、安阳、濮阳、济源等地级市技术效率变化指数小于 1，抑制了工业绿色水资源效率 GML 指数的提高；其余各地级市技术效率变化指数大于 1，与技术进步共同促进了 GML 指数的提高。

4 结论

以河南省 18 个地级市为研究对象，基于 2011—2019 年地级市面板数据，采用 CEEA 方法计算河南省工业用水二氧化碳排放量，并将其作为非期望产出纳入超效率 SBM 模型，测算河南省工业绿色水资源效率；然后，采用 GML 及其分解的 GEC 和 GTC 指数分析河南省工业绿色水资源效率动态变化情况。得到以下主要结论：

（1）2011—2019 年河南省工业用水二氧化碳排放量在整体上呈现"先小幅增加，后稳步减少"的趋势，在 2012 年产生了最多的二氧化碳排放量（2492.34 万 t）。从分区来看，2011—2019 年豫中地区的工业用水产生了最多的二氧化碳排放量；从地级市来看，大部分地级市工业用水二氧化碳排放量呈现"先小幅度波动增加，后波动减少"的走向，其中郑州、平顶山、洛阳、南阳、焦作等包含高耗水行业城市的工业用水二氧化碳排放量较高。

（2）河南省工业绿色水资源效率整体呈波动上升态势，工业绿色水资源效率水平在不断提高，但 2011—2019 年河南省工业绿色水资源效率的均值只为 0.553，且多数年份处于中低效率水平和中效率水平，工业绿色水资源效率水平还有待进一步提高。从分区来看，2011—2019 年豫中、豫西、豫北三者工业绿色水资源效率水平均高于河南省平均水平，整体处于中低效率水平及以上；豫东、豫南两地区均低于河南省平均水平，处于低效率水平及中低效率水平。从地级市来看，地级市间的效率水平空间差异"先在不断增大，后在不断减小"，其中济源工业绿色水资源效率水平最高、南阳最低。

（3）河南省工业绿色水资源效率 GML 指数的提高是技术效率变化指数和技术进步变化指数共同推动的作用。从分区来看，5 大地区的 GML 指数均呈上升趋势，但存在较大的区域差异，整体上增幅呈豫东＞豫中＞豫南＝豫北＞豫西的规律；豫中、豫东、豫北地区 GML 指数的增长是技术效率和技术进步变化的共同推动作用；豫西、豫南地区主要来源于技术进步的变化。从地级市来看，多数地级市工业绿色水资源效率 GML 指数大于 1，工业绿色水资源效率有所提升；大部分地级市 GML 指数的提高受到技术效率和技术进步变化的共同影响。

参 考 文 献

[1] LE QUÉRÉ C, ANDREW R M, FRIEDING STEIN P, et al. Global carbon budget 2017 [J]. Earth System Science Data, 2018, 10 (1)：405 - 448.

[2] 河南省统计局. 河南统计年鉴 2022 [M]. 北京：中国统计出版社，2022.

[3] 蔡博峰，朱松丽，于胜民，等.《IPCC 2006 年国家温室气体清单指南 2019 修订版》解读 [J]. 环境工程，2019，37 (8)：1 - 11.

[4] ZUO Q, ZHANG Z, MA J, et al. Carbon dioxide emission equivalent analysis of water resource behaviors：Determination and application of carbon dioxide emission equivalent analysis function table [J]. Water, 2023, 15 (3)：431.

[5] 方佳敏，林基. 中国工业行业经济增长与二氧化碳排放的脱钩效应——基于工业行业数据的经验证据 [J]. 科技管理研究，2015，35 (20)：243 - 248.

[6] 韩媛媛，皮荷杰，时泽楠，等. 京津冀地区工业 CO_2 排放测度及其影响因素研究 [J]. 世界地理研究，2020，29 (1)：140 - 147.

[7] CHARNES A, COOPER W W, RHODES E. Measuring the efficiency of decision making units [J]. European Journal of Operational Research, 1978, 2 (6)：429 - 444.

[8] CHUNG Y H, FÄRE R, GROSSKOPF S. Productivity and undesirable outputs：A directional distance function approach [J]. Journal of Environmental Management, 1997, 51 (3)：229 - 240.

[9] TONE K, TSUTSUI M. An epsilon - based measure of efficiency in DEA - a third pole of technical efficiency [J].

European Journal of Operational Research, 2010, 207 (3): 1554 – 1563.

[10] TONE K. A slacks – based measure of efficiency in data envelopment analysis [J]. European Journal of Operational Research, 2001, 130 (3): 498 – 509.

[11] TONE K. A slacks – based measure of super – efficiency in data envelopment analysis [J]. European Journal of Operational Research, 2002, 143 (1): 32 – 41.

[12] 汪克亮, 刘悦, 史利娟, 等. 长江经济带工业绿色水资源效率的时空分异与影响因素——基于 EBM – Tobit 模型的两阶段分析 [J]. 资源科学, 2017, 39 (8): 1522 – 1534.

[13] 苗峻瑜. 黄河流域工业绿色水资源效率时空差异与驱动因素研究 [J]. 水利水运工程学报, 2023 (5): 85 – 94.

[14] 张峰, 宋晓娜, 薛惠锋. 中国工业绿色水资源效率驱动机制的时空非平稳性 [J]. 软科学, 2021, 35 (6): 97 – 102, 124.

[15] 王纪凯, 张峰, 油建盛, 等. 黄河流域工业绿色水资源效率空间网络关联特征 [J]. 地理科学, 2023, 43 (6): 1032 – 1042.

[16] 王保乾, 李昕燃. 基于水足迹与 SBM – Malmquist 模型的长江经济带工业水资源绿色效率的研究 [J]. 资源与产业, 2022, 24 (3): 21 – 31.

[17] 李俊, 许家伟. 河南省工业用水效率的动态演变与分解效应——基于 LMDI 模型视角 [J]. 经济地理, 2018, 38 (11): 183 – 190.

[18] 左其亭, 赵晨光, 马军霞, 等. 水资源行为的二氧化碳排放当量分析方法及应用 [J]. 南水北调与水利科技 (中英文), 2023, 21 (1): 1 – 12.

[19] ZHAO R, YU J, XIAO L, et al. Carbon emissions of urban water system based on water – energy – carbon nexus [J]. Acta Geographica Sinica, 2021, 76 (12): 3119 – 3134.

[20] OH D H. A global Malmquist – Luenberger productivity index [J]. Journal of Productivity Analysis, 2010, 34 (3): 183 – 197.

[21] 佚名. 《河南省 "十二五" 能源发展规划》出台 [J]. 中国煤炭, 2012, 38 (5): 126 – 127.

[22] 河南省人民政府办公厅关于印发河南省 "十三五" 节能减排综合工作方案的通知 [J]. 河南省人民政府公报, 2017 (18): 31 – 40.

[23] 打赢蓝天保卫战三年行动计划 [J]. 环境经济, 2018 (12): 12 – 23, 3.

白洋淀上游水资源现状及入淀水量分析与研究 [*]

白亮亮[1] 齐 静[1] 穆冬靖[1] 刘江侠[1] 周 铸[2]

（1. 水利部海河水利委员会科技咨询中心，天津300170；

2. 江苏省水利工程科技咨询股份有限公司，南京210029）

摘 要 本文分析了白洋淀所在大清河以上流域不同系列的水资源量变化情况，采用损耗法分析了白洋淀以上流域水资源开发利用情况。在此基础上进一步分析了2001—2020年白洋淀入淀和出淀水量变化趋势。结果表明，受气候变化和人类活动的影响，白洋淀以上流域水资源总量呈持续衰减趋势，但近年来随着白洋淀生态补水力度的加大，特别是雄安新区成立后，白洋淀生态水位基本稳定在7.0m左右，2001—2020年平均入淀水量1.92亿 m³，淀区生态环境逐步得到改善。本文的研究结果可为白洋淀生态补水配置、雄安新区城水林田淀系统治理和绿色高质量发展提供依据。

关键词 白洋淀以上流域；水资源开发利用；入淀水量；出淀水量

1 引言

随着大清河白洋淀以上流域工农业及居民生活用水量不断增加，地下水超采、地表入渗量增加，控制性水库等拦蓄工程大规模建设等人类活动及气候变化影响，白洋淀天然入淀水量逐年减少，造成多次干淀现象[1]。白洋淀历史上曾5次干涸，原有8条入淀河流中，漕河、孝义河、瀑河、白沟引河仅部分季节有水，潴龙河、唐河、萍河长期断流，仅府河常年有水，目前靠调水维系湖泊的基本功能。

近年来，随着引黄入冀补淀工程的实施，白洋淀生态环境得到了明显改善，尤其是2017年雄安新区设立以来，白洋淀生态保护力度加大，淀区生态环境逐步得到改善，但是淀区补水仍主要依靠外调水，现有补水多为短时性、季节性补水，对外部条件依赖度偏高、难以长期持续，水动力条件仍未得到根本改善，引黄入冀补淀工程的分配指标1.1亿 m³ 已不能完全满足其生态用水需求，这与恢复"华北之肾"功能，建成新时代的生态文明典范城市不符。《国家节水行动方案》提出要把节水贯穿到经济社会发展全过程和各领域，强化水资源承载能力刚性约束。2018年12月，国务院批复《河北雄安新区总体规划（2018—2035年）》[2]，要求开展生态保护与环境治理，建设新时代的生态文明典范城市。白洋淀作为雄安新区的重要组成部分，有必要分析其入淀和出淀水量，为雄安新区水资源保障、恢复"华北之肾"功能、满足雄安新区城水林田淀系统治理和实现绿色高质量发展提供依据。

2 研究区概况

白洋淀湿地位于大清河流域中部，地理坐标为北纬38°43′～39°02′，东经115°38′～116°07′，是华北地区面积最大的淡水湿地[3]。白洋淀由140多个大小不等的淀泊组成，百亩以上的大淀99个，总面积366km²。白洋淀上游入淀河流主要有白沟引河、萍河、瀑河、漕河、府河、唐河、孝义河及潴龙河等8条。目前，白洋淀上游8条入淀河流中，漕河、孝义河、瀑河、白沟引河仅部分季节有水，潴龙河、唐河、萍河长期断流，唯一常年有水的是府河。下游接赵王新河、赵王新渠入东淀，东淀下游分别经海河干流和独流减河入海[4]。

3 白洋淀以上流域水资源量及开发利用

3.1 水资源量变化

白洋淀以上流域水资源总量呈持续衰减趋势（表1），1956—1979年平均水资源总量为47.3亿 m³，

---

* 基金项目：国家重点研发计划（2016YFC0401406）。

作者简介：白亮亮（1986— ），男，河北邯郸人，副高，研究方向为遥感水文水资源。Email：bll306@126.com

1980—2000 年平均水资源总量降至 34.51 亿 m³，衰减 27%；2001—2020 年水资源总量继续减少至 30.65 亿 m³，较 1980—2000 年衰减 11.2%。其中山区水资源量衰减趋势更为明显，由 1956—1979 年的 30.39 亿 m³ 衰减至 2001—2020 年的 16.25 亿 m³，衰减 47%。

表 1　　　　　　　　白洋淀以上流域不同系列多年平均水资源总量对比　　　　　　单位：亿 m³

统　　计	大清河山区	大清河淀西平原	大清河淀东平原	白洋淀以上流域
1956—1979 年均值	30.39	16.13	0.77	47.30
1980—2000 年均值	20.97	12.90	0.64	34.51
2001—2020 年均值	16.25	13.77	0.65	30.65
1980—2000 年均值与 1956—1979 年均值相差/%	−31.0	−20.0	−16.9	−27.0
2001—2020 年均值与 1980—2000 年均值相差/%	−22.5	6.7	1.6	−11.2

3.2　水资源开发利用程度

近年来，由于白洋淀以上流域地下水超采严重，地表径流由原来以水平流动为主、垂直入渗为辅变为以垂直入渗为主、水平流动为辅，流域产汇流和水循环系统发生很大变化。本文地表水开发利用率采用流域地表水资源总耗损水量（含地表径流对地下水补给量）与流域地表水资源量的比值作为地表水开发利用率。2001—2020 年流域地表水资源量为 11.00 亿 m³，白洋淀入淀水量（扣除外调水入淀量）与北支新盖房的出流量之和为 1.82 亿 m³，据此推算地表水资源耗损水量为 9.18 亿 m³，地表水资源开发利用率为 83%。流域 2001—2020 年浅层地下水年均供水量为 31.87 亿 m³，为可开采量 19.44 亿 m³ 的 163%，深层承压水开采量 1.83 亿 m³。与可开采量相比，2020 年浅层地下水超采量为 1.43 亿 m³，深层地下水超采量为 0.54 亿 m³。

2001—2020 年流域平均水资源总量 30.65 亿 m³，供水总量 36.02 亿 m³（扣除外流域调入水量），水资源总开发利用率达 118%（表 2）。可以看出，流域总体上开发利用程度过高。

表 2　　　　　白洋淀以上流域 2001—2020 年水资源开发利用情况

地表水开发利用*		水资源总开发利用	
耗水总量/亿 m³	9.18	供水总量/亿 m³	36.02
水资源总量/亿 m³	11.00	水资源总量/亿 m³	30.65
开发利用率/%	83	开发利用率/%	118

4　白洋淀入淀和出淀水量变化分析

白洋淀作为海河流域最大的淡水湖泊，具有重要的生态功能。白洋淀入淀水量包括天然入淀水量、上游水库补水量、跨流域区域调水量。天然入淀水量的多少直接影响白洋淀生态环境的优劣[5]。受流域水资源开发及气候变化影响，上游河流入淀水量呈逐年减少的趋势，从 20 世纪 50 年代年平均入淀水量 16.61 亿 m³ 降至 80 年代的 2.70 亿 m³。淀内水位逐渐降低，从 50 年代的平均水位 7.28m（国家 85 高程，下同），降到 80 年代的 4.88m；90 年代，白洋淀上游降水充沛，入淀水量增加，淀内水位提升至 6.40m；2000 年以来，在实施上游水库放水和引黄、引岳补淀等人工补水措施后，至 2012 年年均水位为 5.00～6.00m，2013 年后，水位在 6.00m 以上，2017 年新区成立后，加大了白洋淀生态补水力度，水位基本稳定在 7.00m 左右。

根据逐年蒸发渗漏（依据枣林庄蒸发降水和水位面积特征关系）、供水（白洋淀内取用水等）、蓄变量（依据水位-库容特征关系）、出淀水量变化情况，采用水量平衡分析 2001—2020 年入淀水量（图 1）。总体上看，入淀水量呈上升趋势，年均入淀水量为 1.92 亿 m³，其中外调水（引江、引黄、岳城水库）补水 0.57 亿 m³，上游河流入淀水量为 1.34 亿 m³。

2019 年引黄入冀补淀工程建成后，白洋淀年均入淀水量 4.22 亿 m³，其中引黄年均入淀水量 1.24 亿 m³。2001—2020 年白洋淀平均出淀水量 0.22 亿 m³，主要为枣林庄枢纽下泄入赵王新河水量，2019 年、2020 年出淀水量较多，平均为 1.62 亿 m³，见图 2。

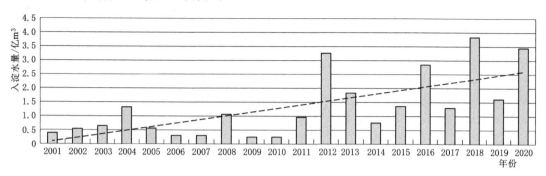

图 1　2001—2020 年白洋淀入淀水量变化趋势图

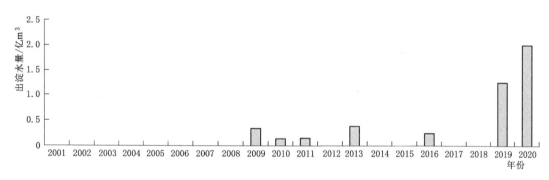

图 2　2001—2020 年白洋淀出淀水量变化趋势图

5　结论与建议

流域水资源持续减少，未来存在进一步衰减的风险，为区域水资源配置调度带来极大挑战。白洋淀以上现状建有大中型水库 18 座，其中王快、西大洋、安格庄、龙门、横山岭、口头等 6 座大型水库控制流域面积 0.97 万 km²，总库容 34.23 亿 m³，兴利库容 14.09 亿 m³。因此，为保障一定的入淀水量，需建立水库补淀绿色通道，规划完善上游大中型水库入淀通道，实施河湖水系连通工程建设，加强水库联合调度，实现多径入淀。

现有工程体系尚未完全形成，随着南水北调后续工程的实施，后续应以雄安干渠、保沧干渠、上游水库补淀工程等供水工程为"目"，以雄安调蓄库等控制性调蓄工程为"结"，加快构建"三横一纵一库多点"的供水水网体系，形成"多源互补、河渠互通、丰枯互济"的供水格局，结合防洪排涝生态综合治理，充分利用现有河渠，建设蓄水引水设施，形成生态水面，保障白洋淀良好生态环境。同时，要推进建立雄安新区以及大清河流域上下游横向生态保护补偿机制，进一步加强大清河上游水源涵养、水生态修复治理工作，实行河湖动态监控。

参 考 文 献

[1]　王朝华，王子璐，乔光建. 跨流域调水对恢复白洋淀生态环境重要性分析 [J]. 南水北调与水利科技，2011，9（3）：138 - 141.
[2]　中国城市规划设计研究院. 河北雄安新区总体规划（2018—2035 年）[R]. 北京：中国城市规划设计研究院，2019.
[3]　许士国，马涛，王昊. 芦苇沼泽湿地蒸散发分离量测方法及应用研究 [J]. 中国科学：技术科学，2012，42（3）：325 - 332.
[4]　水利部海河水利委员会. 大清河流域综合规划（2018—2035 年）[R]. 天津：水利部海河水利委员会，2013.
[5]　尹健梅，程伍群，严磊，等. 白洋淀湿地水文水资源变化趋势分析 [J]. 水资源保护，2009，25（1）：52 - 55.

水 资 源 模 拟 与 调 控

浅析遥感技术在水文水资源领域中的应用

刘巧玲　　王瑞东　　刘旭升　　王　和　　包朝博

（鄂尔多斯水文水资源分中心，内蒙古 鄂尔多斯 017000）

摘　要　随着社会的发展和科技的进步，遥感技术已经被广泛应用。在水文水资源领域，遥感技术的应用可以帮助水文研究缩短监测时间、扩大监测范围、节约监测成本，还能够高效地提供监测数据。本文将分析遥感技术的概念和特点，并探讨其在水文水资源领域的应用现状。同时，还将指出目前应用与发展中存在的问题，并提出一些建议，以期为后续水文水资源领域的遥感技术应用提供参考经验。

关键词　遥感技术；水文资源；应用研究

近年来，我国社会不断发展，科技飞速进步，遥感技术在众多行业领域得到广泛应用。尤其在水文水资源方面，遥感技术的使用使得水资源监测更高效科学，降低了水资源监测数据的采集难度，对帮助科研人员分析水资源情况、促进水文科学发展以及保护水资源具有重要的意义[1]。

1　遥感技术概念及特点

所谓遥感技术，是指一种从卫星、飞机等飞行器上采集地面信息、识别地面环境的技术。20 世纪 60 年代随着航天技术和计算机技术的发展，基于航空摄影与判读的综合感测技术诞生，即遥感技术。遥感技术的发展为环境探测提供了巨大的技术支持，凭借其独特优势解决了许多传统监测的难题。因为遥感技术具有监测速度快、监测范围广、监测质量高等特点，逐渐在气象观察、资源探测、地图测绘等领域广泛应用。

随着时代的发展，遥感技术也逐渐应用到水文领域。通过遥感技术的使用，不仅为水文相关的科研工作者提供了更加真实可靠的水文观测数据，还大幅降低了水文工作人员的劳动量和劳动成本，提高了监测效率。这对于水资源的利用与保护具有深远意义。例如在抗洪抢险时，通过遥感技术的应用与分析，可以帮助救援人员和受灾人员及时避险避灾，解决实际问题[2]。

遥感技术能在水文水资源领域广泛应用，主要基于遥感技术如下几大优势。

1.1　不受气候限制

一般而言，遥感技术具有广阔的探测范围，可以获取从红外波段到紫外波段之间的所有电磁信息，并通过数据成像将其以直观的图像形式展示给观测者[3]。这种方法能够为观察者提供更广泛的数据面，从而更准确地分析水文水资源的状况。此外，利用遥感技术进行水文监测不会受到气候条件的影响，即使存在云雾、冰层或其他恶劣天气，遥感技术观测到的水文数据依然具备全面性和准确性，方便科研和相关工作人员全天候监测我国水文水资源的变化情况。

1.2　不受地域限制

在水资源探测方面，传统的人工探测技术受天气、地形和人力等多种外部因素的限制。往往无法进行全天候监测，得到的数据也难以全面而完善。此外，采集信息的成本较高，甚至可能存在危险因素。相比之下，遥感技术更加优越。它不仅能够避免以上缺陷，还可以探测人工无法触及的地域，例如海洋、冰雪和沙漠等地貌。遥感技术不受地域和国家领土的限制，一般可以获取全球范围内的水资源资料，对水文研究具有重要的作用[4]。

1.3　信息收集效率高

利用遥感技术进行水文信息收集具有高效率的特点。卫星遥感的成像周期较短，一般全球卫星覆

第一作者简介：刘巧玲（1988—　　），内蒙古鄂尔多斯人，工程师，主要从事水文水资源管理与研究工作。Email：634591762@qq.com

盖监测只需 16 天，就能获取准确而全面的资料。如果采用多台卫星同时进行水文监测，探测周期将进一步缩短。相比之下，人工采集信息效率较低，容易受到外部客观条件或监测者主观行为的影响，准确度也较低[4]。

2　遥感技术在水文水资源领域的应用

2.1　在降水量监测方面的应用

在水文水资源领域，遥感技术的最重要应用之一是对降水量的监测。通常情况下，采用航空遥感技术来监测降水量，这种方法利用飞机拍摄并采集云层分布状况以及云层周围微小粒子的分布情况，收集到的数据会通过雷达、卫星等设备传输到各地区的计算机系统。在准确获取了云层数据的情况下，各地的计算机系统会对云层进行分析，并计算出各地区的降水量。与传统的人工监测相比，遥感监测降水量能够更准确地获取各地的降水情况，提高了降水监测的效率，为水文降水研究提供了巨大的便利[5]。

2.2　在蒸发量监测方面的应用

在监测蒸发量方面，遥感技术的应用极大地丰富了监测方法。利用卫星、航空飞机等多种工具，可以收集与蒸发量相关的数据。此外，根据这些数据，可以采用多种方法计算蒸发量，其中包括全遥感信息模型法，该方法通过对模型进行分类，将土壤分成几层，并划分地表、土壤和植被区域。然后，利用不同的方法计算各个区域的余热[6]。最后，将计算得到的余热数据与遥感技术相结合，可以更准确地评估不同地区的地表环境蒸发情况。

2.3　在径流量监测方面的应用

在径流量监测方面，遥感技术凸显其价值。传统的径流量计算方法存在精度不足的问题，而径流量的计算又相对复杂[7]。因此，在监测径流量时，通过使用遥感技术获取充分的信息，并将其与水文模型结合起来[8]。

2.4　预测旱涝等灾情的发生

研究水文水资源，最重要的部分便是进行水旱灾害监测，通过监测来提前预知水旱灾害可能发生的情况，提前做好防灾避险准备，能够有效降低水文灾害对人们生活以及社会经济造成的影响。通常，使用遥感技术全天监测各地水文水资源情况及其变化情况，并将得到的数据进行计算机分析，测出各地区可能发生水文灾害的概率[2]。如果得到的概率数值超过了系统设置的临界数值，那么计算机系统就会对该地区发出警告，提醒其预防。

3　水文水资源遥感存在的问题

3.1　水文水资源遥感的监测能力较低

目前，遥感技术在水文水资源研究领域已经占据了重要地位，可以监测降水量、蒸发量、地表水、洪涝、水质等各方面的水文问题。然而，总体而言，我国在水文领域的遥感技术应用还需进一步深入[9]。其中一个突出问题是，当前遥感技术对水文的监测通常仅适用于局部地区，并且在水文变化明显时才能快速识别，对于细微的变化，往往无法准确测定，导致存在一定的监测盲区和数据缺失等问题。这些细微的水文变化有时也会对水文预测结果产生影响，可能无法准确预报。

3.2　人工作业与遥感技术相分离

尽管遥感技术在水文水资源领域的应用相比人工监测具有诸多优势，但不能忽视对人工工作的需求和重视。遥感技术获取的监测数据有时可能因特殊原因存在一些不足，不是完全准确和完整的。因此，在这些情况下，人工工作需要提供补充测量。此外，对于一些相对重要的水文信息，计算机得到数据之后，通常还需要进行人工检验。如果忽略人工工作，可能会导致较大的误差。

3.3　水文水资源遥感信息共享性差

在当今社会，信息共享已成为热点和未来趋势，水文领域的遥感信息共享也变得非常重要。一般来说，建立一个全面完善的信息化水文平台对遥感技术的应用具有重要意义。然而，由于受到资金、技术等多种因素的限制，我国目前水文水资源遥感应用在地域上存在明显的限制，不同地区之间水文中心的信息交流与共享仍存在不足之处。

4 水文水资源遥感问题的解决措施

4.1 加快水文水资源遥感新方法的应用

将遥感技术应用到水文水资源领域，要注意新方法的应用，不拘泥于传统方法或旧方法的限制，要及时利用新技术，提高水文监测效率以及监测能力。而新方法的利用，则要求相关工作人员在注意水文情况的同时，及时根据测得的信息修改水文数据模型，并以此为依据，开发新技术，持续提升水文监测水平。

4.2 加大人工作业与遥感技术的配合

在水文水资源监测方面，尽管使用了遥感技术，也不能忽视人工的作用。尽管遥感技术先进且便捷，但由于分辨率差异等问题，可能导致数据不完整甚至丢失。因此，人工监测与遥感技术相结合，可以进行查漏补缺，补充丢失的数据信息或验证重要信息的准确性[5]。通过综合运用这两种方法，不仅可以提高水文监测效率，还能提高水文监测的准确性，更好地开发和利用水文数据。

4.3 加强水文水资源遥感信息的共享

信息共享可以帮助人们在特定的空间和时间范围内获取最有效和准确的经验和方法，这在水文水资源研究领域同样适用。通过利用遥感技术，可以方便快捷地获取水文数据信息，但是对于一些小型水文站点来说，由于设备和技术的限制，往往无法获得全面的信息。通过展开水文中心之间的信息共享，可以互相补充信息，从而更好地预测和应对未来的水文情况。同时，共享一些罕见的水文数据信息也能够发挥集体的力量，解决问题。

5 结语

随着社会和时代的发展，遥感技术在水文水资源领域的应用越来越广泛，已经解决了许多水文问题。然而，总体而言，遥感技术的应用还不够深入，仍有进一步探究的空间。此外，遥感技术的推动也促进了水文水资源研究的发展，并且相互影响，对技术的改良和创新产生了积极的影响。

参 考 文 献

[1] 陈德清，崔倩，李磊，等. 基于多源信息融合的业务化洪水遥感监测分析 [J]. 中国防汛抗旱，2021，31（4）：1 - 5.
[2] 李小涛，湛南渝，路京选，等. "哨兵"系列卫星数据在洪涝灾害监测中的应用 [J]. 卫星应用，2019（11）：48 - 51.
[3] 倪娜娜. 河长制管理信息系统服务模式研究与应用 [J]. 水利规划与设计，2018（12）：104 - 105，198.
[4] 朱翔宇. 遥感技术在水文水资源领域中的应用分析 [J]. 农业与技术，2020，40（17）：108 - 110.
[5] 付俊娥，路京选，庞治国，等. 跨时空遥感应用理论及其在水利行业的应用 [J]. 卫星应用，2019（11）：8 - 12.
[6] 杨永民，李璐，庞治国，等. 基于理论参数空间的遥感蒸散模型构建及验证 [J]. 遥感技术与应用，2016，31（2）：324 - 331.
[7] 隋翠娟. 浅析遥感技术在水文水资源中的应用 [J]. 科学与信息化，2020（9）：32，38.
[8] 魏宪东. 遥感技术在水文水资源领域中的实际运用 [J]. 农家科技（下旬刊），2020（4）：251.
[9] 曲伟，路京选，宋文龙，等. TRMM 遥感降水数据在伊洛瓦底江流域的精度检验和校正方法研究 [J]. 地球科学进展，2014，29（11）：1262 - 1270.

数字孪生流域建设的理论框架体系与建设思考 *

徐晓民[1,2]　纪　刚[1,2]

(1. 中国水利水电科学研究院 内蒙古阴山北麓草原生态水文国家野外科学观测研究站，北京 100038；
2. 水利部牧区水利科学研究所，呼和浩特 010020)

摘　要　在系统介绍数字孪生概念的提出以及数字孪生技术在我国不同行业、领域的应用情况的基础上，阐述了数字孪生流域建设这一工程的提出及发展进程。从数字孪生流域建设的框架体系、数据感知获取、数据底板搭建、专业模型平台建设进行了系统说明。从夯实"算据"基础、提升"算力"水平、实现"算法"保障三个层面提出了数字孪生流域建设的三点思考。

关键词　数字孪生；数字孪生流域；算据；算法；算力

1 引言

数字孪生流域建设就是以物理流域（包括江河湖泊、水利工程、水利治理管理活动等水利对象及其影响区域）为基本单元、以时空监测数据为底座、以数学模型为核心、以水利知识为驱动，对物理流域的全要素和水利治理管理活动的全过程进行数字化映射、智能化模拟，从而最终实现与物理流域同步仿真运行、同步虚实交互、同步迭代优化的过程。

国家"十四五"规划纲要里明确指出，"要构建智慧水利体系，以流域为单元提升水情测报和智能调度能力。要推动大江大河大湖数字孪生、智慧化模拟和智能业务应用建设。"数字孪生流域的建设正是我国智慧水利体系建设的重要组成部分，更是智慧水利体系建设的核心与关键。通过数字孪生流域的建设实现所属流域的预报、预警、预演、预案功能，从而提升流域水利的数字化、网络化和水利重点领域智能化水平，为国家水安全保障能力提升，流域防汛抗旱，区域水资源优化配置与管理提供重要技术支撑。

2 数字孪生概念的提出

数字孪生（Digital Twin，DT）这一概念框架及理论雏形，最早是在 2003 年由美国密歇根大学 Grieves 教授在其"产品全生命周期"管理课程上提出来的[1]，其最初并不叫 Digital Twin，而是被称作镜像空间模型（Mirrored Space Model，MSM），这也成为数字孪生这一概念最初的雏形。后来由美国航空航天局科学家 John Vickers 将其定名为 Digital Twin，至此数字孪生概念开始形成并逐渐发展和迅速推广应用[2]。

之后，美国国防部首次应用数字孪生这一技术[3]，并将数字孪生的概念引入到航天飞行器的健康维护等领域中，并将数字孪生定义为一个集成了多物理量、多尺度、多概率的仿真过程。其基于飞行器的物理模型构建了完整映射的虚拟模型，利用历史数据以及传感器实时更新的数据，刻画和反映物理对象的全生命周期过程[4]。

全球权威信息咨询服务集团 Gartner 从 2016—2019 年连续四年将"数字孪生"技术纳入十项重大战略性技术发展之一[5]。目前数字孪生技术的研究及应用领域也已从原来的航空领域，逐渐扩展到海洋工程、工业建设、工程建筑、铁路运输、医疗卫生、能源电力、水利等多个行业及领域[6]。

3 数字孪生技术在国内的应用

近年来，随着数字化、信息化技术的快速发展，数字孪生技术在我国也被逐渐应用到各个行业和领域。根据"中国知网数据库"数据查询结果，我国国内最早关于"数字孪生"概念的文章出现在 2014 年 1 月，

---

* 基金项目：中国水利水电科学研究院基本科研业务费项目（MK2023J15）（MK2022J16）。

第一作者简介：徐晓民（1982—　），男，内蒙古赤峰市人，高级工程师，主要从事水文与水资源研究工作。Email：xuxiaomin82@163.com

为无锡华光锅炉股份有限公司童水光等人所写的《基于数字孪生的清洁低碳环保锅炉设计技术及工程应用》，文章中利用数字孪生方法构建了锅炉的燃烧、传质、传热、流动多过程耦合机理仿真分析模型，突破了多物理过程的联合仿真的快速数值求解技术。另外，2017 年 1 月陶飞等[7] 基于数字孪生技术提出了数字孪生车间的概念，阐述了数字孪生车间的系统组成、运行机制、特点、关键技术等，并在此基础上探讨了基于车间孪生数据的车间物理世界和信息世界的交互与共融理论和实现方法。进一步的研究工作分别从物理融合、模型融合、数据融合和服务融合 4 个维度探讨了实现数字孪生车间信息物理融合的基础理论和关键技术，为企业实现数字孪生车间提供了重要参考。庄存波等[8] 研究了产品数字孪生体的内涵，搭建了产品数字孪生体的框架结构，并在产品设计阶段、制造阶段和服务阶段是如何应用的进行了详细描述。于勇等[9] 论述了数字线和数字孪生定义的概念和应用，指出了数字线和数字孪生模型技术实施的重点和核心问题，研究了基于数字孪生模型的产品构型管理方法和基于产品结构属性的产品数字孪生模型本体描述，为三维虚拟研究中的产品构型管理提供了非常好的技术解决新思路。陶剑等[10] 利用数字线索和数字孪生技术开展了复杂产品生命周期业务过程建模与仿真、动态预测和评估，实现了数字空间与物理空间虚实映射的产品规划与定义、模拟与分析、验证与确认的业务闭环，最后结合航空工业智能制造架构，给出了在生产生命周期中的应用思路。

自 2014 年，数字孪生技术在国内开始在车间、产品生产领域逐渐被引入，开始迅速发展，数字孪生概念、方法及技术体系在复杂成套装备、数字孪生车间、产品数字孪生体、航天飞行器技术及仿真平台等领域开展了广泛的研究与应用，也逐渐实现了从概念理论体系向技术框架-模型仿真-车间及设备的模拟应用的转变。

4　数字孪生流域建设的提出及发展

随着数字孪生技术在各行业的迅速发展和应用。数字孪生流域的概念应运而生。而数字孪生流域的发展也是经历了信息化、数字化、智能化几个重要的发展阶段[11]。21 世纪初，国内外学者与研究机构对数字孪生流域进行了一系列的探索与尝试，在 2008 年 IBM 公司提出的智慧地球概念基础上，"智慧长江""数字黄河""数字淮河"等概念目标相继被提出[12]。这些概念的提出及在部分区域及典型河流的应用，为我国数字孪生流域建设的提出与发展奠定了重要的理论基础与技术保障。

2021 年 3 月 22 日，水利部李国英部长在"世界水日"发表了署名文章，提出要坚持科技引领和数字赋能，提高水资源智慧管理水平，充分运用数字映射、数字孪生、仿真模拟等信息技术，建立覆盖全域的水资源管理与调配系统，推进水资源管理数字化、智能化、精细化[13]。

2021 年 4 月 7 日，李国英部长在调研太湖流域治理管理工作时再次强调，要打造数字孪生流域，实现物理流域与数字流域全要素动态实时畅通信息交互和深度融合[13]。

2021 年 11 月，水利部先后印发了《关于大力推进智慧水利建设的指导意见》《"十四五"期间推进智慧水利建设实施方案》。《关于大力推进智慧水利建设的指导意见》中明确要求 2025 年要通过建设数字孪生流域，推进水利工程智能化改造，建成七大江河数字孪生流域等内容[14]。

2021 年 12 月 23 日，水利部专门召开推进数字孪生流域建设工作会议，李国英部长全面系统深入阐述了为什么要建设数字孪生流域，怎样建设数字孪生流域，如何保障推进数字孪生流域建设[15]。

2022 年 3 月 22 日，水利部审议通过了《数字孪生流域建设技术大纲（试行）》《数字孪生水利工程建设技术导则（试行）》《水利业务"四预"基本技术要求（试行）》和《数字孪生流域共建共享管理办法（试行）》[14]。

2022 年 4 月 20 日，水利部研究部署了数字孪生流域建设先行先试工作，并印发了《数字孪生流域建设先行先试台账》[14]。

2022 年 5 月 18 日，水利部组织开展审核了数字孪生流域建设先行先试实施方案和数字孪生流域水利工程建设方案。

2022 年 6 月 17 日，水利部启动七大江河"十四五"数字孪生流域建设方案审查。

2022 年 8 月 12 日，《"十四五"数字孪生流域建设总体方案》通过水利部审查，数字孪生流域建设进入全面实施阶段。

5　数字孪生流域建设框架体系

5.1　基础框架体系

数字孪生流域建设的基础框架体系包括信息基础设施和数字孪生平台两大部分。其核心框架体系主要是通过物联网、大数据、人工智能、虚拟仿真等技术，以物理流域为单元、时空数据为底座、水利模型为核心、水利知识为驱动，对物理流域全要素和水利治理管理活动全过程的数字化映射、智慧化模拟、多方案优选，最终实现数字孪生流域和物理流域的同步仿真运行、虚实交互、迭代优化、精准化决策。

5.2　数字孪生流域建设数据感知网

数字孪生流域建设最基础的工作就是要建设信息基础设施，目的是从物理流域中获取全面、真实、客观、动态的自然地理、干支流水系、水利工程、经济社会等基础数据和信息，主要实现手段包括建设水利感知网、水利信息网和水利云平台等三部分。

水利感知网主要是在传统水利监测体系的基础上，充分利用智能感知技术和通信技术，从空、天、地等空间维度，对点、线、面等尺度范围的涉水对象属性及其环境状态进行监测和智能化分析的一体化综合感知网。

水利信息网主要是依托公共网络、自建专用网络、卫星通信等多种方式，构建连通流域管理机构、省（自治区、直辖市）、市、县、工程管理单位、监测站点等对象的信息网，支持日常通信传输和应急通信服务保障。

水利云平台主要是充分利用IT基础设施的自建能力和共同资源的弹性能力，为数字孪生流域建设提供云端按需扩展和安全可信的大规模联机计算服务。

在通过水利感知网获取基础数据，在水利信息网收集传输数据，在水利云平台扩展和保存数据的基础上，为了更好地使用数据，为决策及"四预"提供技术支撑，最为核心的就是要对物理流域采集到的数据进行分析、整理和使用。因此，就需要搭建数据孪生流域平台，主要包括搭建数据底板、构建模型平台。

5.3　数字孪生流域数据底板搭建

数据底板为数字孪生流域建设提供"算据"支撑，主要是在全国水利一张图的基础上升级扩展，建成基础数据统一、监测数据汇集、二三维一体化、三级贯通的数据底板，并提供三维展示、数据融合、分析计算、动态场景等功能，随着监测网络的不断完善，数据的不断充实，数据底板的精度也将从L1级逐渐扩展到L3级。

5.4　数字孪生流域专业模型平台构建

模型平台是数字孪生流域的"算法"保障，是决策的核心。建设水利专业模型平台主要是集成水文模型、水资源模型、水环境模型、水力学模型、泥沙动力学模型、水利工程安全评价模型等。水文模型主要包括降雨预报、洪水预报、冰凌预报等；水资源模型主要包括水资源承载力分析、水资源优化配置、地下水数值模拟、水资源管理调度等；水环境模型主要包括污染物输移扩散、水生态模拟等；水力学模型主要包括洪水演进、流域降水径流模型、河口演变、工程联合调度等；泥沙动力学模型包括产流产沙、水沙演进等；水利工程安全评价模型主要包括引水、蓄水、输水安全评价等模型。通过水利专业模型的构建为流域水安全精准模拟决策提供专业保障。

6　数字孪生流域建设的思考

数字孪生流域建设要坚持需求牵引、应用至上、数字赋能、提升能力的原则，最终目标是通过数字孪生流域的建设实现流域的预报、预警、预演、预案功能，从而提升国家及流域的水安全保障能力。因此，在数字孪生流域的建设过程中应重点加强以下几个方面：

（1）夯实"算据"基础。"算据"是物理流域的数字化表达，是构建数字孪生流域的数据基础。因此，要规范数据采集程序，提升水文、水资源监测能力，加快实施流域全覆盖水文监控系统建设，建设天、空、地一体数据采集系统。通过收集水利基础数据，实时监测数据，业务管理数据，地理空间数据，跨行业共享数据，夯实数字孪生流域建设的"算据"基础。

（2）提升"算力"水平。"算力"是数字孪生流域高效稳定运行的重要支撑。因此，要提升平台硬件资源，扩展计算资源，升级通信网络，完善会商环境，不断提升高效快速、安全可靠的"算力"水平。

（3）实现"算法"保障。"算法"是数字孪生流域建设的核心功能体现。因此，要推进水利专业模型攻关，构建水利知识库，建设水利业务智能模型，确保数字孪生流域物理过程实现高保真，从而为数字孪生流域建设"四预"功能的有效实现提供"算法"保障。

参 考 文 献

［1］ MICHAEL G. Digital twin：Manu facturing excellence through virtual factory replication ［J］. 2015：1417 – 1433.

［2］ MICHAEL G. Virtually intelligent product systems：Digital and physical twins ［J］. American Institute of Aeronautics and Astronautics. 2019：175 – 200.

［3］ TUEGEL E J，INGRAFFEA A R，EASON T G，et al. Reengineering aircraft structural life predictionusinga digitaltwin ［J］. International Journal of Aerospace Engineering，2011，10：154798.

［4］ GLAESSGEN E，STARGEL D. The digitaltwinparadigm for future NASA and U. S. airforcevehicles ［C］//Aiaa/asme/asce/ahs/ascStructures，Structural Dynamics and Materials Conference，Aiaa/asme/ahsAdaptive Structures Conference，Aiaa，2012.

［5］ TOP G. Strategic technology trends for 2019 ［EB/OL］. 2019 – 11 – 16.

［6］ 中国电子技术标准化研究院. 数字孪生应用白皮书（2020 版）［R］. 2020.

［7］ 陶飞，张萌，程江峰，等. 数字孪生车间———一种未来车间运行新模式 ［J］. 计算机集成制造系统，2017，23（1）：1 – 9.

［8］ 庄存波，刘检华，熊辉，等. 产品数字孪生体的内涵、体系结构及其发展趋势 ［J］. 计算机集成制造系统，2017，23（4）：753 – 768.

［9］ 于勇，范胜廷，彭关伟，等. 数字孪生模型在产品构型管理中应用探讨 ［J］. 航空制造技术，2017（7）：41 – 45.

［10］ 陶剑，戴永长，魏冉. 基于数字线索和数字孪生的生产生命周期研究 ［J］. 航空制造技术，2017（21）：26 – 31.

［11］ 黄艳. 流域水工程智慧调度实践与思考 ［J］. 中国防汛抗旱，2019，29（5）：8 – 9.

［12］ 李国英. "数字黄河"工程建设"三步走"发展战略 ［J］. 中国水利，2010（1）：14 – 16.

［13］ 李民东，李阳. 数字孪生赋能"智慧山东黄河"［C］. 2021（第九届）中国水利信息化技术论坛论文集，2021：249 – 252.

［14］ 水利高质量发展主题下数字孪生流域建设 ［J］. 中国水利，2022（9）：65.

［15］ 以时不我待的责任感使命感全力推进数字孪生流域建设 ［N］. 中国水利报，2021 – 12 – 24（001）.

基于安全灌溉阈值的微咸水资源优化配置研究 *

王　婷[1]　贺华翔[1]　肖　平[1]　张大胜[2]　谢新民[1]

(1. 中国水利水电科学研究院，北京 100038；

2. 河北省水利科学研究院，石家庄 050051)

摘　要　为安全且最大化利用微咸水，解决部分地区常规淡水不足的难题，本文构建了基于 SWAP-WOFOST 模型的作物微咸水灌溉-产量响应模型，结合作物不同生长阶段差异化耐盐特性，通过模拟多种微咸水灌溉方案分析确定作物微咸水安全灌溉矿化度阈值。在此基础上，以微咸水可开采量作为边界条件，构建微咸水资源优化配置模型，并在河北省馆陶县开展了实例研究。结果表明：馆陶县典型作物——冬小麦在返青期（2 月底）、拔节期（3 月底）、抽穗期（4 月底）可灌溉的微咸水矿化度阈值分别为 3g/L、3g/L 和 4g/L；在社会经济适度发展水平下，馆陶县 2030 年、2035 年适宜的微咸水供水量分别为 1260 万 m^3 和 1300 万 m^3，相比于现状微咸水供水量提升了 80%、86%；馆陶县微咸水主要用于农业灌溉，2030 年、2035 年微咸水灌溉水量分别为 1254 万 m^3 和 1292 万 m^3，约分别占当年微咸水供水量的 99.5% 和 99.4%，仅少量微咸水用于工业生产。研究成果可为安全合理利用微咸水、拓展非常规水源利用等提供科学依据。

关键词　微咸水；安全阈值；优化配置；SWAP-WOFOST 模型；灌溉-产量响应模拟

近年来，为解决缺水地区常规水源不足以及地下水严重超采问题，国家提出节水以及增加多渠道水源补给的综合治理措施[1]，国家节水行动方案中也明确规定要在缺水地区加强非常规水利用。为响应国家号召，从"开源"角度出发，考虑非常规水资源的利用逐渐进入大众视野，并迅速得到学术界及水资源管理部门的关注[2-3]。微咸水作为非常规水源的一种，在替代淡水资源、扩大农业水源、促进作物抗旱增产等方面发挥了重要作用[4]。对于缺水但微咸水资源较为丰富的地区而言，研究微咸水的综合利用是实现多水源供给的有效途径。

微咸水即矿化度为 2~5g/L 的水，主要用于农业灌溉，少量用于生活、工业及养殖。据统计，我国多年平均微咸水资源量约为 200 亿 m^3，其中可开采利用的微咸水资源量约为 130 亿 m^3，微咸水主要分布在沿海地带以及易发生干旱的华北、西北地区[5]，而华北、西北地区集中了我国一半以上的农业耕地，农业用水需求极大。目前各地区微咸水的实际利用量远未达到其可利用量，例如河北省 2000—2020 年微咸水累计利用量为 38.44 亿 m^3，年均利用量为 1.83 亿 m^3，仅占河北省多年平均微咸水资源量的 13% 左右，可见微咸水仍存在着较大的开发利用空间。然而，由于水质特殊性，微咸水的利用也存在一定的安全风险，过高浓度的微咸水灌溉会导致农作物减产以及土壤盐渍化，造成微咸水利用的次生灾害[6]；长期利用微咸水进行农田灌溉会使土壤中的盐分积累、改变土壤的理化性质、降低土壤微生物的数量和活性、抑制土壤酶的活性[7]，最终导致土壤盐渍化[8-11]，造成的生态环境破坏不容忽视。

本文充分考虑微咸水的安全利用，基于 SWAP-WOFOST 模型实现作物微咸水灌溉-产量响应模拟，识别面向作物目标产量保障的微咸水安全灌溉矿化度阈值，构建微咸水-常规水源协同优化配置模型，解析研究区适宜的微咸水利用方式。通过定量和定性的分析，实现缺水地区微咸水的安全利用，为推动微咸水纳入水资源统一配置提供科学依据。

1　研究区概况与研究数据

馆陶县隶属于河北省邯郸市，位于华北平原南部，河北省南端偏东，总面积 456.3km^2，地处东经 115°06′~115°40′，北纬 36°27′~36°47′。馆陶县多年平均降水量为 566mm，多年平均淡水资源量为 3893 万 m^3，

---
* 基金项目：国家自然科学基金，《微咸水安全灌溉对多水源协同配置影响机制及适应性调控研究》，52209042。
第一作者简介：王婷（1990— ），女，江苏南京人，高级工程师，主要从事复杂水资源系统模拟与调控研究工作。
Email：wangt90@iwhr.com

地下水资源量为 6346 万 m^3，其中微咸水资源量为 $1920m^3$，占地下水资源量的 30.3%。馆陶县微咸水资源量较为丰富，研究其微咸水资源配置具有一定的典型性。

馆陶县 2021 年微咸水利用量为 $700m^3$，主要用于农业灌溉、农村生活用水等。现阶段微咸水利用尚存在以下两点不足：①利用量较少，未充分发挥微咸水作为非常规水源对于常规淡水的替代作用；②利用安全性欠佳，目前馆陶县仅通过打井的方式将微咸水与地下淡水混合抽取后用于农业灌溉等，未充分考虑微咸水的水质对于农作物的危害性。因此，聚焦微咸水用于农业灌溉的安全矿化度识别，并基于此开展微咸水与常规淡水的协同优化配置研究具有一定的实践应用价值。

研究数据主要包括水资源及开发利用类数据、水利工程类数据、社会经济类数据。其中，水资源及开发利用类数据主要来自河北省第三次水资源调查评价报告（2020 年）及邯郸市水资源公报（2001—2007 年、2020 年）；馆陶县境内水利工程主要包括防洪工程、渠灌工程、排水工程、蓄水闸工程等，数据由馆陶县水利局提供；社会经济类数据主要来自邯郸统计年鉴（2001—2017 年、2020 年）。部分年份数据缺失，已通过趋势分析及插值法进行处理。

2 研究方法

2.1 作物微咸水灌溉-产量模拟

2.1.1 作物灌溉-产量响应模型构建

SWAP-WOFOST（Soil Water Atmosphere Plant-World Food Studies）模型是一款农田尺度的水分、溶质和热量运移模拟模型，即 SWAP 4.0.1[12]，该模型能够模拟作物在一定的水或盐胁迫下的潜在产量和实际产量。SWAP-WOFOST 模型由土壤水运动、溶质迁移、土壤蒸发、植物蒸腾、作物生长、热量传输等子模型组成，本文主要借助其中的土壤水运动以及溶质迁移子模型，模拟微咸水浇灌作物后土壤水中溶质运移与累积情况；同时借助作物生长子模型，模拟微咸水浇灌后作物的生长发育情况，从而输出作物产量结果。

（1）土壤水运动方程。采用 Richards 方程模拟计算：

$$\frac{\partial \theta}{\partial t} = C(h)\frac{\partial h}{\partial t} = \frac{\partial}{\partial z}\left[k(h)\left(\frac{\partial h}{\partial z}+1\right)\right] - S_a(h) \tag{1}$$

式中：θ 为体积含水率；k 为土壤水力传导度，cm/d；h 为土壤水头，cm；z 为水流运动距离，cm；t 为时间，d；S_a 为作物根系吸水项，$cm^3/(cm^3 \cdot d)$；C 为容水度，cm^{-1}。

（2）溶质迁移方程。采用一维水流溶质运移方程：

$$\frac{\partial(\theta c)}{\partial t} = \frac{\partial}{\partial z}\left(D_{sh}\frac{\partial c}{\partial z} - \frac{\partial qc}{\partial z}\right) \tag{2}$$

式中：D_{sh} 为水动力弥散系数，cm^2/d；c 为土壤水中的溶质浓度，g/cm^3；q 为对流通量，$g/(cm^2 \cdot s)$。

（3）作物灌溉-产量方程。采用的灌溉-产量响应关系式如下：

$$Y_P = \frac{Y_a}{\prod_{k=1}^{n}\left(\frac{Y_{ak}}{Y_{pk}}\right)} \tag{3}$$

其中：

$$\begin{cases} \dfrac{Y_{ak}}{Y_{pk}} = 1 - K_{yk}\left(1 - \dfrac{T_{ak}}{T_{pk}}\right) \\ T_{ak} = \displaystyle\int_{-D_{root}}^{0} a_{rw}a_{rs}\dfrac{T_{pk}}{D_{root}}d_z \\ T_{pk} = \left[1 - \dfrac{p_k}{ET_{po}}\right] \cdot ET_P - E_p \end{cases} \tag{4}$$

式中：Y_a 和 Y_P 分别为淡水灌溉时的实际产量和模拟得到的农作物潜在产量，kg/hm^2；n 为农作物的总生长阶段；Y_{ak} 和 Y_{pk} 分别为第 k 生长阶段获得的最大产量和潜在产量，kg/hm^2；K_{yk} 为第 k 生长阶段的产量反应系数；T_{ak} 和 T_{pk} 分别为第 k 生长阶段实际蒸腾量和潜在蒸腾量，kg/hm^2；D_{root} 为农作物根系深度，cm；a_{rw}、a_{rs} 分别为水分胁迫导致作物根系吸水的折减系数、盐分胁迫导致作物根系吸水的折减系数；p_k

为第 k 生长阶段的作物截留降雨量，cm；ET_{po} 为湿润状态下作物潜在蒸散量；ET_p、E_p 分别为作物潜在蒸散量、土壤潜在蒸发量，通过 SWAP - WOFOST 模型内置的 Penman - Monteith 公式计算。

2.1.2　微咸水灌溉方案设置

根据作物在不同生长周期的耐盐性，首先识别出作物可用微咸水灌溉的主要生长阶段。馆陶县主要作物为冬小麦，经调研，冬小麦在返青-拔节期、拔节-抽穗期、抽穗-开花期三个阶段可灌溉适宜浓度的微咸水。在此基础上，分别设置微咸水用于冬小麦的极端灌溉方案和其他灌溉方案，见表1。其中，极端灌溉方案 W1 为微咸水可灌时段灌溉矿化度为 5g/L 的微咸水，其他灌溉方案为在极端灌溉方案基础上，从作物第一个微咸水可灌时段开始依次降低微咸水矿化度，每次降低幅度为 1g/L，直至降低到微咸水矿化度最低值 2g/L，且后一时段微咸水矿化度始终要比前一阶段高或者相等。

表 1　　　　　　　　　　　　　　冬小麦微咸水灌溉方案　　　　　　　　　　单位：m^3/hm^2

灌溉方案	返青-拔节期	拔节-抽穗期	抽穗-开花期
W1	4.0（5g/L）	3.3（5g/L）	3.3（5g/L）
W2	4.0（4g/L）	3.3（5g/L）	3.3（5g/L）
W3	4.0（4g/L）	3.3（4g/L）	3.3（5g/L）
W4	4.0（3g/L）	3.3（4g/L）	3.3（5g/L）
W5	4.0（3g/L）	3.3（4g/L）	3.3（4g/L）
W6	4.0（3g/L）	3.3（3g/L）	3.3（4g/L）
W7	4.0（3g/L）	3.3（3g/L）	3.3（3g/L）
W8	4.0（2g/L）	3.3（3g/L）	3.3（3g/L）
W9	4.0（2g/L）	3.3（2g/L）	3.3（3g/L）

注　表中 4.0（5g/L）代表灌水量为 $4.0 m^3/hm^2$，灌溉微咸水矿化度为 5g/L，其余同。

2.2　微咸水资源优化配置模型

2.2.1　优化配置模块

优化配置模块主要由数据输入、模型参数、目标函数、平衡方程、约束条件和结果输出等组成，本文采用世界银行和美国 GAMS 公司研制的通用大型计算软件 Windows GAMS2.5 进行求解计算[13-15]。其中，目标函数主要包括研究区域内湖泊缺水量最小、各用水户缺水量最小、水库弃水量最小、供水优先序最佳等。

（1）湖泊缺水量最小目标。微咸水加入区域全口径水资源配置后，会在一定程度上替代淡水资源。为提升区域水生态环境效益，本文加入湖泊缺水量最小目标函数表征微咸水资源配置后对区域生态环境效益提升程度，公式为

$$F_1 = \sum_{k=1}^{l} \alpha_k XML_k \tag{5}$$

式中：F_1 为湖泊缺水量总和，万 m^3；XML_k 为第 k 个湖泊缺水量，万 m^3；α_k 为第 k 个湖泊权重系数。

（2）各用水户缺水量最小目标。微咸水资源配置后能在一定程度降低区域整体缺水量，因此，以缺水量最小表征社会效益，公式为

$$F_2 = \sum_{j=1}^{m} \alpha_j (\alpha_C XZMC_{ij} + \alpha_I XZMI_{ij} + \alpha_E XZME_{ij} + \alpha_A XZMA_{ij} + \alpha_R XZMR_{ij}) + \lambda XMIN \tag{6}$$

式中：F_2 为各用水户缺水量总和，万 m^3；$XZMC_{ij}$、$XZMI_{ij}$、$XZME_{ij}$、$XZMA_{ij}$、$XZMR_{ij}$ 分别为第 i 种水源给第 j 个计算单元内的城镇生活、工业及第三产业、河道外生态、农业及农村生活供水后缺水量，万 m^3；$XMIN$ 为农业均匀破坏度；λ 为农业均匀破坏度的权重系数；α_C、α_I、α_E、α_A、α_R 分别为第 j 个计算单元内对以上几种用水户的供水权重系数；α_j 为第 j 个计算单元的权重系数。

（3）水库弃水量最小目标。水库作为区域重要的蓄水工程，其弃水量过大表明水资源配置不够合理，造成了较大的水资源浪费。因此，本文设置水库弃水量最小目标函数，从配置结果上判断微咸水资源配置的合理性，公式为

$$F_3 = \sum_{r=1}^{q} \left(\alpha_r \sum_{t=1}^{12} XRSV_{rt} \right) \tag{7}$$

式中：F_3 为水库蓄水总库容，万 m^3；α_r 为第 r 座水库重要程度的权重系数；$XRSV_{rt}$ 为第 r 座水库第 t 个月蓄水库容，万 m^3。

（4）供水优先序最佳目标。考虑到水源供水成本以及供水难易程度等，不同水源供水存在一定的优先序，本文设置供水优先序最佳目标函数表征微咸水加入配置后的供水合理性，公式为

$$F_5 = \sum_{j=1}^{m} \alpha_{sur}(XCSC_j + XCSI_j + XCSE_j + XCSA_j + XCSR_j)$$
$$+ \sum_{j=1}^{m} \alpha_{div}(XCDC_j + XCDI_j + XCDE_j + XCDA_j + XCDR_j)$$
$$+ \sum_{j=1}^{m} \alpha_{grd}(XZGC_j + XZGI_j + XZGE_j + XZGA_j + XZGR_j)$$
$$+ \sum_{j=1}^{m} \alpha_{rec}(XZTI_j + XZTE_j + XZTA_j) \tag{8}$$

式中：F_5 为区域供水总量，万 m^3；α_{sur}、α_{div}、α_{grd}、α_{rec} 分别为地表水、外调水、地下水及再生水的供水权重系数；$XCSC_j$、$XCSI_j$、$XCSE_j$、$XCSA_j$、$XCSR_j$ 分别为地表水城镇生活供水量、地表水工业及第三产业供水量、地表水河道外生态供水量、地表水农业供水量、地表水农村生活供水量，万 m^3。

外调水、地下水及再生水对各用水户供水依次类推；再生水仅对工业及第三产业、河道外生态及农业供水。

（5）综合目标。将多目标转化为单目标，公式为
$$Z = \mathrm{Max}(-\gamma_1 \cdot F_1 - \gamma_2 \cdot F_2 + \gamma_3 \cdot F_3 - \gamma_4 \cdot F_4 + \gamma_5 \cdot F_5)$$
式中：Z 为多水源多目标水资源宏观配置模型综合目标函数值；γ_i 为第 i 项分目标权重系数。

2.2.2 微咸水安全灌溉矿化度阈值识别

通过识别微咸水用于典型作物灌溉的安全矿化度阈值，研究不同矿化度微咸水与淡水的合理配比，为微咸水资源优化配置模型中微咸水的利用方式提供科学依据。基于上述构建的作物灌溉-产量响应模型，分别模拟多年平均来水条件多种微咸水灌溉方案下作物的潜在产量，与作物的目标产量进行对比，潜在产量刚刚高于或等于目标产量时的微咸水灌溉矿化度值即为微咸水用于该作物灌溉的安全矿化度阈值。

国内外已有研究表明[16]，微咸水灌溉下农作物产量不低于淡水灌溉下产量的 90%，即减产不明显时，农民尚能接受。因此，本文根据邯郸市 2001—2017 年的统计年鉴，筛选出馆陶县冬小麦的逐年产量，每年以当年实际产量的 90% 作为当年来水条件下的目标产量，并绘制逐年冬小麦实际产量、目标产量变化趋势图，见图 1。

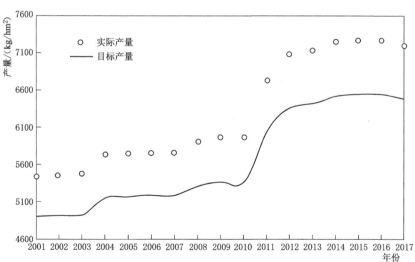

图 1　冬小麦逐年实际产量、目标产量变化趋势

3　结果与分析

3.1　基于灌溉-产量响应模拟的冬小麦微咸水安全灌溉矿化度阈值

利用上述构建的 SWAP-WOFOST 模型模拟 9 套冬小麦微咸水灌溉方案下的产量，由于冬小麦生长周期跨年，即从上一年度的 10 月到下一年度的 5 月，因此模型能够给出 17 个年份的 9 套冬小麦产量方案。

考虑到不同降雨条件对于土壤盐分的淋洗效果不同，为便于分析，本文选择 2001—2017 系列年中最接近多年平均来水条件的年份开展模拟，即 2004 年、2007 年、2011 年、2013 年、2014 年和 2015 年。冬小麦在不同微咸水灌溉方案下的模拟产量，见图 2。可以看出，不同年份下模拟出来的适宜微咸水灌溉方案不同。在 2004 年和 2014 年，当冬小麦三个灌水时期的灌水矿化度依次为 3g/L、3g/L 和 3g/L 时（灌溉方案为 W7），冬小麦的模拟产量高于目标产量；在 2007 年，当冬小麦三个灌水时期的灌水矿化度依次为 3g/L、3g/L 和 4g/L 时（灌溉方案为 W6），冬小麦的模拟产量高于目标产量；在 2011 年，当冬小麦三个灌水时期的灌水矿化度依次为 2g/L、3g/L 和 3g/L 时（灌溉方案为 W8），冬小麦的模拟产量高于目标产量；在 2013 年，当冬小麦三个灌水时期的灌水矿化度依次为 2g/L、2g/L 和 3g/L 时（灌溉方案为 W9），冬小麦的模拟产量高于目标产量；在 2015 年，当冬小麦三个灌水时期的灌水矿化度依次为 3g/L、4g/L 和 4g/L 时（灌溉方案为 W5），冬小麦的模拟产量高于目标产量。经分析，2004 年、2011 年、2013 年和 2014 年，2—4 月降雨量较少，因此冬小麦对灌溉水耐盐能力有所降低，导致这四个年份下冬小麦逐时段耐盐阈值降低，属于特殊情况，不作为参考年份。因此从安全性角度出发，推荐 2007 年结果作为冬小麦微咸水灌溉的参考方案，即冬小麦在三个灌水时段（返青期、拔节期、抽穗期）均可灌微咸水，矿化度阈值依次为 3g/L、3g/L 和 4g/L。

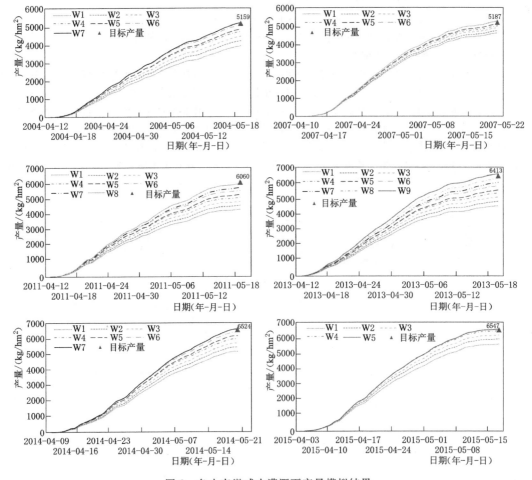

图 2　冬小麦微咸水灌溉下产量模拟结果

3.2 冬小麦咸淡水配比方案

为充分利用微咸水进行农业灌溉，对于矿化度较高的微咸水，可采用咸淡水混合灌溉的方式。因此，遵循以下原则给出冬小麦不同灌水时段（即不同月份）合理的咸淡水配比方案：一是农业灌溉优先利用微咸水，加速微咸水利用后对地下水系统的更新，同时替代淡水资源，减轻研究区淡水资源供给压力；二是在淡水资源可以保证配比的情况下，农业灌溉优先利用矿化度较高的微咸水，给工业、农村生活等对微咸水矿化度要求较高的用户留足利用空间。

针对不同矿化度微咸水设置不同的咸淡水配比方案，结果见表2。以2月底咸淡水配比如何确定为例，2月底主要为冬小麦返青期需要灌水，此时微咸水安全灌溉矿化度阈值为2g/L，分别对2~3g/L、3~5g/L的微咸水如何与淡水配比做一解读和诠释。从充分安全的角度出发，对于上述分析得到的2~3g/L的微咸水在进行配比时，默认矿化度为3g/L；同样的，对于3~5g/L的微咸水在进行配比时，默认矿化度为5g/L。表2中所列2月底利用2~3g/L微咸水灌溉时咸淡水配比为1:0，表示每用1m³矿化度为2~3g/L微咸水，无须配淡水；若2月底利用3~5g/L微咸水灌溉时咸淡水配比为3:2，表示每用3m³矿化度为3~5g/L微咸水，需要配2m³淡水。

表2   **冬小麦咸淡水配比方案**

微咸水矿化度/(g/L)	2月底	3月底	4月底
2~3	1:0	1:0	1:0
3~5	3:2	3:2	4:1

3.3 微咸水资源优化配置方案

结合馆陶县微咸水资源量质调查分析结果以及微咸水空间分布情况，以各乡镇微咸水资源量作为其微咸水可开采量上限，构建馆陶县微咸水资源优化配置模型，并参考上述给出的不同月份咸淡水配比方案，在配置模型中优化微咸水与淡水的供给组合关系。设置两套需水方案，分别为用水适度增长与用水高速增长方案，其中用水适度增长方案考虑馆陶县近年来人口与社会经济规模发展趋势并采用节水定额测算得到规划水平年各行业需水量；用水高速增长方案考虑人口与社会经济规模高速发展趋势，并采用节水定额测算得到规划水平年各行业需水量。

以2020年为基准年，进行1956—2020年65年长系列逐月供水模拟，并根据基准年配置结果对模型参数进行率定，得到两套方案全口径多水源优化配置结果，包括微咸水资源优化配置结果，见表3。

表3   **馆陶县不同方案多年平均水资源供需平衡分析结果**

水平年	方案	需水量/万 m³	供水量/万 m³		缺水量/万 m³	缺水率/%
			合计	其中:微咸水		
基准年		10169	7449	700	2720	26.8
2030年	适度	10958	10641	1260	317	2.9
	高速	11100	10737	1260	363	3.3
2035年	适度	10964	10636	1300	328	3.0
	高速	11170	10757	1300	413	3.7

由表3可知，基准年情景下缺水率为26.8%，微咸水供水量仅700万 m³，表明现状水源供给与用水需求之间存在较大的不匹配，未来应进一步优化供给结构。适度增长与高速增长方案下，2030年馆陶县微咸水供水量均为1260万 m³，缺水率分别为2.9%、3.3%；2035年微咸水供水量均为1300万 m³，缺水率分别为3.0%、3.7%。受微咸水可开采量及开采方式的限制，两种方案同一规划水平年的微咸水供给量是一致的，对淡水资源的替代效应也是一致的。从缺水率来看，适度增长与高速增长方案均可接受，高速增长方案缺水率略高。因此，从供水安全保障要求出发，优先推荐适度增长方案作为馆陶县未来规划水平年的水资源配置方案，推荐方案下馆陶县各乡镇2030年、2035年微咸水供需平衡分析结果，见表4。

表 4　　　　　　　　馆陶县各乡镇 2030 年、2035 年微咸水资源优化配置结果　　　　　单位：万 m³

乡镇	2030 年			2035 年		
	微咸水供水量	微咸水用水户		微咸水供水量	微咸水用水户	
		农业	工业		农业	工业
王桥乡	40	40	0	50	50	0
房寨镇	142	142	0	152	152	0
馆陶镇	0	0	0	0	0	0
寿山寺	163	161	2	173	170	3
柴堡镇	418	416	2	435	432	3
南徐村乡	87	87	0	92	92	0
路桥乡	119	119	0	117	117	0
魏僧寨	291	289	2	281	279	2
馆陶县	1260	1254	6	1300	1292	8

由表 4 可知，馆陶县各乡镇微咸水主要用于农业灌溉，少量用于工业生产。2030 年、2035 年用于农业灌溉的微咸水资源量分别为 1254 万 m³、1292 万 m³，约占现状年馆陶县农业实际用水量的 20% 左右。其中，柴堡镇微咸水供水量较大，为 418 万 m³，其中用于农业灌溉的微咸水资源量为 416 万 m³，相当于现状年柴堡镇农业用水量的 53%。可见，合理开采微咸水用于农业灌溉在很大程度上替代了淡水资源，能够有效解决农业用水困难的问题，未来通过合理开采微咸水、实施微咸水与淡水的混灌或轮灌，完全可以确保馆陶县水资源安全供给，可满足人水和谐的水生态文明社会建设用水需求。

4　结论

本研究构建了基于 SWAP - WOFOST 模型的作物微咸水灌溉-产量响应模型，模拟确定了研究区馆陶县典型作物——冬小麦的微咸水安全灌溉矿化度阈值。在此基础上，以微咸水可开采量作为边界条件，构建微咸水资源优化配置模型，模拟给出了研究区规划水平年合理的微咸水资源配置方案，结论如下：

（1）冬小麦在返青期（2 月底）、拔节期（3 月底）、抽穗期（4 月底）用适宜矿化度的微咸水进行灌溉不会影响其最终产量，三个阶段安全的微咸水矿化度阈值依次为 3g/L、3g/L 和 4g/L。当用 2～3g/L 的微咸水进行灌溉时，三个阶段均可直接灌溉，不需要与淡水混合；当用 3～5g/L 的微咸水进行灌溉时，三个阶段适宜的咸淡水混合配比分别为 3∶2、3∶2、4∶1。

（2）社会经济适度发展较适用于馆陶县，2030 年、2035 年馆陶县水资源优化配置后的缺水率分别为 2.9%、3.0%，微咸水供水量分别为 1260 万 m³、1300 万 m³，相比于现状微咸水供水量分别提升了 80%、86%，在一定程度上有效替代了馆陶县地下水供水量，减轻了供水压力。

（3）受资料限制，本文仅对多年平均来水条件下微咸水安全灌溉矿化度阈值进行了模拟分析。然而，不同降雨量对土壤盐分的洗涤效果不同，会导致作物对微咸水矿化度的耐受能力不同，因此，下一步将继续开展不同降雨条件下作物微咸水灌溉-产量响应模拟，从而识别应对不同降雨情景的微咸水安全灌溉矿化度阈值以及合理的咸淡水灌溉配比方案。另外，不同区域的微咸水资源在地表以下垂向分布特征也不同，下一步应结合微咸水资源量质的垂向分布，进一步开展不同空间微咸水的优化配置与合理开采研究，为精细化利用微咸水提供科学依据。

参 考 文 献

［1］　曹晓峰，胡承志，齐维晓，等. 京津冀区域水资源及水环境调控与安全保障策略［J］. 中国工程科学，2019，21
　　　（5）：130 - 136.
［2］　YE Q，LI Y，ZHUO L，et al. Optimal allocation of physical water resources integrated with virtural water trade in
　　　water scarce regions：A cae study for Beijing，China［J］. Water Research，2018，129：264 - 276.
［3］　YANG Z，WANG Y F，PENG T Q. Uncertainty propagation and risk analysis oriented stochastic multi - criteria deci-

sion making for unconventional water resources management [J]. Journal of Hydrology, 2021, 595: 126019.

[4] KUCUKMEHMETOGLU M. An integrative case study approach between game theory and Pareto frontier concepts for the transboundary water resources allocations [J]. Journal of Hydrology, 2012, 450: 308 – 319.

[5] 王辉. 我国微咸水灌溉研究进展 [J]. 节水灌溉, 2016 (6): 59 – 63.

[6] 王全九, 邓铭江, 宁松瑞, 等. 农田水盐调控现实与面临问题 [J]. 水科学进展, 2021, 32 (1): 139 – 147.

[7] 牛君仿, 冯俊霞, 路杨, 等. 咸水安全利用农田调控技术措施研究进展 [J]. 中国生态农业学报, 2016, 24 (8): 1005 – 1015.

[8] 冯棣, 张俊鹏, 孙池涛, 等. 长期咸水灌溉对土壤理化性质和土壤酶活性的影响 [J]. 水土保持学报, 2014, 28 (4): 171 – 176.

[9] DALIAKOPOULOS I N, APOSTOLAKIS A, WAGNER K, et al. Effectiveness of trichoderma harzianum in soil and yield conservation of tomato crops under saline irrigation [J]. Catena, 2019, 175: 144 – 153.

[10] 郭安安, 王梦琴, 王为木, 等. 微咸水滴灌对土壤水盐运移影响的研究 [J]. 安徽农学通报, 2019, 25 (12): 118 – 121.

[11] COVA A M W, NETO A D A, SILVA P C C, et al. Physiological and biochemical responses and fruit production of noni (Morinda citrifolia L.) plants irrigated with brackish water [J]. Scientia Horticulturae, 2020, 260: 108852.

[12] LI P, REN L. Evaluating the saline water irrigation schemes using a distributed agro – hydrological model [J]. Journal of Hydrology, 2020, 594: 125688.

[13] WANG T, LIU Y, WANG Y, et al. A multi – objective and equilibrium scheduling model based on water resources macro allocation scheme [J]. Water Resources Management, 2019, 33 (10): 3355 – 3375.

[14] 李丽琴, 王志璋, 贺华翔, 等. 基于生态水文阈值调控的内陆干旱区水资源多维均衡配置研究 [J]. 水利学报, 2019, 50 (3): 377 – 387.

[15] 谢新民, 李丽琴, 周翔南, 等. 基于地下水"双控"的水资源配置模型与实例应用 [J]. 水资源保护, 2019, 35 (5): 6 – 12.

[16] 庞桂斌, 徐征和, 王海霞, 等. 微咸水灌溉对冬小麦光合特征及产量的影响 [J]. 灌溉排水学报, 2018, 37 (1): 35 – 41.

南水北调东线工程江苏段广义水资源多目标优化调配*

席海潮*　　解阳阳[1,2]　　刘赛艳[1]　　张　钦[1]　　胡华清[1]　　张永江[1]

（1. 扬州大学水利科学与工程学院，江苏 扬州 225009；

2. 扬州大学现代农村水利研究院，江苏 扬州 225009）

摘　要　对于跨流域调水工程而言，社会、经济、生态等诸部门之间的用水冲突使得水资源调配过程更复杂。水资源优化配置是缓解水资源供需矛盾的最有效途径之一，有必要在跨流域调水工程中实行有效的水资源优化配置理念，以确保跨流域调水工程的高效实施。本研究以广义水资源优化配置理念为基础，建立广义水资源和常规水资源多目标优化配置模型；采用改进的布谷鸟优化算法（IMOCS）分别对两种模型进行求解。结果表明：在 50% 保证率下，广义水资源优化配置模型的水资源系统损失量相比较于常规水资源优化配置模型增加了 9.99 亿～11.28 亿 m^3；在 75% 和 95% 保证率下，广义水资源优化配置模型能够产生更高质量的 Pareto 解集，使水资源得到更合理的配置，为南水北调东线工程江苏段水资源优化配置研究提供了新的思路。

关键词　广义水资源；改进的布谷鸟优化算法；跨流域调水；南水北调东线工程

　　跨流域调水工程将富水流域的水调入贫水流域，以用来缓解贫水流域的缺水问题，是贫水流域在三次供需平衡分析后采取的水资源调配工程性措施[1]。南水北调东线工程江苏段是我国跨流域调水工程之一，工程沿线具有洪泽湖、骆马湖、南四湖等调蓄湖泊。从长江至南四湖可以分为 3 个段落，每段设置 3 级提水泵站，共 9 级提水梯级。这些调蓄湖泊和各级提水泵站使得南水北调东线工程江苏段的水资源系统具有较大的调蓄能力[2]。因此，如何依托该工程进行合理的水资源配置是一个重要的课题。

　　近年来，许多学者主要从跨流域系统的概化方式、构建模型的求解方法、模型目标函数的选择三个方面对南水北调东线工程江苏段水资源优化配置展开研究。侍翰生等[3] 在对南水北调东线工程江苏段水资源系统进行分析概化的基础上，以系统抽水量和缺水量最小为目标函数建立优化调度模型，采用基于动态规划算法与模拟退火算法相结合的混合算法对模型进行优化求解。于凤存等[4] 以缺水量最小和系统总抽水量最小构建多目标优化调配模型，采用多目标遗传算法对模型进行求解。方国华等[5] 以受水区需水满足度最大和系统总抽水量最小为目标函数建立多目标优化调度模型，采用改进的多目标量子遗传算法对模型求解，郭玉雪等[2] 以受水区生活、工业以及农业用水供水量最大，梯级总抽水量最小以及调水峰值最小 5 个目标为优化目标建立模型，采用改进的多目标蛙跳算法进行求解。

　　回顾以往文献可以发现，在研究南水北调东线工程江苏段水资源优化调配问题时，学者们大都利用常规水资源（地表水）进行水资源优化配置，对广义水资源配置理念的认识较为缺乏，导致学者们对非常规水资源的利用研究明显不足。为此，本研究在前人研究成果的基础上，拟整体考虑湖库弃水量、蒸发量和输水途中的渗漏损失量，结合卫星遥感反演的非常规水资源数据（土壤水），建立以不同用水户缺水量总和最小和水资源系统损失量最小为目标函数的广义和常规水资源多目标调配模型，采用改进的多目标布谷鸟优化算法分别对广义和常规水资源调配模型进行求解，分析比较两种模型的 Pareto 解集质量，对进一步研究南水北调东线工程水资源优化配置具有重要的科学意义和理论价值。

1　研究区概况

　　南水北调东线工程利用江苏省已有的江水北调工程，逐步扩大调水规模并向北延伸，是我国重大的跨流

---

　　*　基金项目：国家自然科学基金（52009116）；江苏省自然科学基金（BK20200959；BK20200958）；中国博士后科学基金（2018M642338）；江苏省高效节能大型轴流泵站工程研究中心开放课题（ECHEAP013）。

　　第一作者简介：席海潮（1998—　　），江苏连云港人，硕士研究生，研究方向为水资源优化调配。Email：1592943370@qq.com

　　通讯作者：解阳阳（1986—　　），男，山东巨野人，博士，助理研究员，主要从事水资源系统分析与优化研究工作。Email：xieyangyang@yzu.edu.cn

域调水工程之一，是缓解我国北方水资源严重短缺问题的重大战略性基础设施[6]。根据南水北调东线工程江苏段的主要组成和干线支流的连接关系对其进行系统概化，为充分体现湖泊的调蓄能力和南水北调东线工程江苏段的实际工程运行特点，将江苏段主要划分为长江—洪泽湖、洪泽湖、洪泽湖—骆马湖、骆马湖、骆马湖—南四湖、南四湖 6 个受水区，将安徽省的农业受水区划入洪泽湖，山东省作为一个用水户进行概化，概化后的系统示意图如图 1 所示。

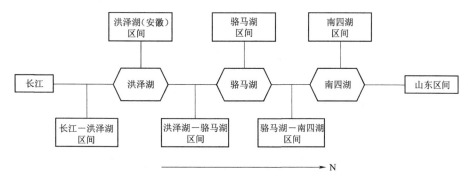

图 1   南水北调东线工程江苏段水资源系统概化图

2   南水北调东线工程江苏段多目标优化调配模型建立

2.1   目标函数

在对江苏段受水区进行水资源调配时，应该充分满足不同用水部门的用水需求。此外，蒸发、渗漏损失水量和调蓄湖泊的弃水量都会严重影响水资源调配的效率。因此，本研究综合考虑以不同用户缺水量最小和水资源系统水量损失最小为水资源调配目标，同时考虑引入非常规水资源（土壤水）作为水源之一建立模型。若水资源调配单元考虑土壤水等非常规水资源，则上述建立的模型为广义水资源调配模型，否则模型为常规水资源调配模型。目标函数计算公式为

目标 1：缺水总量最小

$$f_1 = \sum_{t=1}^{T} \sum_{i=1}^{m} \left(W_{i,t}^{D} - \sum_{k_j=1}^{l_j} W_{i,t,k_j}^{S} \right) \tag{1}$$

式中：f_1 为水资源系统内各用水户在整个调度期内的缺水总量，万 m³；T 为调度期总月数；m 为水资源系统的调配单元总数；$W_{i,t}^{D}$ 为水资源系统给第 t 月第 i 单元的需水量，万 m³；l_j 为水资源系统给 j 用水户供水的水源总量；W_{i,t,k_j}^{S} 为水资源系统的第 k_j 水源在第 t 月给第 i 单元的供水量，万 m³。

目标 2：水资源系统水量损失最小

$$f_2 = \sum_{t=1}^{T} \left[\sum_{i=1}^{I} (W_{i,t}^{L} + W_{i,t}^{S}) + \sum_{j=1}^{J} (W_{j,t}^{E} + W_{j,t}^{S}) \right] \tag{2}$$

式中：f_2 为水资源系统调度期内总水量损失，万 m³；I 为河道单元总数；$W_{i,t}^{L}$ 和 $W_{i,t}^{S}$ 分别为第 i 河道单元在第 t 月的渗漏损失水量和弃水量，万 m³；J 为湖泊单元总数；$W_{j,t}^{E}$ 和 $W_{j,t}^{S}$ 分别为第 j 湖泊单元在第 t 月的蒸发水量和弃水量，万 m³。

2.2   约束条件

（1）湖泊水量平衡约束。

$$V_{i,t+1} = V_{i,t} + Q_{i,t} + DJ_{i,t} + P_{i+1,t} - DC_{i,t} - W_{i,t}^{D1} - W_{i,t}^{E} - W_{i,t}^{S} \tag{3}$$

对于河网单元：

$$DJ_{i,t} - W_{i,t}^{S} = DC_{i,t} - W_{i,t}^{D2} - P_{i,t} - W_{i,t}^{L} \tag{4}$$

式中：i 为湖泊编号；$V_{i,t+1}$、$V_{i,t}$ 分别为第 i 湖泊第 t 时段的湖泊时段末和时段初的库容，亿 m³；$Q_{i,t}$ 为第 i 湖泊第 t 时段的入湖径流量，亿 m³；$DJ_{i,t}$ 为第 i 湖泊第 t 时段的抽水入湖水量，亿 m³；$P_{i+1,t}$、$P_{i,t}$ 为第 t 时段泄入第 i 湖泊和第 $i-1$ 湖泊的水量，亿 m³；$DC_{i,t}$ 为第 i 湖泊第 t 时段抽湖北调水量，亿 m³；$W_{i,t}^{D1}$、$W_{i,t}^{D2}$ 为第 i 湖泊和第 i 河网 t 时段的需水量，亿 m³；$W_{i,t}^{E}$ 为第 i 湖泊第 t 时段的蒸发损失，亿 m³；$W_{i,t}^{L}$ 为第

i 河网第 t 时段的渗漏损失量，亿 m^3；$W_{i,t}^S$ 为第 i 湖泊第 t 时段自流下泄的弃水量，亿 m^3。

（2）湖泊调蓄能力约束。

$$V_{i,t,\min} \leqslant V_{i,t} \leqslant V_{i,t,\max} \tag{5}$$

式中：$V_{i,t,\min}$、$V_{i,t,\max}$ 分别为第 i 湖泊第 t 时段的最小蓄水能力和最大蓄水能力，亿 m^3。

（3）泵站抽水能力约束。

$$0 \leqslant DJ_{i,t} \leqslant DJ_{i,t,\max} ; 0 \leqslant DC_{i,t} \leqslant DC_{i,t,\max} \tag{6}$$

式中：$DJ_{i,t,\max}$、$DC_{i,t,\max}$ 分别为第 i 湖泊第 t 时段泵站的最大抽水能力，亿 m^3。

（4）控制闸站下泄能力约束。

$$W_{i,t,\min}^S \leqslant W_{i,t}^S \leqslant W_{i,t,\max}^S \tag{7}$$

式中：$W_{i,t,\min}^S$、$W_{i,t,\max}^S$ 分别为第 t 时段第 i 闸站的最小和最大过流能力，亿 m^3。

（5）南水北调控制水位约束。一般情况下，当湖泊水位低于此水位时，停止抽湖泊既有蓄水北调，具体见表 1。

表 1　　　　　　　　　　　　　**调蓄湖泊北调控制水位**　　　　　　　　　　单位：m

湖泊	7月上旬至8月底	9月上旬至11月上旬	11月中旬至次年3月底	4月上旬至6月底
洪泽湖	12.0	12.0～11.9	12.0～12.5	12.5～12.0
骆马湖	22.2～22.1	22.1～22.2	22.1～23.0	23.0～22.5
南四湖	31.8	31.5～31.9	31.9～32.8	32.3～31.8

（6）非负约束。即所有参数大于 0。

3　改进的多目标布谷鸟优化算法

传统的多目标布谷鸟优化算法（MOCS）[7] 存在后期收敛速度慢，容易陷入局部最优解的问题。因此，本文对 MOCS 主要作了如下改进：①为提高种群进化强度，为避免算法陷入局部收敛，采用余弦策略实现 P_a 的动态变化；②引入种群变异机制，进化算法中初始解的质量将影响到整个算法进化过程中收敛速度以及最终的优化目标。对 MOCS 每代最优个体进行变异，以进一步提高种群质量[8]。

3.1　动态发现概率

在传统 MOCS 中，采用 Lévy 飞行时，鸟窝位置发生更新，随机产生一个数 a（$0 \leqslant a \leqslant 1$），若 $a \leqslant P_a$，则鸟窝位置不变，若 $a \geqslant P_a$，则随机更新一次鸟窝，然后保留最佳鸟窝位置。在算法运行初期采用较大的 P_a，可以迅速找到最优解的周围，在运行后期采用较小的 P_a 来获取最优的收敛结果，以用来提高算法的寻优精度。因此，本文采用余弦策略实现 P_a 的动态变化，使 P_a 随着算法的进行而逐渐减小。

Lévy 飞行特征可表达为

$$x_i(t+1) = x_i(t) + \alpha \oplus L(\beta) \tag{8}$$

式中：$x_i(t+1)$ 为第 i 布谷鸟在第 $t+1$ 代产生的新蛋；α 为步长控制量，$\alpha = \alpha_0 [x_j(t) - x_i(t)]$，其中 α_0 为常数；$\oplus$ 为点对点乘法；$L(\beta)$ 为搜索步长，服从 Lévy 分布，即 $L(\beta) \sim u = t^{-1-\beta}$，$0 < \beta \leqslant 2$。

余弦递减策略：

$$P_a = P_{a,\max} \cos\left(\frac{\pi}{2} \cdot \frac{T-1}{T_{\max}-1}\right) + P_{a,\min} \tag{9}$$

式中：$P_{a,\max}$ 和 $P_{a,\min}$ 为 P_a 的控制参数，都位于 0～1 范围内；T 为当前进化代数；$T_{\max}$ 为最大进化代数。

3.2　种群变异机制

传统 MOCS 初始解的生成方式具有很大的随机性，要想获得高质量的初始种群，必须加大种群规模，但种群规模的加大势必会影响计算机的运行，导致寻优速度的下降。因此，本文对每代的 Pareto 第一层级引入变异机制，以进一步提高种群的质量。变异机制如下：

$$x_{t,b2} = x_{t,b1} + \left[a_1 \cos\left(\frac{\pi}{2} \cdot \frac{T-1}{T_{\max}-1}\right)\right] \oplus \varepsilon \tag{10}$$

式中：$x_{t,b2}$、$x_{t,b1}$ 分别为变异前和变异后的鸟巢位置；a_1 为控制参数；ε 为 $1 \times d$ 向量，服从标准正态分布；d 为优化问题的维数。

4　结果与分析

　　对南水北调东线工程江苏段的历史长序列径流资料和土壤水进行分析，确定 50%（平水年）、75%（枯水年）、95%（特枯水年）3 种来水条件下的典型年，以月为计算单位，以水文年为计算周期，以 3 个调蓄湖泊洪泽湖、骆马湖、南四湖下级湖的入湖径流作为输入，各个湖泊的起调水位为死水位，对南水北调东线工程江苏段进行优化调度研究。历史长序列径流资料来源于《淮河水文年鉴》，土壤水资料来源于全球陆地数据同化系统（Global Land Data Assimilation System，GLDAS)[9]。

4.1　模型求解结果

　　采用 IMOCS 分别对广义与常规水资源多目标优化配置模型进行求解，并在此基础上得到南水北调东线工程江苏段的广义与常规水资源最优配置方案。IMOCS 的种群数量为 100，最大迭代次数为 2000。图 2 为 50%、75% 和 95% 保证率下采用 IMOCS 求解广义常规水资源模型迭代 2000 次后得到的 Pareto 前沿。如图 2（a）～图 2（c）所示，常规水资源多目标优化配置模型受水区缺水量目标值的分布范围为 [1.36，7.43] 亿 m³、[20.69，90.39] 亿 m³、[106.15，223.80] 亿 m³，系统水量损失目标值分布范围为 [117.80，120.63] 亿 m³、[59.99，96.09] 亿 m³、[15.01，60.25] 亿 m³。如图 2（d）～图 2（f）所示，广义水资源多目标优化配置模型受水区缺水量目标值的分布范围为 [0.89，8.66] 亿 m³、[17.65，82.75] 亿 m³、[97.04，214.50] 亿 m³，系统水量损失目标值分布范围为 [127.79，131.91] 亿 m³、[60.40，89.60] 亿 m³、[14.15，59.39] 亿 m³。

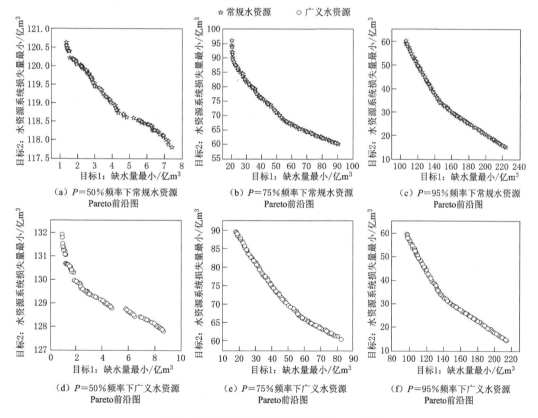

图 2　两种模型迭代 2000 次后的 Pareto 前沿

4.2　水资源优化配置结果比较

　　广义和常规水资源优化配置模型优化后的缺水量和系统水量损失箱型图如图 3 所示。在用水户缺水量最小中，3 种保证率下的广义水资源优化配置模型的缺水总量比常规水资源优化配置模型减少了 0.47 亿～

9.11 亿 m³，表明广义水资源优化配置模型比常规水资源优化配置模型对于水资源的利用效率更高。在水资源系统最小水量损失中，在 50% 保证率下由于 3 个调蓄湖泊天然来水的充足补充，调蓄湖泊自身的湖泊库容限制，不可避免地产生弃水。在广义水资源 Pareto 解集中，由于有第二水源土壤水的补充，使得调蓄湖泊的弃水量更多，导致水资源系统损失量比常规水资源 Pareto 解集更多。在 95% 保证率下的广义水资源优化配置模型的损失量比常规水资源优化配置模型降低了 0.86 亿 m³。在 75% 保证率下的常规水资源优化配置模型比广义水资源优化配置产生了更广泛的 Pareto 解集，但是这些解集以广义水资源优化配置模型所产生的解为主。

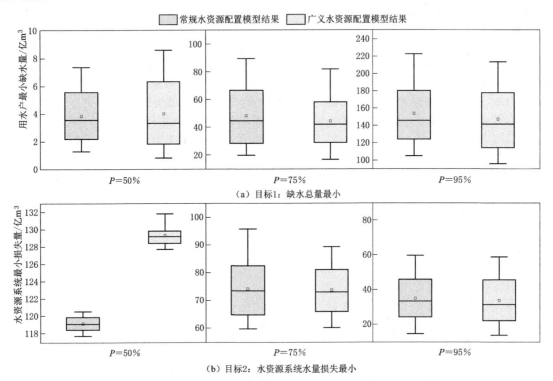

图 3　两种模型 Pareto 解集箱型图

5　结论

（1）在 50%、75% 和 95% 保证率下，广义水资源优化配置模型的缺水总量比常规水资源优化配置模型减少了 0.47 亿~9.11 亿 m³。

（2）在 50% 保证率下，广义水资源优化配置模型的水资源系统损失量比常规水资源优化配置模型增加了 9.99 亿~11.28 亿 m³；在 75% 保证率下，广义水资源优化配置模型所产生的 Pareto 解集更具代表性；在 95% 保证率下，广义水资源优化配置模型的损失量比常规水资源优化配置模型降低了 0.86 亿 m³。

参 考 文 献

[1] 王浩，游进军. 中国水资源配置 30 年 [J]. 水利学报，2016，47（3）：265-271.

[2] 郭玉雪，张劲松，郑在洲，等. 南水北调东线工程江苏段多目标优化调度研究 [J]. 水利学报，2018，49（11）：1313-1327.

[3] 侍翰生，程吉林，方红远，等. 南水北调东线工程江苏段水资源优化配置 [J]. 农业工程学报，2012，28（22）：76-81.

[4] 于凤存，方国华，王文杰，等. 基于多目标遗传算法的南水北调东线工程湖泊群优化调度研究 [J]. 灌溉排水学报，2016，35（3）：78-85.

[5] 方国华，郭玉雪，闻昕，等. 改进的多目标量子遗传算法在南水北调东线工程江苏段水资源优化调度中的应用 [J]. 水资源保护，2018，34（2）：34-41.

［6］ 王文杰，吴学文，方国华，等. 南水北调东线工程江苏段水量优化调度研究［J］. 南水北调与水利科技，2015，13（3）：422－426.

［7］ YANG X S，DEB S. Multiobjective cuckoo search for design optimization［J］. Computers & Operations Research，2013，40（6）：1616－1624.

［8］ 明波，黄强，王义民，等. 基于改进布谷鸟算法的梯级水库优化调度研究［J］. 水利学报，2015，46（3）：341－349.

［9］ TANGDAMRONGSUB N，DITMAR P G，STEELE－DUNNE S C，et al. Assessing total water storage and identifying flood events over Tonlé Sap basin in Cambodia using GRACE and MODIS satellite observations combined with hydrological models［J］. Remote Sensing of Environment，2016，181：162－173.